U0160723

物 质 是 什 么

[英] 吉姆·巴戈特 著　柏江竹 译

中信出版集团 | 北京

图书在版编目（CIP）数据

物质是什么/（英）吉姆·巴戈特著；柏江竹译
. --北京：中信出版社，2020.5
书名原文：Mass
ISBN 978-7-5217-1651-1

I.①物… II.①吉… ②柏… III.①物质－普及读
物 IV.①O4-49

中国版本图书馆CIP数据核字（2020）第036646号

物质是什么

著　者：[英]吉姆·巴戈特
译　者：柏江竹
出版发行：中信出版集团股份有限公司
　　　　（北京市朝阳区惠新东街甲4号富盛大厦2座　邮编　100029）
承 印 者：北京诚信伟业印刷有限公司

开　本：880mm×1230mm　1/32　　印　张：9.5　　字　数：210千字
版　次：2020年5月第1版　　　　印　次：2020年5月第1次印刷
京权图字：01-2019-7074　　　　广告经营许可证：京朝工商广字第8087号
书　号：ISBN 978-7-5217-1651-1
定　价：59.00元

致迈克：

这都是拜你所赐……

本书的主题看起来很简单。

你坐在桌前，翻开这本书。它可能是精装本，可能是平装本，也可能是在平板电脑或是电子阅读器上的电子书，无所谓，都一样。无论你手上拿的是什么，我们都可以相当确定地说，它们是由某些材料制成的：纸张、卡片、塑料，又或许是装载着一些电子元器件的印刷电路板。无论它由何种材料制成，我们都可以将它称为物质或是物质实体，它们都具有一种固有特性——质量。

但是"物质"又是什么呢？我们在课堂上学到过，物质不是连续的而是离散的，这与古希腊的一些哲学家在近2 500年前曾推测的"物质是'块状'的"不谋而合。我们简单地在网上搜索一下就能知道，纸是人们把纸浆中湿润的纤维紧压在一起而制成的；而纸浆是由分子（如纤维素）构成的，分子又是由原子（碳、氢、氧等）构成的。如果对原子进行更深层次的了解，我们会发现原子的内部大多是中空的，只有一个小小的、由质子和中子组成的原子核，周围有一些电子环绕着它。

你可能也学到过，质子和中子并不是最终的答案，它们还能被划分为更小的单位。科学家把目前为止找到的物质最基本的组成部分（当然，这更有可能是因为我们目前还未探明其内部的结构）称为"基本粒子"。根据这一定义，质子和中子显然不属于基本粒子，因为它们由不同种类的夸克构成，这些夸克则是被胶子连接在一起的。

看起来事情比我们想象中的要复杂一些。可以肯定的是，经过一代又一代科学家的不懈努力，我们得以一层一层地剥开物质构成的"洋葱皮"：从纸、卡片、塑料，到分子，到原子，到质子和中子，再到夸克和电子。随着我们一层一层地往下探索，我们发现的物质组成也越来越小，这似乎不足为奇。

但是同样可以肯定的是，我们无法一直这样进行下去。就像古希腊的哲学家们曾推测的那样，我们最终会遇到一些最最基本的、不可分割的物质，宇宙万物都是由这些物质构成的。

并且，我们并不需要做多么大胆的猜测也能提出这样的假设：无论这种最基本的物质是什么，它只有一种基本形式。或者说，这样的假设最为简洁。而剩下的那些电荷、色荷、味、自旋以及许多其他参数，就都只是多余的"缀饰"了。

1930年，英国物理学家保罗·狄拉克将这一假设称为"哲学家的梦想"。那时人们面临的情况还没有现在这么复杂，甚至中子都还没有被发现——它是在1932年由詹姆斯·查德威克（James Chadwick）发现的。当时的物理学界普遍认为，所有的物质都是由两种基本粒子构成的：带正电荷的质子和带负电荷的电子。狄拉克一度还认为自己找到了统一两种粒子的办法，狄拉克提到"哲学家的梦想"后还说："我们有理由相信，电子和质子并不是没有关联的，它们只是同一种基本粒子的两种表现形式。"

可惜，狄拉克错了，他在研究有关电子的量子力学新理论时推导的数学方程中偶然发现的结果，并不是质子和电子之间的基本关联。狄拉克发现的实际上是一种与人们以往认知完全不同的物质，我们今天称之为反物质。它的理论预言的带正电荷的实体并不是狄拉克所认为的质子，而是几年后在关于宇宙射线的研究中发现的反电子（或称正电子）。

1930年之后，科学家们面对的局面越来越糟，哲学家的梦想变成了噩梦。物理学家们面对的远远不只是"两个基本粒子之间是否有某种关联"这么简单的问题了，而是一个由不同种类的粒子组成的"动物园"，其中许多粒子的性质甚至闻所未闻。一个简单而无可置疑的事实是，现代科学已经打破了我们在物理学中所有下意识的判断，尤其是在关于物质本质的方面。

我们所发现的是，宇宙的基础并没有我们之前想象的那样坚实可靠，正相反，它是由某种量子的"鬼魂"和"幻影"构成的。不仅如此，在我们这趟激动人心的发现之旅中，我们发现，从某个阶段开始，我们甚至对"质量"（也就是那个在物理学、化学和生物学的方程式中无处不在的 m）这样一个无比熟悉的概念也失去了把握。

古希腊的原子论者认为，原子必定有重量。而艾萨克·牛顿则认为，质量只不过是物质的量（quantitas materiae），也就是一个物体所包含的物质的数量。从表面上看，这是一个完全合乎逻辑的结论，没有什么好争论的：质量只是一个我们每天都能遇到的寻常性质，没什么神秘的。每天早晨站在体重秤上的时候，在健身房里举铁的时候，抑或是被什么东西绊倒的时候，我们都会感受到牛顿的经典质量观。

但是有许多不断出现的问题在持续地挑战着牛顿的观点。有时一个电子会如幽灵一般同时通过两个相距很近的孔洞或狭缝，却只在远处的探测器上留下一个点，那么在这整个过程中，这个被认为是"不可分割"的基本粒子的质量发生了怎样的变化呢？爱因斯坦最为著名的质能方程，大家都很熟悉了，但是质量和能量等价并且可以互相转化，这到底意味着什么呢？

有关质量的问题还远不止于此。粒子物理中所谓的"标准模型"对基本粒子和力给出了迄今为止最为完备的描述，在这个模型中，粒子被量子场所取代。可量子场到底是什么呢？在时间和空间中分布的量子场又是如何拥有质量的呢？物理学教科书上说，基本粒子通过与近期被发现的希格斯场的相互作用而获得质量，这究竟意味着什么？组成质子的3个夸克的质量总和也只有质子质量的1%，那剩下的质量到底来自何处？

另外，我们从暴胀大爆炸宇宙学的标准模型中得知，我们一直以来都很熟悉的所谓"重子"物质——也就是由质子和中子组成的物质，只占到宇宙总质能的不到5%。而剩下的质能中，暗物质占了大约26%。这是一种无处不在却又完全不可见的未知物质形式，正是这种物质形成了那些由可见的星系、星系团以及巨洞所组成的大尺度结构。其余的69%则被认为是暗能量，这是一种充溢于空间的能量，时空膨胀的加速正是由其驱动的。

看到这里，可能你的脑袋里已经一团浆糊了：只是简简单单的质量罢了，怎么会有如此复杂和艰深的问题呢？

在本书中，我将试着解释我们对物质本质的认识、对质量起源的认识，以及在其影响之下，我们认识物质世界的方式是如何产生了翻天覆地的变化的。

有一句话我不得不提醒一下：在介绍现代科学的某些结论时，许多作者往往都会以进行通俗解释为由，回避高难度数学公式的处理。史蒂芬·霍金在《时间简史》中有一句名言："有人曾告诉过我，一本书里每多一个公式，销量就会减少一半。"[1]一直以来我也都遵循着这一原则，在以往的书中只会使用很少量的几个人尽皆知的公式，比如前文提到过的质能方程。

但事实证明，数学语言在描述自然规律和物质的性质这些方面是非常有优势的。重要的是要认识到，理论研究者追求的往往是一条数学推理的逻辑链，看看自己能顺着这条路径推导出什么样的结果，而并不会过于在意这一过程中出现的数学术语，以及由此产生的结论在物理上具有什么意义。

例如，在量子力学发展的早期，奥地利理论物理学家埃尔温·薛定谔曾有过慨叹，随着数学变得越来越抽象，运用得越来越密集，他所提倡的可理解性（anschaulichkeit）越来越难以被贯彻。有实验或者观察作为支撑，理论物理学家也许能够证明某一个数学公式确实体现了物理现实的某个方面，但这并不意味着我们能够真正理解其中涉及的概念。

所以，我在这本书中会展示出比往常更多的数学知识，以使感兴趣的读者了解这些概念是什么、物理学家们如何使用它们，以及在什么样的情况下物理学家也难以理解这些概念。不过我也只是打算点到为止，以便于读者能够有足够的时间进行思考，而不是被细枝末节分散了注意力。[①]

如果你确实无法自始至终地沿着节里的逻辑走下去，或者是对于某些符号的物理意义感到一头雾水，也无须对自己太过苛刻。

因为这些让你感到不解的东西，很有可能全世界都还没人能真正弄明白呢！

———————————

① 实际上，我给自己设置了一些约束条件。正文中的所有公式包含的变量不会超过两个，有时会再包含一个常数。比如 $E = mc^2$ 中有 E 和 m 两个变量，以及一个常数 c。对于那些有兴趣深入探究的读者，在尾注中有更多数学方面的细节。（如无特别说明，本书页下注均为作者注。）

　　非常感谢卡洛·罗韦利（Carlo Rovelli）做出的努力，他对本书的草稿献策良多。其实我从来没有真正地指望家人或朋友会看我写的书，不过如果他们真的看了，我还是会觉得很开心，特别是他们夸我的作品的时候。在很多事情上我都很感激我的母亲，但是此时此刻，我尤其要感谢她，因为她主动阅读了这本书中的每一个字，并且为我如何将字词改得更为通俗易懂提出了许多非常有帮助的建议。我的母亲没有受过正规的科学教育，她74岁时才在英国华威大学取得了历史学学位，不过她一直都对世界上的知识有着无限的好奇心，永远心怀热忱，希望她能跟得上这个世界的步伐……

　　我还得感谢我在牛津大学出版社的编辑莱瑟·梅农（Latha Menon）以及珍妮·纽吉（Jenny Nugee），她们将我满篇的漫谈整理成了一本内容总体上较为通顺（希望如此）的书，不管它是由什么物质制成的。

吉姆·巴戈特

2016年10月

第
一
部
分

原
子
与
虚
空

原子这个概念最初由古希腊的哲人所提出，指一种"不可分割的、无法摧毁的物质小块"，而现在我们知道，原子指化学元素的原子。

第 1 章

安静的城堡

我们还是从一些简单明晰的问题入手，并且沿着观察、实验和逻辑推理的"面包屑"①，由浅入深地探究有关物质和质量的问题。我们将首先从观察周遭的世界以及对其本质的思考所能推导出的结论开始，毕竟我们并没有设备齐全的物理实验室，也没有先进的高能粒子对撞机。

这就意味着，我们需要先从古希腊哲学家的理论入手。当然，从今天的角度来看，他们对于世界的认识似乎有些落后了，毕竟古希腊人并没有接受过现代的科学教育。他们所能做的只是运用逻辑和想象力对自己感受到的事物进行推理，而我认为这是一个良好的开端。

我们对于物质本质大多数的先入之见，在很大程度上都来源于古

---

① 指导航路径。这个意思来源于德国童话故事《糖果屋》，在故事中，当汉塞尔和格蕾特尔穿过森林时，为了防止迷路，他们在沿途走过的地方都撒下了面包屑。——译者注

希腊人（尤其是那些被我们称为原子论者的人）所想象的物质世界。原子论者的代表人物有生活在大约公元前5世纪中叶的米利都的留基伯（Leucippus of Miletus，也有人说他来自阿夫季拉或者埃利亚），他的学生阿夫季拉的德谟克利特（Democritus of Abdera，大约生于公元前460年），以及他们思想的继承者萨摩斯的伊壁鸠鲁（Epicurus of Samos，生于德谟克利特之后一个多世纪，约为公元前341年）。伊壁鸠鲁复兴、修正了早期的原子论，并将其纳入哲学的体系中。但是，我们对于这些哲学家具体说过什么话，以及如何组织论证的了解其实是相当模糊的。伊壁鸠鲁甚至认为可能根本就没有留基伯这个人，提出原子论的功劳应当只属于德谟克利特一人。如今留存的，德谟克利特亲手写就的作品只剩下大约300个片段，这听起来好像很多，但这与公元3世纪的传记作家第欧根尼·拉尔修（Diogenes Laërtius）在他的著作《名哲言行录》中汇编的德谟克利特作品相比，可就小巫见大巫了。

　　根据第欧根尼的说法，德谟克利特写下了大量有关物理学、宇宙学和数学的文章，在伦理学以及音乐领域也有所建树。他醉心于人类的情绪，尤其是愉悦感与幸福感这一方面，这让他得到了一个绰号，"含笑的哲学家"。关于德谟克利特著作的信息，我们大多都是通过接触在他之后的哲学家的评论间接了解的。这些哲学家中的一些人（比如生于公元前384年的亚里士多德）尽管很尊重他本人，但也直言不讳地表达了对原子论的反对。

　　伊壁鸠鲁的作品的保留状况则要稍好一些。他为自己的著作写了几篇摘要（也就是"纲要"），其中一篇有关物理理论的信是写给他的学生希罗多德（Herodotus）的，第欧根尼全文引录了这封信。伊壁鸠鲁派哲学也启发了罗马诗人和哲学家提图斯·卢克莱修·卡鲁斯

（Titus Lucretius Carus），他据此写出了史诗《物性论》，并于公元前55年前后发表，这也被认为是对于伊壁鸠鲁多达37卷的巨著《论自然》[1]较为系统的转述。

我们或许还有可能从伊壁鸠鲁自己的著作中更多地了解他独具特色的原子论。公元79年，一座火山爆发，把位于罗马城市赫库兰尼姆的一幢豪华别墅掩埋在火山灰与废墟中，这座别墅据考证属于尤利乌斯·恺撒的岳父，坐落在维苏威火山的半山腰。人们在18世纪对其进行了发掘工作，并在发掘过程中发现了一个巨大的图书馆，里面有1 800多张莎草纸（也就是"赫库兰尼姆草纸"）[1]。这应当是出生于公元前110年左右的哲学家盖达拉的菲洛德穆（Philodemus of Gadara）的私人图书馆，他曾在雅典随伊壁鸠鲁学派学习，而这些莎草纸中有许多都包含《论自然》的关键章节，不过大多都损毁严重、残缺不全。

关于物质的研究历史我们说得够多了，现在应当考虑考虑逻辑问题了。公平起见，在探究古代哲学的问题时，我们应该把现代科学带来的认知抛开。现在，让我们一起沉浸在扶手椅哲学[2]中，忘记现代的生活。想象一下自己正赤脚漫步在公元前5世纪位于古希腊色雷斯（阿夫季拉所属的区域）西部的爱琴海海滩上，大约在奈斯托斯河口东北约17千米处（参见图1）。今天天气很好，阳光明媚，微风拂面，而你一边散步一边全神贯注地思考这样一个问题：

世界是如何形成的？

---

[1]　在《物性论》（企鹅出版，伦敦，1951年初版）第二卷的开篇中，卢克莱修将哲学思考的乐趣比作站在"一座安静的城堡中，在智者的教导下增强自我"，俯瞰芸芸众生。我认为这可能是最早的有关"象牙塔"的描述。

[2]　一种只依靠于先验的概念分析的哲学研究方法。——译者注

图1 希腊和小亚细亚西部地图

　　在真正思考这个问题之前，我们首先需要建立一套基本的原则。那些生活在公元前5世纪的希腊人认为，他们的生命以及日常生活的许多仪式都是由神主宰的，而他们也应当敬神，但是我们应当达成共识的是，无论每个人有什么样的信仰乃至偏见，如果想要为这样一个充满哲理的问题寻求答案，那么我们就要坚定地相信，这个问题与神无关。环顾四周，我们可以看到蓝天，可以看到阳光下金色的沙滩，可以看到波涛汹涌的大海，看到远方的山上一群羊在绿色的草地上安安静静地吃草。唯独没有神的存在。

　　当我们否认神的存在对物质世界的诞生和塑造的影响之后，物质世界形成过程中的不可预测性、一些偶然的因果关系以及"万事皆会发生"的观念就不再会与"神的意志"联系在一起了。这样一来，我们才能真正地了解这个世界鲜为人知的自然秩序。

把传说和迷信都抛诸脑后，我们的日常经验告诉我们，不存在所谓的"神迹"。尽管物质世界中的物体会随着时间的推移而发生变化，但是它们不会凭空出现，也不会凭空消失，由此我们很快就得到了第一条重要的逻辑推论：无中不能生有。²

让我们继续思考。正如至今还没有什么证据可以证明物质世界的形成与神有关，同样也没有什么证据证明物质世界会以人的灵魂或精神为转移。当然，这并不是说灵魂和精神不存在，或是与思维的运作没有任何关系，这是本质上完全不同的几个问题。无论灵魂和精神是什么样的，无论它们是如何产生作用的，我自己的感受是，我的思想（灵魂、精神）似乎确实被牢牢地固定在我的头脑或身体中，不会游离到外部的物质世界中去，至少我活着的时候是这样的。这就意味着我们将要朝向一个坚定的唯物主义或者说机械哲学的方向前进：外部物质世界只是由无知觉的物理机制塑造而成的。

接下来，我们只需要稍做思考，就能得出这样的结论：这个世界上存在着各式各样不同形态的物质。从身边能看到的事物开始，有岩石、土壤、沙子、水、空气和各种生物。前方的海滩上停着一艘废弃的小木船，我们能看到它的主人为什么丢弃了它：船身上有一个洞，正位于水位线以下。在船身上可以找到一些草草修缮的痕迹，还有一些在修缮过程中从船身打磨出来的木屑聚集在船底的沙滩上，现在被风吹走了。在物质世界中，没有任何物体可以从无到有地被创造出来，反过来也一样，任何物体也都不会消失不见。讲到这里，你大概会指出，木屑会随风而去，但你现在知道，它和船身一样都是木头，只是形态不同；它们也并没有消失，只是随风四散罢了。我同意你的看法。

从木屑的例子中我们可以看出，船身的木头可以被精细地切割。

但是我们能否把木屑再切得更碎呢？最后能切成多碎？是不是所有的物质都可以被不断地分解、分解、再分解，无休无止地被分解成越来越小的部分呢？会不会到最后物质被完全分解为零，从而与我们之前得出的结论相矛盾呢？

这让我想起了一个著名的悖论，由同一时代的埃利亚的芝诺提出，这是一个关于希腊英雄阿喀琉斯与乌龟赛跑的故事。显然两者之间的实力是不对等的，不过阿喀琉斯有着极强的荣誉感和公平竞争的精神，因此信心满满地同意让乌龟先行一步，直到乌龟到达一定的位置，也就是离终点还有一半路程的地方时，阿喀琉斯才动身。可当他到达这个位置时，乌龟已经再次向前走了一小段；等到阿喀琉斯再一次追赶到之前乌龟所在的位置时，乌龟又向前移动了一段距离。如此循环往复，阿喀琉斯似乎永远也追不上乌龟。

芝诺悖论的核心是一个看似平淡无奇的事实：一条线可以被分为无穷多个点。可是，如果在起点和终点之间有无数个点，怎么会有一种运动可以在有限的时间内通过无限多个点呢？芝诺是埃利亚的巴门尼德的学生，埃利亚学派认为，外在的世界变化都是虚妄的，运动是不可能存在的，巴门尼德称之为"真理之道"。相反，表象则具有欺骗性，因此不可信，这被巴门尼德称为"意见之道"。这……

我们进行了一定的思考，还展开了辩论，最终一致认为，否定我们通过感官来理解物质世界的这种做法是相当不合逻辑的，甚至近乎荒谬。为什么不能相信我们自己的感官呢？为什么不依照事物的表象进行判断呢？但如果这样，芝诺悖论又要怎么解决呢？

突然你灵光一闪，解释道：这个悖论之所以出现，实际上是因为我们混淆了两个概念。尽管一条连续的线可以在数学上被划分成无穷多个点，但这并不意味着现实世界中的距离、面积、体积也可以在物理上被这样划分开来。会不会物质世界并不是连续的、无限可分的，而是由离散的、不可划分或者说不可切割的部分组成的呢？你可以用希腊语atomon或者a-tomon① 来代指这样一种不能被划分或是切割的物体。

这是一个耐人寻味的论点，它让我们得出了另一个推论：物质并不能无穷无尽地分解成零，它只能被切分成组成它的原子。3

可我还是觉得有些问题。我们能够感知到外部物质世界的变化，是因为物质会随着时间的推移而发生变化，从一种形式变成另一种形式，冬天冰封的湖面就是一个很好的例子。不过我们之前说过，所有的物质都是由坚不可摧的原子组成，对吧？但是如果原子是无法摧毁、无法改变的，这也意味着它是永恒不变的，那么它又怎么能形成可以为我们所感知的变化呢？

你又思考了一会儿，然后恍然大悟：变化之所以会发生，是因为原子在不断地运动、相互碰撞，并且形成了各种各样的连接方式，而不同的连接方式就代表着物质会表现为不同的形式。好吧，我可以接受这个说法。但是我想问的是，这些原子是在何处运动的呢？你看起来信心满满的样子，立马站起来回答说，这些实心的原子在空旷的空间，也就是"虚空"中运动。4 这无疑会为将来的哲学辩论播下种子，亚里士多德就对"虚空"的存在嗤之以鼻，并且宣称"自然界憎恶虚空"，不过我们先按照这一思路进行下去也无妨。

所以，仅仅是通过观察周遭的世界，并且对世间万物的结构及其变化的本质进行合乎逻辑的思考，我们就得出了这样的结论：所有的物质都由在空间中不断运动的原子构成。我们只要多花些心思，就能将这一基本描述细化起来，以便进一步观察。

① 原子（atom）一词即源于此。——译者注

　　可以设想，将这些"实心"的原子和空的空间以不同的比例混合在一起，我们就能构造出各种形式的奇妙物质。古希腊人将这些物质简化为四种基本"元素"——土、气、水、火。[5]尽管伟大的哲学家柏拉图（生于公元前428年，另有说法为公元前427年或公元前431年）并不承认自己受到了留基伯以及德谟克利特的任何启发，但他也发展出了一套详尽的原子论。他用了4种正多面体（又被称为柏拉图多面体）分别代表4种元素，并且在其著作《蒂迈欧篇》中提出，每一个正多面体的表面又可以进一步分解为多个三角形，以此代表组成元素的原子。将三角形重新排列（代表原子的重新排列）就可以从一种元素转化为另一种元素，也可以将元素组合起来形成新的形式。[6]

　　柏拉图专注于研究三角形，但是早期的原子论者（以及后来的伊壁鸠鲁）认为，原子一定会有不同的形状：有些是圆的，有着柔和的曲线；有些则有棱角和锋利的边缘；还有一些则像是带有倒钩和刺的"钉子"。当原子碰撞在一起时，它们会粘在一起形成复合物（大概就是我们今天所说的分子），这些复合物有着不同的质地和纹理，并最终决定了由此形成的物质的性质和表现。

　　从这些物质中释放出的原子薄膜使我们产生感官知觉。我们通过"转向"，即改变进入眼睛的原子的位置来感知颜色，而味觉则是来源于接触我们舌头的不同原子的质地和纹理，等等。原子论者并没有想象这些原子在某种力的作用下结合在一起，而是认为它们依靠它们的形状相互联系。例如，卢克莱修就认为海水之所以尝起来有苦味，是因为海水中有一种"粗糙"的原子，而当海水穿过土层的时候这些粗糙的原子就会被过滤掉（因为它们会被"粘"到土层中），而那些"光滑"的原子则会顺利通过，因此内陆水是更适宜饮用的淡水。[7]

　　德谟克利特认为，原子会有无数种形状，而且从理论上讲，原子可以是任意大小的。伊壁鸠鲁则谨慎一些，他认为原子形状的种类是有限的，并且原子的大小不能超出感知的极限——如果我们肉眼都可以看得见，那就已经不是原子的尺寸了。

这些想法都很棒，不过如果原子一直处在不停歇的运动之中，那么它们的动力从何而来呢？柏拉图的学生亚里士多德就对这一点充满质疑。[8]尽管解释这一点对于一个完备的理论来说是非常有必要的，但是早期的原子论者从未认真研究过原子运动的原因。

伊壁鸠鲁给出了一个答案：他认为原子有重量，因此会在无限的宇宙中不断地"向下"运动，这一点从地球上的每一个物体的运动中都能观察得到。因此原子的运动源自它们自身的重量以及与其他原子的碰撞。[9]但是如果你经历过一场大雨的话，你就会对垂直下落的雨滴很有印象。一个原子在不受到其他力的作用而只受到重力的影响时，应该只会竖直下落，怎么会和别的原子发生碰撞呢？根据后来的一些研究者的说法，伊壁鸠鲁也承认了原子有时也会发生"转向"：

> 当原初物体自己的重量把它们
>
> 通过虚空垂直地向下拉的时候，
>
> 在极不确定的时刻和极不确定的地点，
>
> 它们会从它们的轨道稍稍偏斜——
>
> 但是可以说不外略略改变方向。[10]

这一观点在仔细审视之下是站不住脚的，并且为了公平起见，我要指出的是，尽管我们目前还没有理由对伊壁鸠鲁之后的那些资料来源抱有怀疑，但在他本人现存的著作中的确没有找到这样的补充。

就算我们接受原子进行着无休止的运动这一事实，可又该如何解释那些始终保持静止或者仅仅缓慢移动的人型可观测物体呢？原子论者认为看不出来它们在运动，是因为我们辨别运动的能力太差。还记得我们在海滩上漫步时看到那群在远方的山上吃草的羊吗？这就是一个例子。在很远的距离之外，我们无法清晰地辨别具体每只羊的运动，只能模模糊糊地看到绿色的草地上有一群白色的东西，它们似乎是在原地静止不动的。[11]

　　还有最后一个问题。如果原子小到根本看不见，那我们为什么还要相信它们的存在呢？这和相信神或者其他什么幻想出来，却无法用感官来证明的东西存在又有什么区别呢？原子论者建议我们坚持机械论的直觉：尽管看不见这种无形的物体，但是有大量可见的证据可以证明它们确实是存在的，有些效应只能解释为原子的作用。

　　我们可以观察到很多自然现象，如风、气味、湿度、蒸发等等，这些我们都相当熟悉，但是同样也都看不见实体。同样，我们也会注意到戴在手上的戒指、田埂间的犁头、脚下的鹅卵石，还有被游客们抚摸了一遍又一遍的雕像，它们都会随着时间的推移而慢慢磨损，但是我们同样也看不见它们在这一过程中失去的粒子。自然界中的某些机制必须经由不可见的原子才能发生。[12]

　　其实还有更为直接的证据。想象一下，现在你站在一座安安静静的古堡中，从高处的窗户中透进一束阳光，照亮了黑暗的房间。如果仔细观察，你就会发现有许多微小的粒子在阳光中舞动。这种舞动是什么东西引起的呢？这难道不是那些看不见的原子存在的证据吗？[13]

　　当时的人们确实很难对这一逻辑提出异议，但是从现在的眼光来看，这个结论并不正确。尘埃之所以能在阳光中舞动，是因为它们受到了空气中气流的影响，而不是因为它们受到了无序运动的原子的撞击。不过，如果我们将目光投向悬浮在液体中的花粉微粒，就找对了

例了。苏格兰植物学家罗伯特·布朗（Robert Brown）在1827年观察
到了悬浮在液体中的花粉微粒会发生不规则的运动，并发表了此项成
果，这就是今天我们所熟知的布朗运动。1905年，位于伯尔尼的瑞士
专利局一位年轻的"三等技术专家"发表了一篇论文，解释了布朗运
动确实是液体中不可见的原子或分子的随机运动造成的。这个人就是
阿尔伯特·爱因斯坦，我们很快就会再次提到他。

所以，根据古希腊原子论者的说法，物质是由在虚空中不断运动
的原子组成的。物质之所以会呈现为不同的形式，是因为原子和虚空
的配比以及原子之间的组合不同。这些配比和组合的变化导致物质从
一种形式转变为另一种形式，而从物质中释放出的原子薄膜则引发了
感官的感知。不同的原子具有不同的大小、形状、位置和重量，原子
在大部分的时间里竖直下落，但有时也会"转向"，与别的原子发生
碰撞。所有的原子都非常小，仅凭肉眼无法观测。

这一切都合乎逻辑，并且论证十分严密，但是这套理论还有一个
致命的缺陷。我们之所以得出上述这些结论，是因为我们非常相信自
己对外部世界的感知，我们假设我们感知到的结果是准确可靠的，可
以满怀信心地运用逻辑对其进行推理。可是原子本身是没有感官特性
的——比方说，它们虽然可以引发我们对于颜色和味道的感知，但是
它们自己并没有颜色和味道。这些感觉来自大脑的构想，并且也只存
在于我们的大脑中。我随后会在第2章中对这一主题进行更多的阐述。

但是毫无疑问的是，我们所知道的以及由此推理出的一切都是
建立在这些感知之上的。如果我们能够接受这些感知只存在于大脑的
内部，那么我们好像就相当于承认自己无法直接接触这个我们如此努
力了解的外部世界。在这一点上，即便是那位含笑的哲学家也相当悲
观，"我们对于真理一无所知，"他宣称，"因为真理在深渊之中。"[14]

我们了解到的五件事

1. 物质是"实体"的，它不会突然无中生有，也不可能被无穷无尽地分解为零。

2. 因此，所有的物质一定是由最基本的、不可分割的部分组成，我们称之为原子。

3. 原子在虚空中无休止地运动。原子和虚空配比的不同以及原子在形状上的不同，使得物质呈现为不同的形式。

4. 原子的运动源于其自身的重量。它们在下坠的过程中偶尔会发生"转向"，并相互碰撞。

5. 原子的特性包括大小、形状、在虚空中的位置和重量等。它们还能在我们的大脑中引起我们对于颜色、味道、气味等特性的知觉，不过原子本身并不具有这些特性。

第2章

自在之物

　　我要向你保证，德谟克利特所研究的有关感知和外部实在本质的问题，并不是一个只关乎我们自身的哲学困境，这不是只靠不断地吹毛求疵就能解决的。这是一个根本性的问题，它将对我们对物质的理解产生深远的影响，而且会在这本书中频繁地出现。如果你误以为科学与这种哲学争论毫不相关的话，那你可能会大吃一惊了。

　　在这一章中，我们讨论的内容将从古希腊的原子论者迅速地转向17和18世纪的一些伟大的哲学家身上。这倒不是因为其间的16个世纪中压根儿没有哲学家探讨、辩论或者写出过什么重要的结论，但是可以这么说，在这段时期里，西方哲学家的大部分注意力都放在如何将古希腊和罗马的哲学与"亚伯拉罕"诸教（即基督教、犹太教、伊斯兰教）的神学相互调和的这一挑战之上。[1]

　　在罗马帝国开始逐渐衰落的时候，古希腊哲学中的一些基本原则被一些懂希腊语的学者保存了下来。但是这些学者对古希腊哲学也并非完全认可，例如公元2世纪的基督教哲学家，被称为"西方神学之父"的昆塔斯·塞普蒂米乌斯·佛洛伦特·德尔图良（Quintus Septimius Florens Tertullianus）就对希腊哲学不屑一顾，他宣称希腊人是"异教徒的鼻祖"。[2]

希腊人关于灵魂本质的观点，以及对于复活和创世的断言，与一神教的神学要求完全背道而驰。后者的基础是无所不知、无处不在的全能神的存在，因此对物质世界本质的哲学探究不可避免地被卷入了争论。从那时起，"自然哲学"就与神学问题纠缠在一起，如今两者之间的界限已经非常模糊，甚至根本就不存在了。

不过，人们对于学术的重视倒是逐渐回暖。修道院和大教堂建立了第一批学校，其中有一些最终在12至13世纪时发展成了大学。经院哲学和神学的兴起重新唤起了人们对于古希腊文化的兴趣，尽管关于部分古希腊著作的教学活动在当时还是被禁止的。例如，巴黎大学1215年时就在章程中禁止教授亚里士多德的形而上学以及自然科学。

人们对古希腊典籍日益增长的兴趣催生出许多新的译本。到13世纪中叶，社会环境发生了足够大的转向，来自意大利的天主教神父、神学家托马斯·阿奎那得以着手复兴亚里士多德的理论，并且将其与从古代到中世纪的许多理论混合在一起，形成了"托马斯主义"哲学。但这也只是一次带有选择性的部分复兴：阿奎那曾两次担任巴黎大学的神学讲师，因此托马斯主义实质上是一种带有浓重基督教色彩的神学或者说哲学。在此之后，亚里士多德关于物质本质的描述，以及他建立在由某种原动力引起的完美圆周运动的基础之上，以地球为中心的宇宙论被奉为基督教的正统。

那么亚里士多德对于物质实体的本质有何看法呢？他始终致力于将德谟克利特所提出的那种相当被动的、不变的原子概念与极其活跃的、积极变化的物质现实协调起来，并且完全否定了虚空的概念。原子论者认为空间和时间也应当是由原子组成的，对它们的精确划分最终也应当有一个极限，并以此作为对巴门尼德和芝诺的反驳。[①]而亚里士多德则更倾向于认为空间和时间是连续的，任何在连续的三维空间中占据一定体积的物体原则上都是无限可分的，因此原子不可能存在。但亚里士多德也赞同一个物质以可被分解成某种最小的部分，只是原子论者的表达太过头了，处理问题的方式有些过于简单化。

亚里士多德给出了另一种理论框架，基于最小要素（natural minima）的概念，即物质在保留其本质特征的情况下，可以被分割成的最小的部分。最小要素并不是原子，至少不是希腊的原子论者所理解的原子，因为最小要素原则上仍然是可分的，只是在被分割到一定地步时就无法代表原物质，也不再具有原物质的特性。还记得我们之前在海滩上看到的那艘小船吗？船身的木头经过打磨后会变成木屑颗粒，但是木屑仍然是木头。只有对木屑再继续进行"打磨"，我们才能最终达到一个极限，使得木屑不再具有木头的特性。

亚里士多德还为那些天然生成的物体赋予了形式，这一理论是根据其导师柏拉图教导的一些内容改编而来的。亚里士多德认为，树是由某种最小要素组成的，具有"树性"的形式。每一个物体的性质和行为都是由该物体的形式决定的。而在阿奎那提出的诠释中，物体所具有的是实质形式，也就是它们并不能被划分为小的组成部分。树就是树，它是一个整体，不能被划分成树干、树枝、树叶等多个部分，因为这些组成部分都不是"树"。砍伐树木之后再将其制成渔船也会使其丧失"树性"的实质形式。

---

① 　这个观点在今天再次回到了我们的视野之中——详情参见本书后记。

　　这种理论框架简直就是送给中世纪神学家的一份大礼：人类可以造船，但是只有上帝才能造树。而物体由物质与形式组成这一点，也恰巧可以类比到人的身上——身体加上灵魂才能组成一个人。这样一来，圣餐变体论也变得很好解释了：圣餐礼①中的饼和葡萄酒承载了耶稣基督的圣体和圣血的实质形式。

　　人们很容易会认为，这段时期的思想活动在某种程度上被教会中一些马基雅维利式②的人物扼杀和禁锢了，但这么想就太简单了。诚然，哲学家通常可以自由地思考自己感兴趣的事物，但是他们却无法自由地写作或是传播自己的思想，因为这可能会令他们被指控为异端。然而，思考的变革已在平静之中积蓄力量，而为这些变革播下种子的人，恰恰是教会中的高层人物，其中包括15至16世纪的几位教皇：庇护二世、思道四世以及利奥十世。

　　这些人都是文艺复兴时期的人文主义者，在他们的推动下，古希腊和古罗马的一些研究成果和价值观才得以复兴，人文主义才得以走进大众的视野，并逐渐发展成为众多的"人文学科"，其研究方式与受尽掣肘的中世纪学术大相径庭。文艺复兴时期人文主义的影响极为深远，这是人类思想史上最为重大的变革之一。

　　1417年1月，意大利学者、手稿收藏爱好者吉安·弗朗西斯科·波焦·布拉乔利尼（Gian Francesco Poggio Bracciolini）在德国的一座修

---

① 根据《圣经》的记载，耶稣基督在被钉死在十字架上的当晚，曾与十二门徒共进晚餐。圣餐礼因而成为基督教的重要礼仪，以纪念耶稣基督的死与复活。——译者注

② 马基雅维利是15至16世纪的意大利政治家，主张为了达到目的可以不择手段，所谓马基雅维利式的人物就是为了达到自己的目的可以不惜一切代价的人。——译者注

道院发现了一部卢克莱修的《物性论》，他给自己的朋友，也就是发明了斜体字的尼科洛·德尼科利（Niccolò de'Niccoli）寄去了一份复本，德尼科利花费了至少12年的时间将其整理出一份手抄本。后来，人们又抄了很多份（有超过50份15世纪的副本留存至今），之后，约翰内斯·谷登堡（Johannes Gutenberg）发明了西文印刷术，这使得批量印刷书籍成为可能，卢克莱修的这首长诗因此得以传遍欧洲。

这一时期，人们的关注重点并不是卢克莱修对伊壁鸠鲁的原子论的看法，15世纪的读者更感兴趣的是他对"自然秩序"的看法，这是一种无神论（认为这个世界并不是由神为人类专门设计的）哲学观点的基础。卢克莱修还批判了有关灵魂不死、灵魂轮回的观点，以及有组织宗教的残酷和迷信。[1]

可以肯定地说，他的批判没起到什么作用。《物性论》的印刷版上出现了警告和免责声明的字样，意大利的学校也在16世纪初将这首长诗列入了禁书目录中。但是多明我会[2]修士焦尔达诺·布鲁诺却大力倡导伊壁鸠鲁派哲学，他也是"日心说"（认为宇宙的中心是太阳而非地球）的忠实拥趸。日心说由尼古拉斯·哥白尼在其著作《天体运行论》（De Revolutionibus Orbium Coelestium）中提出，该书于1543年出版。1592年5月，本在欧洲各地颠沛流离的布鲁诺不明智地选择回到意大利，随后被宗教裁判所拘捕并监禁。他在狱中始终拒绝承认错

---

[1] 卢克莱修在解释了原子在运动中发生的"转向"时引入了"自由意志"的概念。因此，哈佛大学人文学教授斯蒂芬·格林布拉特（Stephen Greenblatt）将他获得了2012年普利策奖（非虚构类）的作品命名为《大转向：看世界如何步入现代》（The Swerve: How the World Became Modern）。该书记述了布拉乔利尼对《物性论》的发现及后续故事。

[2] 多明我会是天主教托钵修会主要派别之一，1217年由西班牙人多明我创立。——译者注

误，最终被宗教裁判所判为异端，并于1600年2月在罗马鲜花广场被当众烧死。

　　显然，这一时期的哲学家仍需谨慎小心地进行研究。到了17世纪时，社会环境变得宽松起来，哲学家们有足够的思想自由，得以建立起用于阐释和理解物理世界的理论框架。这些理论在本质上很大程度上还是唯物主义或者说是机械主义的：这个世界有可能是上帝设计的，但其运行机制至少在表面上似乎并没有受到神的干预。不仅如此，哲学家甚至能够将哲学从神学之中逐渐地抽离出来。

　　读到这里，你可能会以为，科学和理性思维战胜了宗教迷信，但这又是错觉。许多17世纪的哲学家开创这个全新的"理性时代"只是为了努力理解由上帝设计和创造的世界，并竭尽全力地使自己得出的结论向基督教教义靠拢。他们仍然是哲学家，并且形成了两个广泛而又相互重叠的群体，我们今天分别称之为"机械哲学"和"古典现代哲学"。

　　较为著名的机械主义哲学家有：弗兰西斯·培根（生于1561年）、伽利略·伽利雷（生于1564年）、约翰内斯·开普勒（生于1571年）、皮埃尔·伽桑狄（生于1592年）、罗伯特·玻意耳（生于1627年）、克里斯蒂安·惠更斯（生于1629年）和艾萨克·牛顿（生于1642年）。而古典现代哲学家则有：勒内·笛卡儿（生于1596年）、约翰·洛克（生于1632年）、巴鲁赫·斯宾诺莎（生于1632年）、戈特弗里德·莱布尼茨（生于1646年）、乔治·贝克莱（生于1685年）以及18世纪的大卫·休谟（生于1711年）和伊曼纽尔·康德（生于1724年）等。今天，我们更多地将前者视为"科学家"，或者至少是科技革命的先驱者，而后者则会被视为"哲学家"。而事实上，他们并没有形成泾渭分明的两派，而是构成了一个近乎连续的"光谱"，只是在探究的性

质和方法上有所不同。许多"科学家"也会进行哲学（或神学）的反
思，许多"哲学家"也会从事实验工作，或者至少承认实验科学的结
论。比如笛卡儿就也是一位机械哲学家。①

　　玻意耳是一位著名的实验主义者，他从事医学、力学、流体力
学以及气体性质等方面的研究。②他对炼金术也有涉猎，还是一名
虔诚的基督徒，提倡证明上帝存在的"目的论论证"，大力支持《圣
经》的翻译工作及基督教教义的传播。③玻意耳是阿马教区大主教詹姆
斯·厄谢尔（James Ussher）的崇拜者，厄谢尔通过分析《创世记》的
文本，认为上帝在公元前4004年10月22日下午6点左右创造了世界。

　　在早期的机械哲学家中，伽桑狄和玻意耳可能是在重新引入原
子概念方面最具影响力的两位（笛卡儿实在不喜欢"虚空"的说法）。
伽桑狄曾雄心勃勃地试图调和伊壁鸠鲁派哲学和基督教——他口中的
原子与伊壁鸠鲁提到的极为相似，而玻意耳的原子则与之大不相同。

　　在初版于2009年的《科学家的原子与哲学家的石头》（*The Scientist's Atom and the Philosopher's Stone*）③一书中，当代科学哲学家
艾伦·查尔默斯（Alan Chalmers）仔细追溯了在科学革命之初，被奉
为正统的亚里士多德对物质的描述，是如何转变为被机械哲学家广泛

---

① 我的好友马西莫·皮柳奇（Massimo Pigliucci）就是一名科学家出身的哲学家，
　现供职于纽约城市大学。他认为，人们在历史上之所以将笛卡儿视为"哲学
　家"，完全只是因为他在物理学中推导出了一些错误的结论。

② 在弗朗西斯·培根以及自己的助手罗伯特·胡克（Robert Hooke）的影响下，玻
　意耳建立起了最早的有关实验的哲学。他认为，实验（也许难以避免地）需要
　实验者将大部分的精力投入到观察和操作中去，然后再根据观察和操作的结
　果，从中归纳或推导出完整的理论。

③ "The Philosopher's Stone"是西方传说中一块有魔法的石头，可以点石成金，又
　译"哲人石""贤者之石"。——编者注

采纳的原子论的。他指出，这一过程中的关键人物是一名13世纪的方济会僧侣——塔兰托的保罗（Paul of Taranto），此人曾使用贾比尔（Geber）作为笔名撰写过炼金术的论文。这个笔名借用了9世纪著名穆斯林炼金术士阿布·穆萨·贾比尔·伊本·哈扬（Abu Mūsā Jābir ibn Hayyān）的名字。这位"假的贾比尔"的著作，以及中世纪时期的人们对亚里士多德的最小要素理论和德谟克利特的原子理论所做出的改编，对17世纪著名的德国医生、维滕堡大学医学教授丹尼尔·塞纳特（Daniel Sennert）产生了巨大的影响。

塞纳特也涉猎过炼金术。他做过一个著名的实验，他将金属银溶解到硝酸中后，产生了一种新的不同于原始混合物的化合物（我们现在已经确定这一化学反应的产物是硝酸银）。如果银的粒子只是溶解到硝酸中的话，那么反应后的溶液在过滤时应该会留下残渣，然而事实上并没有。往反应后的溶液中加入碳酸钾之后会产生另一种化合物，即碳酸银沉淀。这些沉淀物经过滤、洗涤并加热之后会再次得到"原始状态"的银。

这一实验给亚里士多德的"形式"理论带来了很多问题。很明显，银的最小要素在整个化学转化的过程中是一直保持不变的，因为它们在实验的最后又恢复如初。塞纳特给出的结论是：银的最小要素同时也是该化学反应过程中形成的每一种化合物的最小要素的组成部分，但是这些化合物的性质却与参与反应的原料截然不同。因此，他不得不承认物质的形式可能也分成不同的等级，也就是说形式本身可以发生改变，并形成一种新的形式。

尽管玻意耳没有在他的著作中公开承认这一点，但他的成果实际上在很大程度上要归功于塞纳特。玻意耳认为没有必要采纳亚里士多德所说的形式，物质的性质和表现可以直接追溯到构成物质的最小要素。尽管玻意耳很少使用"原子"这个词，但他所说的概念其实就是原子。为了方便起见，我在之后的描述中将不再提到"最小元素"，统一使用"原子"一词。

玻意耳承认原子是一种小到无法被感知的组分，但是他假设原子具有大小（因此也就会有重量）、形状和运动等属性。它们在物理上是不可分割的，至少是像塞纳特所做的实验中的银原子那样，在化学和物理变化中能够保持不变。这看起来和德谟克利特以及伊壁鸠鲁提出的原子论并无二致，不过玻意耳是基于自己的方式和条件得出的结论，他的原子论并不是古希腊原子论的"复兴"。

机械哲学家们利用新一代实验仪器制造者的才能，开发出了一整套用于系统性观察与实验的技术，如望远镜、显微镜、时钟以及真空泵。玻意耳在牛津大学的实验助手罗伯特·胡克就制作了一个空气泵，玻意耳用它做了很多实验，并最终推导出了气体的压强和体积之间的关系，玻意耳定律正是建立在该关系的基础之上：在保持恒温的条件下，将气体的体积压缩到几分之一，那么气体的压强就将增大到几倍；而在保持恒温的同时使气体体积膨胀到几倍，那么气体的压强就会减小到原来的几分之一。也就是说，在恒温条件下，空气压强与体积的乘积是定值。

但是这种实验并不完善，无法解决古希腊人曾面对的问题：既然无法直接观察到原子，那么为什么我们能够从大尺度物质的性质和表现得出有关原子的结论呢？

玻意耳给出的解释是，各种物质中"普遍"存在的性质和表现可以从逻辑上归因于原子。换句话说，我们在大尺度的、宏观的经验世界中所看到的现象，同样适用于组成物质的微观物体。这个说法好像比起卢克莱修也没有进步多少，因为他早在1 000多年前就已经说过，我们在观察自然现象时要保持一种机械的本能。但除此之外，微观的原子仍需具备一些宏观物体所不具备的性质（如不可分割性），而这种性质是新时代的实验主义者们所无法证明的。

当机械哲学家忙着改进他们的实验仪器时，古典现代哲学家则开始在定义上面做文章，他们希望仅凭理性推断就能够定义出，物质世界中有哪些东西是我们能够了解的。笛卡儿试图建立起一种新的哲学流派，其结论都是无可置疑的绝对真理，他认为，我们只有从绝对真理中才能获得确定的知识。关于如何得到这种绝对真理，笛卡儿说："……我想我应该……把任何在我想象之内含有可疑的成分，哪怕只含有极轻微者，也要当作绝对的错误。"[4]这就意味着他拒绝接受借助感官所感受到的关于世界的一切信息。

不过至少有一件事情是可以肯定的：他自己是一个正在思考的人。笛卡儿认为，说一个具有思考的人不存在是矛盾的，所以，他自己的存在是可以被肯定的，这也就是他的那句名言："我思故我在。"

在证明了自己的存在（至少对他自己而言是存在的）之后，笛卡儿又继续提出了一系列对于上帝存在的证明。他认为经由逻辑推理建立起的上帝是一个完美无缺的存在，必定是一股向善的力量。但是正如我们之前提到的，笛卡儿还认为世界上所有存在的物体都是一种欺骗，那么这就意味着上帝会欺骗他或者至少允许他被欺骗。如果我们将欺骗看作不完美的来源之一，那么这似乎就与"上帝是完美无缺的"这一观点相矛盾了。笛卡儿的结论是，他对物理对象的看法必然是这些物体在外部世界中的存在所导致的直接结果。

但是，正如古希腊人一样，笛卡儿认识到了物体本身与它们所引起的感官知觉之间的区别，而感官知觉并不一定能帮助我们准确地认识"真正"的物体。我们能够感知到不同的颜色、气味、味道、声音，以及温度、硬度、粗糙度等感觉，上述所有不同知觉的来源似乎都是由对象本身引起的，但这并不意味着它们是对象的固有属性。[5]

英国哲学家约翰·洛克在1689年进一步强化了这种区分。他认为，无论将一种物质分割成多小的部分，我们得到的产物往往都会保留着某些固有性质，或称第一性质，例如形状、硬度、在空间中的延展性和运动方式。如果物质最终是由原子组成的，那么我们就可以预测它们应当具备上述这些第一性质。

但也存在一些第二性质，它们并不是固有的，而是通过与我们的感官，如眼睛、耳朵、鼻子、舌头和皮肤等相互作用而产生的。单个的原子可能会具有形状和硬度等性质，但它们并没有颜色、声音或是味道。例如，颜色就是原子和我们的眼睛之间某种不明相互作用的结果。[6]

这似乎很有道理，但哲学家们最喜欢的莫过于一个好的论证，而上面这段显然还远远不够完备。爱尔兰哲学家乔治·贝克莱尽了最大的努力，却仍然找不出第一性质和第二性质之间有什么区别。在他看来，将二者区分开来实际上是做不到的。你能想象出来一个拥有形状和硬度，同时却不带有任何颜色或是声音的物体吗？如果你觉得做不到，那就说明，尽管二者的确有些区别，但是在很大程度上处于同等地位。贝克莱很乐于接受第二性质只存在于脑海中，他的意思是，第一性质同样也只存在于脑海中。[7]

苏格兰哲学家大卫·休谟也对此表示赞同。他的结论很简单，如果有什么东西存在于我们的感知之外，那么我们就无法了解它，所以一般来说，就这个问题进行讨论是无意义的。他的解决办法，是把所有关于现实本质的推测都交给形而上学（字面意思为"在物理学之外"），并对任何通过形而上学推理而来的知识都采取相当消极的态度。在论证这一观点的过程中，休谟建立起了一个被称为经验主义的哲学流派。

在经验主义哲学中，所有不是通过直接经验获取的对世界的认知，都会被认为是没有意义的形而上学，从而遭到否定。但这并不一定意味着不存在一种独立于感知的现象：就算人们都不往天上看，月亮也依然存在。可是经验主义也确实提醒我们，在对现实的了解方面，我们不能期待太多。我们充其量只能获得经验现实中的信息，而现实表现为我们可以直接感知或测量的效应。

伟大的德国哲学家伊曼纽尔·康德深受休谟著作的影响，但他否定了休谟的结论，即只有通过直接经验才能获取知识。他区分了两个概念：本体（noumena），即客体，或称自在之物；现象（phenomena），即我们感受和体验的时候事物所呈现的样子。

休谟可能会认为本体是形而上的、没有意义的。但是康德则认为，本体通过现象在我们的脑海中留下了深刻的印象，因为我们的脑海中有他所说的感性直观，特别是对于时间和空间的感性直观。我们在脑海中构建起时间和空间的概念，以便于理解我们所感知到的外部世界。

康德认为，否定自在之物的存在是没有意义的，因为一定得有某种东西通过感官知觉的形式引起表象（即一个没有某种存在的东西不可能具有表象）。但他也对休谟的某些观点表示同意，即尽管自在之物一定存在，我们也不一定能从它们身上获取知识。

那么这些逻辑推理对于我们所讨论的原子来说又有什么意义呢？可以说，由原子产生的表象既是显而易见的（正如卢克莱修所指出的），但更是难以捉摸的（如那些炼金术士和早期的机械哲学家推断的那样）。可是，一个简单而又难以处理的事实是，原子是无法被感知的。后来的一些宣称自己是坚定的经验主义者的科学家和哲学家，如奥地利物理学家恩斯特·马赫（Ernst Mach），就将原子斥为形而上学，并否认它们的存在。当然，只要实验科学无法找出可以更直接地归因于原子的现象，那么原子充其量只能算是一个"有效的假设"。

尽管如此，对于许多具有实践精神的，从很早之前就已经开始致力于寻找经验证据的机械哲学家来说，这种情况已经足够好了。他们非常信任自己的实验仪器，并且用这些仪器进行系统而周密的实验：每次只更改一个变量，再重新进行。哦对了，还有一件事我忘了告诉你，他们发现自然的规律居然是用数学的语言书写的。

我们了解到的五件事

1. 16—17世纪的机械哲学家得以从亚里士多德对自然的描述中解脱出来，回归到与古希腊时期相类似的原子论中。

2. 与此同时，古典现代哲学家们争论的是，我们在多大程度上可以从观察和推理中获得知识。

3. 洛克将物体的性质分为第一性质（形状、硬度、在空间中的延展性和运动方式）和第二性质（颜色、声音、味道等）。第二性质并不"从属于"某个对象，它们只存在于我们的脑海中。

4. 贝克莱（以及后来的休谟）认为，既然我们所有对自然的了解都必须通过感官来获得，那么第一性质必然也只存在于我们的脑海中。

5. 康德认为，将我们感知到的事物看作不存在是毫无意义的。他把本体（自在之物）和现象区分开来，但他也承认，虽然本体必然存在，但我们也只能了解现象。

第3章

什么是力

　　尽管原子（或称"微粒"）是否存在仍然成疑，但是在17世纪的机械哲学家们所采用的物理描述中，它们的存在相当普遍。[1]和玻意耳一样，艾萨克·牛顿对于那些无法通过直接证据来确认存在的事物不太在意。牛顿的巨著《自然哲学的数学原理》（后文简称《数学原理》）初版于1687年，而在1713年出版的第二版中，牛顿增加了4条"推理法则"。其中的第3条涉及"物体的属性"，包含了牛顿原子论观点的部分结论。他坚持认为，一个物体的形状、硬度、不可穿透性、运动方式和惯性都来自某些相同的特性，而这些特性在物体的"最小部分"上都会有所体现。[2]

　　牛顿认为，宏观物体（如石头）的可见性质和行为完全可以通过组成它们的微观原子的性质和行为来理解，这一观点也和玻意耳相同。那些形而上学的实体是不可见的，我们也找不到它们存在的直接证据，不过倒也不用为此过分担忧。相反，我们应该把注意力放在描过那些可观察、可测量的物体的运动上（也就是运动学的问题），并且为这些运动做出基本的**解释**（也就是动力学的问题）。这是相当合理的做法，因为我们知道，任何关于宏观物体的发现都可能同样适用于组成它们的微观原子。

那么要从哪里开始呢？首先我们应当承认一个前提，即对物体运动的任何观察和测量都需要在一个能够进行观察和测量的框架之下进行。此框架应该建立在约定俗成的距离和时间测量单位之上。现在，我们啃下了这块硬骨头，给出"质量"的定义了。①牛顿在《数学原理》一书第一卷的开头做到了这一点：3

> 物质的量是起源于同一物质的密度和大小联合起来的一种度量……在之后每次提到"物体"或"质量"时，我指的都是这个量。它可以通过每个物体的重量得知：通过由极精确的单摆实验，我发现它与重量成正比，关于这点我将在后面进行详细的介绍。

我们将牛顿所使用的"大小"理解为体积，那么一个物体的质量就是它的密度（特定体积内的质量的度量，常用的单位有克每立方厘米）乘以体积（常用的单位有立方厘米）。这样我们就得到了一个物体质量的度量（其单位为克）。这一切似乎都是完全合情合理的，我们一会儿还会回过头来再次研究这个定义，并试图理解其真正的含

---

① 到目前为止我只说过重量，从现在开始我要换成质量了。需要明确的是，物体的重量大小是我们用某种秤称到的值，它取决于其质量及其受到的重力，因此会随着测量条件的变化而变化。例如，月球的引力比地球更弱，所以同一个物体在月球上的重量要比在地球上轻得多。然而，物体的质量是保持不变的。

义，不过暂且先这么着吧。

所以，每个物体都有一个固有的质量（也就是该物体所含的"物质的量"），质量与密度和体积相关，我们通常用符号 m 来表示。质量有一条被视作定义性特征的性质，即它可以作为物体阻碍其运动状态变化的度量，而这一部分用于度量的质量我们称之为惯性质量。但是为什么不直接叫它"质量"呢？难道不是所有的质量都会产生惯性吗？我们将在本章后面的内容中看到，为什么在选择这一术语时如此谨慎。

有关惯性这一属性的证据来源于对静止（不运动）和运动中的物体无数次的观察和测量。我们肯定能够在日常生活中获得一些有关惯性特质的证据，至少是定性的证据。牛顿利用大量的实验证据（其中伽利略做过的实验可能是最大的数据来源）构建起了牛顿第一定律：任何物体都会保持匀速直线运动或静止（不运动）状态，直到外力迫使它改变运动状态为止。[4]

从这句话中可以看出，除了引入并定义质量的概念以外，牛顿还引入了第二个概念：力。什么是"力"？牛顿认为，这是一种施加在物体上的"作用"，它会改变物体静止或是匀速直线运动的状态。力就是作用，只会在作用存续期间产生影响。一旦作用结束，物体就不再受力的影响，它将以新的运动状态继续运动下去，直到另一个力作用于它为止。[5]

可施加于物体上的作用（也即力）种类是没有限制的。对于一个物体，我可以用脚踢，用大炮轰，也可以像扔铁饼一样将它旋转着扔出去。如果它是用导电材料制成的，那么我还可以给它充电，然后用电磁铁来移动它。上述所有的这些作用，也就是所有由此产生的力，都在改变物体的运动状态。这一切我们解释得很清楚了，只是提到的所有这些概念有点混乱，甚至还有点儿循坏论证的样子。让我们继续介绍。

为了真正理解力的定义和牛顿第一定律的内容，我们需要先理解牛顿所说的"运动"，特别是"匀速直线运动"有何含义。想象一个不受外力的完美球体在真空中运动，根据第一定律，它会做匀速直线运动。如果这个球体的惯性质量为m，其移动速度（物体在空间中的位置随时间的变化率）为v，那么我们就能确定它的**动量**，也就是质量与速度的乘积（m乘以v，即mv）。这就是牛顿所说的"匀速运动"。

显然，静止的物体是没有速度的（$v = 0$），因此没有动量。根据第一定律，要想让静止的物体开始运动，需要给它施加一个力。同样，当我们在动量为mv的球体上施加一个力时，我们就改变了它的动量。动量的改变量由牛顿第二定律决定：运动的变化与引起运动的力的大小成正比，方向与力的方向成一条直线。[6]

所以，力作用的效果与力施加的方向就有很大的关系了。如果力的方向与物体运动的方向完全相同，那么物体的动量就会增加——我们增加了运动，具体而言，是增加了运动物体的速度。如果我们往运动的反方向施加力，那么动量就会减少，而当施加的力刚好等于物体原有的动量时，它就会一直减速直到停止。而如果沿着与运动方向成某个角度的方向施加力，则会改变物体运动的方向。

我们把所施加的力F的大小定义为在它的影响下物体动量的变化率，这就是著名的牛顿第二定律：$F = ma$，力等于质量乘以加速度。[7]虽然这是一个极为著名的公式，但它并没有出现在《数学原理》一书中，不过牛顿一定在德国数学家雅各布·赫尔曼于1716年发表的著作

《运动学》中看到过这条第二定律的特定表述形式。^①这个公式常被称为"欧拉表述",以18世纪瑞士数学家莱昂哈德·欧拉的名字命名。

第二定律具有相当直观的吸引力。用一定的力量踢起一块石头,那么它会飞到半空中,加速到一定的速度,最终屈服于重力并返回地面。如果换成一个更重的石头,它的惯性质量就更大,我们需要用更大的力量踢起它才能达到与之前那块石头一样的加速度。这种对力、质量和加速度之间微妙的相互作用的描述虽然很简单,但是意义重大。当然,其正确性是毋庸置疑的。

牛顿的运动定律确实经受住了时间的考验,但也不得不承认,它们在某些情况下并不适用。事实证明,在原子和亚原子微粒的微观层面上,以及接近光速的速度下,自然规律发生了改变,我们将在后面的章节中讨论这些情况。但是对于地球上大多数"日常"事物来说,牛顿定律仍然适用。

为了完整起见,我想我应该将第三定律也写在这里:对于我们施加在物体上的每一个作用(也就是施加在物体上的每一个力),总是存在一个大小相等、方向相反的反作用。⁸你踢了石头,石头也反过头来踢了你。

如果这些定律旨在为我们理解物质实体的性质和行为提供一个基础,那么我们现在就应该静下心来看看它们到底能告诉我们什么。首先我们要做的就是承认牛顿对于质量的定义是有缺陷的。经验主义者马赫曾给出过这样的解释:牛顿把质量定义为一个物体中物质的量,通过将物体的密度乘以体积来度量。但是密度又只能用质量除以体积

---

① 牛顿于1726年出版了第三版《数学原理》,如果他足够上心的话,他本可以将第二定律的这种表述形式整合到自己的书中。

的方式来定义，所以这只是在兜圈子罢了，°用密度根本无法定义质量。

但是如果我们匆匆忙忙地继续探究，试图用牛顿定律来定义质量，我们就会发现我们永远逃不出这个圈。我们可以说惯性质量 m 是物体在外力 F 作用下阻碍物体获得加速度的一种度量，但是 F 又怎么测量呢？难道又要说它是能克服惯性质量为 m 的物体的阻碍，改变其加速度的东西？无论如何，这个问题都难以解决。

不过 $F = ma$ 这个等式的可取之处在于，施加的力 F 可以由多种不同的作用引起，而无论力属于哪一种，对于不同加速度的阻力的测量都是相同的。这是因为物体的惯性质量似乎始终是其本身所固有的，就像物体的某种固有属性一样。但这并不能让我们更进一步，它无法告诉我们质量到底是什么。

马赫试图使用第三定律来给质量下一个操作性定义，该定义把所有的质量都与一个质量的"标准"相比较，从而避免了牛顿定义的问题。例如，通过计算两个物体碰撞后的加速度之比，可以在算式中把力消去，得到两个物体惯性质量的比值。此时只要我们以其中一个物体的惯性质量为公认的标准，就可以以它为参照标准得出未知物体的惯性质量。

让我们先停下来稍做思考。在《数学原理》中，牛顿为我们今天所说的经典力学奠定了基础，^①这一体系在其使用范围内已经一次次不断地得到印证。它关于时间和空间、质量和力的核心概念从直觉上很有吸引力，与我们的日常生活经验相当契合。只需要适当地对经典力

① 需要认识到，牛顿的《数学原理》只是奠定了基础，并没有包含经典力学的全部架构。如果要解决实际的、"真实世界"中的力学问题，还需要用许多其他定理来为牛顿三大运动定律做补充，而这正是18世纪的许多数学家和物理学家前赴后继为之努力的。

学体系中的定律加以补充，它就可以解释我们熟悉的宏观物体在三维空间中进行的所有运动。哪怕是看一场网球或是斯诺克比赛，你也能很容易地感受到蕴含其中的牛顿运动定律。

然而，这个力学体系给出的只是惯性质量的操作性定义，它把两个物体的这种性质联系了起来。但无论如何，对于质量这种物体最基本的属性之一，它没能给出任何解释。它没能告诉我们质量到底是什么，甚至把情况搅得更糟了。

牛顿的雄心壮志并不只局限于地球上的由原子组成的物体（尽管此时人们还未确定物体是否确实由原子组成）的力学问题。他尝试着扩展自己的理论，以描述天体的运动，特别是行星的运动。如果这一尝试能够成功，那么牛顿力学将会被扩展到无限大的范围。它将适用于所有形式的物质，从微观原子到我们日常生活中所熟悉的地球上的物体，再到可见宇宙中最遥远的天体。但是牛顿还需要一条新的定律来完成这一宏大愿景。

与运动定律不同的是，牛顿著名的万有引力平方反比定律在《数学原理》中并没有被赋予包含"定律"一词的名字。造成这种情况的原因有一部分是科学上的，另一部分则是政治上的。牛顿通过伦敦皇家学会新任命的职员、天文学家埃德蒙·哈雷提交了《数学原理》的手稿。1686 年 5 月，哈雷写信给牛顿，告诉了他一个好消息：英国皇家学会已经同意出版这本书。①但是随之而来的也有一条坏消息：在最近的一次皇家学会会议上，罗伯特·胡克（也就是之前玻意耳的助手，时任皇家学会实验主管）大声宣称发现平方反比定律的是他而不

---

① 　由于英国皇家学会没有足够的资金来出版这本书，哈雷最终自己出资负担了出版的费用。

是牛顿，而他要求牛顿必须承认这一点，

事实则是，胡克在1681年时就通过他和助手亨利·亨特的测量数据，完全仅凭经验推测出了平方反比关系。但是胡克的数学能力不足以让他建立起一个可以推导出平方反比定律的理论。

牛顿一开始是准备和平解决此事的，但是当他从参加会议的其他同僚那里得知了胡克的其他主张①时，牛顿彻底火了。他认为，胡克的主张把明明"完成了一切工作"的数学家当作了"只懂得进行枯燥无味的计算的苦力"，贬低了自己在发现万有引力理论过程中所扮演的角色。牛顿极为愤怒，并将胡克斥为一个"古怪、不合群的人"，还着手尽可能地删去了《数学原理》中所有与胡克有关的描述。[10]

不止于此，牛顿甚至还下令销毁了挂在皇家学会某个房间墙上的一幅（可能是两幅）胡克的肖像，因此至今我们都没有找到过胡克的肖像。不过历史学家莉萨·贾丁（Lisa Jardine）认为，伦敦自然历史博物馆中有一幅标记为英国皇家学会成员、博物学家约翰·雷（John Ray）的肖像，实际上画的应该是胡克。

牛顿一度想整体删去《数学原理》的第三卷（他命名为"论宇宙的系统"），但他没有这么做，而是把这部分换成了对天文观测结果的更为慎重（当然也需要花费更多精力才能写成）的总结，紧随其后的还有一系列命题，可以用于推导出他的"系统"。在牛顿描述的所有观测结果中，最为值得注意的是"天象"部分第4条。在他撰写《数学原理》时，人们已知的行星除了地球之外还有水星、金星、火星、木星和土星，牛顿指出，每颗行星绕太阳公转一周的时间（即行星的公转周期）与行星和太阳之间的平均距离有某种幂次关系。具体来

---

① 胡克要求牛顿在序言中写上研究受到了他的启发。——译者注

说，轨道周期 T 与平均距离 r 的 3/2 次方成正比。[11]

　　我们可以发现，这一关系稍做整理就是开普勒行星运动第三定律。约翰内斯·开普勒完全依据当时已知的行星相对于固定不动的恒星运动的观测经验，推断出它们的公转轨道是椭圆，而太阳位于椭圆的其中一个焦点处，并且每颗行星和太阳的连线在相等的时间间隔内扫过的面积相等。第三定律描述了行星轨道周期和轨道半长轴（可以理解为轨道半径）之间的数值关系，即 T^2 与 r^3 成正比，如果给等式的两边开平方根，就得到 T 与 $r^{3/2}$ 成正比。[12]

　　牛顿后来又发表了命题 7：所有物体都会受到引力，引力与每个物体中所含物质的量成比例。[13] 之后，我们就可以使用开普勒第三定律推导出一个物体（如行星）对另一个物体的引力大小，从而得到命题 8：如果两个均匀球体之间互相有引力作用，则任一球体受到另一球体的引力与两个球心之间距离的平方成反比。[14]

　　大多数物理教科书对这些命题的解释都是像这样的：如果我们用 m_1 和 m_2 分别代表两个均匀球体的质量，用 r 代表两个球心之间的距离，那么它们之间的引力大小就与 $m_1 m_2 / r^2$ 成正比，这就是著名的平方反比定律。为了完成对引力 F 的计算，我们需要在这一项分式之前乘上一个比例常数，这个常数是我们通过测量和约定来确定的。如今我们称之为引力常数，通常用 G 表示，其实测值为 $6.67 \times 10^{-11} \mathrm{N \cdot m^2 / kg^2}$（牛顿平方米每平方千克）。①

　　但是引力与我们在讨论运动定律时所考虑的那些通过相互作用而产生的力性质并不相同。后者是外加的：它们是在某个处于静止或是

---

① 　如果 m_1 和 m_2 的单位是 kg，且 r 的单位是 m，那么 $m_1 m_2 / r^2$ 的单位就是 $\mathrm{kg^2 / m^2}$（平方千克每平方米），这时乘上以 $\mathrm{N \cdot m^2 / kg^2}$ 为单位的 G 就得到了以 N（牛顿）为单位的引力。

匀速直线运动状态的物体与改变其运动状态的某种东西之间的物理接触作用所导致的。一块石头会遵循牛顿第一定律,在地面上保持静止状态——直到我的右脚在空中摆动之后与石头接触,给它施加了一个作用力(或者说得简单一点,直到我踢到它的时候),它的运动状态才会发生改变。

但是围绕着地球运转的月球是从哪里受力的呢?月球(还有太阳)是怎么引起潮起潮落的呢?当一个杯子从我们的手中滑落时,让它摔落到地面的力又作用在哪里呢?

牛顿有点儿摸不着头脑了。他所说的引力似乎是一种古怪的"超距作用"。相距甚远的两个物体可以隔着一段空间相互作用,其间没有任何明显的传递介质。一些批评者指责他在力学中引入了"神秘学元素"。

牛顿也意识到了这个问题。《数学原理》的第二版于1713年出版,牛顿在这一版第三卷的末尾补充了这样一段解释(这段解释也被称为"一般注释"):"我一直未能从引力现象中发现引力性质的成因,也没有形成任何猜想。"[15]更糟糕的是,我们甚至还没有找到证据来证明那些我们凭直觉给出的与质量性质相关的结论,而平方反比定律中却出现了m_1和m_2。如果这样下去,它们就会变得和牛顿第二定律中的m一样,无法定义。

但是物理学家们还是相当迂腐的。在经典力学中,运动和引力似乎是不同的,于是一些物理学家就提议将引力质量(产生引力的质量)和惯性质量区分开来,更有甚者还会将引力质量再划分为主动引力质量(施加引力的质量)和被动引力质量(受到引力的质量)。

在实际应用中,这两种不同的测量质量的实验方法得出的结果都是相同的,这被称为"伽利略等效原理"或是"弱等效原理"。因此,物理学家们经常不加区分地使用它们,我们将在第7章中看到,爱因斯坦很乐于接受这两种质量都是对物体惯性质量的量度的观点。不过，我们仍然要时刻准备着接受怀疑的目光。

我们最后再捋一捋思路。机械哲学家们的研究就是在经典力学的基础之上发展起来的，当然，经典力学体系并不是牛顿一个人构建起来的，他只是"站在巨人的肩膀上"，把这个体系表述了出来，为经典力学这一学科的发展奠定了基础，其在200多年间都没有遭受到本质性的挑战。这是一门涉及面极广的学科，涵盖了从组成物质的微观原子（还只存在于推测中），到日常经验中的宏观物体，再到恒星和行星这样的大型天体。

然而，如果仔细推敲，我们就会发现经典力学的基础其实是相当不稳固的。我们无法从理论上解释"日常"生活中天天打交道的惯性质量的性质，但是这些肯定是物质实体最为重要的性质，甚至可以说是"基本"性质。我们也无法解释万有引力现象，而这又是所有物质所共有的另一个重要的基本性质。解释不了，我们只能承认，我们对这些事物的认识还不够深。

我们确实有了一套能使用的概念，并且构建起了一个体系，我们可以利用它进行计算和预测，它甚至还深刻地改变了我们人类存在的形式和本质。这个概念的网络就像一个击鼓传花的游戏，当鼓声响起我们就开始不停地传递花束，这很有趣。但是，鼓声总是会停止的。

我们了解到的五件事

1. 牛顿根据物体的密度和体积来定义物体的质量，但是由于密度又只能用质量和体积来定义，这就成了一个死循环。

2. 牛顿还将力定义成改变物体运动状态的作用，具体来说就是改变物体的加速度。质量（或称惯性质量）是物体阻碍加速度发生变化的量度，但是这也不能用来定义质量。

3. 牛顿的万有引力定律指出，两个物体之间的引力正比于它们的质量，反比于二者中心之间距离的平方。

4. 但是引力和改变物体运动状态的力不同，它可以隔空产生作用，并不需要明显的传递介质。

5. 尽管牛顿力学体系取得了辉煌的成果，但它并没有真正地帮助我们理解质量是什么。

第 4 章

怀疑的化学家

牛顿的理想极为远大。《数学原理》为经典力学的发展奠定了基础，而经典力学又可以应用于所有形式的物质。但是它研究的对象少了一种"日常"现象——光。因此，牛顿于1704年发表了另一部著作《光学》。

当时有两种关于光的观点分庭抗礼。与牛顿同一时代的荷兰人克里斯蒂安·惠更斯在1690年发表的著作中主张波动说。根据这一理论，光被看作一系列的波动，有波峰也有波谷，就像被扔进了一颗石头之后池塘表面的波纹一样。

但是，显然，波是由某种物质中的扰动形成的。石头引起水面的扰动，才形成了池塘里的波纹。那么光波源于什么样的扰动呢？波动说的支持者们假定光波在一种非常稀薄的物质中传播，这种物质叫作以太，它们充满了整个宇宙。

牛顿对此并不赞同。《光学》第一版的最后有一系列共16个"问题",其本质上是一种设问,因为牛顿已经给出了现成的答案。到了1730年《光学》出版到第四版时,问题的数量已经达到31个,并且后来增加的每一个问题都有一篇短文那么长。《光学》中的大部分内容都与光的"射线"性质相关,在牛顿给出的第一个定义中就明确地提出,他将光线视为光的"最小部分"。[1]

而这似乎让光线的地位变得有些模糊,不过在问题29中,牛顿清楚地表明了光线在他的心目中到底是什么:"光线是从发光物质发射出来的很小的物体吗?"[2]这一问题对光的"原子性"的描述非常清晰,并且把光带进了他的力学问题之中。

而牛顿的问题31让我们看到了他更大胆的一面。他观察到大型物体能通过引力、电力和磁力等相互作用,于是他就开始思考这些或者是其他未知的作用力是否也能在"物体的微小粒子"上起作用。[3]

牛顿准备采取一个古希腊的原子论者认为没有必要采取的想法。他首先否定了原子依靠形状而产生相互作用并结合的观点,取而代之的观点是原子依靠力而产生相互作用并结合在一起。[①]虽然他没有说明具体起作用的是哪种力,通过何种机制起作用,但通过提出这个问题,他为我们打开了一扇门,使我们认识到原子的运动及其结合可能是由我们已知的引力、电力和磁力主宰的。牛顿对炼金术也有所涉猎,从问题31的后续描述中可以清楚地看出,他猜测这种"原子尺度的"力在很短的距离内有很大的强度,正是它们引发了各种各样的化学反应。[4]

但是可别得意忘形。我们现在事后看来,牛顿的想法十分合理,

---

① 公平起见,这里需要指出,古希腊人也曾提出过原子会发生"转向"并相互碰撞,我认为这可以用牛顿力学中的相互作用力来解释。

但是他的这一推测在当时并没有任何证据的支撑。他尝试以原子论为基础，解释那些广为人知的化学反应，而原子之间存在的某种形式的作用力反过来又加强了原子论的概念。这只能说是一个观点，而不是成体系的理论，无法用最普通的术语进行表述，因此牛顿无法运用这个推测来解释化学反应的原理，甚至不能用它做出任何可被验证的预测。

任何有关原子性质和行为的论证都被牢牢地局限在形而上学的思辨当中。尽管从现在看来，牛顿的问题 31 相当具有先见之明，但 18 世纪的新一代科学家们并不能通过观察和实验对这些疑问进行进一步的探索，他们缺乏必要的工具。

不过，现代化学的奠基人仍旧以自己的方式，开创了一个直至今天还在实验室中不断推进的事业——揭开复杂的化学物质的神秘面纱，包括化合物的结构、结合过程以及各种不同的化学反应。他们对于机械哲学家所提出的原子的存在以及有可能产生的作用并不是很在意（有些甚至根本不承认原子的存在），他们只是试图去理解错综复杂的化学问题，并自上而下地建立起某些规律，根据他们所见的和所做的事情，发展和阐述一些基本的（虽然完完全全是经验主义的）化学原理。

化学这一学科兴起的核心是化学元素的概念。在 17、18 世纪，"元素"一词在物质层面上与古希腊时期的土、气、水、火四大元素是一样的，当然现在化学家们早已确定物质中含有的元素远不止这么简单，他们把这个词的含义修改为"不能再分解为更简单的物质的单个化学物质"。另外，正如玻意耳在初版于 1661 年的著作《怀疑的化学家》中所说，尽管元素可以在化学反应中与其他元素或化合物结合，但它们不会因此失去自己的特性。[5] 塞纳特所做的化学实验中最终回归

"原始状态"的银就是化学元素的一个例子。

那么化学元素会不会就是原子呢？在玻意耳以及后来的牛顿提出的原子论中，他们给原子赋予了许多性质，如空间上的广延性（尽管特定的形状不再被视作重要特征）、硬度、不可穿透性、可动性和惯性质量。问题31中隐隐指出原子之间可能存在某种力的作用，但是却没有提到它们具有什么化学性质。由此可见，对于涉足化学领域的机械哲学家来说，似乎原子在物质层级上比元素更低。

18世纪化学的发展历史，正是展现科学发展路径的最佳示例：将已有的证据建立成一个体系，瓦解旧的知识，用新的、更有力的世界观取代它。然而这一过程（一如既往地）相当曲折。化学家都是实干家（从事这项事业的女性很少，即使有也只是作为辅助角色）①，他们所积累的化学知识具有非常实用的商业价值，而这将有助于18世纪后半叶工业革命的兴起。但那不是我要关注的重点，我将着眼于化学家为了理解元素之间不同的"亲和性"、它们组成化合物的"规则"以及元素本身的性质所做的努力。事实证明，用气态的化学物质来做实验会让问题简单很多。

18世纪50年代，约瑟夫·布莱克在担任格拉斯哥大学解剖学和化学教授时发现，将酸滴在石灰石（即碳酸钙）上时，会释放出一种气体，他将其称为"固定空气"。这种气体的密度比普通的空气大，随着时间的推移会下沉到装有空气的容器底部。它会使蜡烛的火焰熄灭，也会夺去浸入其中的任何一个生物的生命（别问我他是怎么知道的）。这种气体穿过石灰水（氢氧化钙）的时候会生成碳酸钙沉淀。

---

① 原文中作者使用"practical man"一词来表示"实干家"，字面意思是"实干的男人"。——译者注

现在我们知道，被布来克称为"固定空气"的就是二氧化碳。

英国化学家约瑟夫·普里斯特利发现，将浓硫酸缓慢地滴到一定量的白垩粉（碳酸钙的另一种形式）上也可以制得二氧化碳。1772年，他又发表了一篇简短的论文，在其中描述了二氧化碳可以溶解到水中，从而产生"碳酸水"。

他推测这种碳酸水可能具有药用价值，或许可以在长途航海的过程中帮助船员对抗维生素 C 缺乏病（在这一点他是错误的），并且，这种人工制成的碳酸水也像天然矿泉水一样有着怡人的口感。出生于德国的钟表制造商、业余科学家约翰·雅各布·施韦佩（Johann Jacob Schweppe）运用普里斯特利的方法开发出了大规模工业生产碳酸水的工艺，并于1783年在日内瓦创立了怡泉汽水公司。

普里斯特利之后又对"不同种类的空气"（即不同的气体）进行了许多观察和实验，并且在1774年至1786年间陆续结集出版了多达六卷的著作。这些气体中包括"亚硝空气"（一氧化氮）、"减缩的亚硝空气"（一氧化二氮）、"海酸空气"（氯化氢）、"硫酸空气"（二氧化硫）以及"碱性空气"（氨）。不过在科学史上真正引起轰动的还是他对"脱燃素空气"的研究。

根据当时流行的燃烧理论，所有的可燃材料都被认为含有燃素，当这些材料在空气中燃烧时就会释放出燃素。这一理论是由德国炼金术士约翰·约阿希姆·贝歇尔（Johann Joachim Becher）于1667年提出的，"燃素"（phlogiston）一词源于希腊语，意为燃烧。而当普里斯特利用透镜将阳光聚集在经过煅烧的汞（即氧化汞）样品上时，他得到了一种"能让蜡烛燃烧起异常旺盛的火焰"的气体。[6]尽管还不知道这种新气体是什么，但是它似乎能促使燃素更强烈地释放出来，这也就意味着它比普通的空气更缺乏燃素。普里斯特利称之为"脱燃素空气"。

与普里斯特利同时代的法国人安托万–洛朗·德·拉瓦锡对燃素的存在持反对意见。拉瓦锡所采用的实验方法与他的化学家同行们所采用的描述性的，即定性的方法有所不同，他将定量测定和分析等更符合机械哲学家传统的方式引入了化学研究中。具体来说，拉瓦锡费尽心思地精确称量了化学反应前后反应物和生成物的质量，而对于涉及气体的反应来说，这就意味着要使用密封的玻璃容器，以便于将实验过程中的气体全部固定在实验器具中，保证测量结果的精确性。在1772年的一些有关磷和硫的燃烧实验中，他观察到这些物质在燃烧之后变重了。但是如果物质在燃烧时会释放燃素的话，它们怎么反而在燃烧之后变重了呢？

拉瓦锡似乎是在普里斯特利于1774年10月访问巴黎期间直接从他本人口中得知"脱燃素空气"的。他重复了普里斯特利的实验，并且还扩展了更多的内容。几年之后，拉瓦锡出版了一本回忆录，在回忆录中他提到，燃烧与燃素的释放无关，而是可燃材料与"上等纯空气"的化学反应，"上等纯空气"则是普通空气中的一部分。他将其称为氧气。

因此，燃烧是一种涉及化学物质氧化的过程，这一过程可能自发地发生，也有可能在热和光的辅助下发生。1784年，拉瓦锡证明，氧气可以与"易燃空气"（他称之为氢气）反应生成水，从而明确地证明，至少自柏拉图的《蒂迈欧篇》以来一直被视为"元素"之一的水，实际上是氢气和氧气的化合物。

1789年，拉瓦锡出版了《化学基础论》，这被广泛认为是第一本关于"现代"化学的教科书。书中有一个包含多种化学元素的清单，其中有氢、氮、氧、磷、硫、锌和汞，它们被分为"金属"和"非金属"。这个清单中还包括了光和热，在当时它们仍被认为是独特的元素。

可惜拉瓦锡的人生并没有收获一场圆满的大结局。他是一位有权有势的贵族，也是包税组织的管理人员，这一机构本质上是一家私营的海关和消费税包征部门，负责代表皇家政府收税。另外，他在燃烧现象上的研究让他得到了火药委员会的任命，并且在皇家兵工厂得到了一所房子和一间实验室。

但是1789年，法国大革命爆发，这极大地改变了政治秩序，随着4年后马克西米利安·罗伯斯庇尔的强势崛起，恐怖统治①开始。革命者极为痛恨包税组织，并于1793年颁布了逮捕所有前税务官的法令。1794年5月，拉瓦锡被送上断头台。在死刑执行18个月之后，他才被宣告无罪。

拉瓦锡精心设计的实验让他确立起了一个重要的原则：在化学转化的过程中，质量（以重量来衡量）保持不变，既不会减少也不会增加。化学反应的生成物的总质量与反应物的总质量相等。另外，即使化学元素在某个反应后被合成到了不同种类的化合物中，其特性一定也是保持不变的。这很有力地证明了，质量或者说重量的性质可以在单个化学元素上得到体现。

1803年10月，英国化学家约翰·道尔顿在曼彻斯特文学与哲学学会的一次会议上宣读了一篇论文。在这篇论文中，道尔顿提出自己已经开始研究"组成物体的终极粒子"的相对重量，并且已经取得了显著的成功。[7]道尔顿的灵感似乎来自牛顿原子论的某些观点，但是我们要注意把道尔顿的"终极粒子"，即化学原子（也就是化学元素的原子）与玻意耳和牛顿的物理原子区分开来。正如我之前所说，化

---

① 是法国大革命一段充满暴力的时期，大约是从1793年6月到1794年7月，在这段时间里法国共有上万人被送上断头台。——译者注

学原子具有化学性质，而所有机械哲学家的原了论都从未提到过化学性质。

道尔顿在相对重量的研究方面的集大成之作是1808年出版的《化学哲学的新体系》。这部著作的主要内容是扩展到包含20个元素的原子量表，其中包括碳、钠、钾、铜、铅、银、铂、金等。这张表格中还有一些"复合原子"（为了避免混淆，我在之后的讲述中会称之为分子），它们是由2个到7个化学原子按照整数比例组合而成。

道尔顿还设计了一套复杂的符号用于代表化学原子，例如⊙代表氢，◯代表氧，而⊙◯则用于代表他认为由一个氢原子和一个氧原子结合而成的水分子。

道尔顿把研究重点放在相对重量上。与他同时代的法国科学家约瑟夫·路易斯·盖-吕萨克也观察到了气体结合时的整数倍规律。例如，他发现两个单位体积的氢气会与一个单位体积的氧气结合，产生两个单位体积的水蒸气，但这根本不符合道尔顿的配方。如果写下这样的化学方程式：2⊙+1◯=2⊙◯，我们很容易就会发现，这个方程式的两边并不"平衡"，左边的氧原子数量不够。然而道尔顿却无视了盖-吕萨克的观点。

意大利科学家阿马德奥·阿伏伽德罗在盖-吕萨克的工作的基础上，将自己的观察结果整理成了一个假设（有时也被称为阿伏伽德罗定律），并于1811年发表：同温同压下，相同体积的任何气体含有的原子或分子数相同。[1]但是问题仍然存在。阿伏伽德罗指出，氢气和氧气的结合比例为2∶1（而不是道尔顿设想的1∶1），但它们结合产

---

[1]　阿伏伽德罗只提到了分子的概念，对于我们现在所说的原子，他称为"基本分子"，这很容易引起混淆。不过没关系，我们最终会厘清这一概念的。

生了两个单位的水蒸气，难道一份水蒸气里含有半个氧原子吗？很少有人注意到这一问题，而那些注意到这一点的人则开始对阿伏伽德罗假设产生怀疑。

几年后，瑞典内科医生兼化学家约恩斯·雅各布·贝尔塞柳斯改进并扩展了道尔顿的原子量体系，并且引入了一种我们直到今天还在使用的化学符号，只有一处小小的修改。贝尔塞柳斯建议使用简单的字母来取代道尔顿奇形怪状的符号，他用 H 表示氢，用 O 表示氧，由这两种元素以 2∶1 的比例组成的水则被写成 H^2O，而今天我们将其写作 H_2O。贝尔塞柳斯提出，阿伏伽德罗假说只适用于原子，而不适用于分子，这样一来就能回避有关水分子的问题了。

科学就是这样动作的。我们仔细研究科学史就可以得知，科学发现几乎不可能是"干净利落"的——一个科学家或是一小撮合作者独立研究就能直接得出"真相"，这种事情很少发生。相反，哪怕只是想要对真相轻轻一瞥，也往往需要穿透一层遮天蔽日的迷雾。掌握一部分真相的科学家常常会与掌握另一部分真相的科学家进行激烈的争论，而只有双方搁置争议，不再固执己见，建立起群策群力的秩序，才能将迷雾驱散，使科学取得进步。

一些历史学家认为意大利化学家斯塔尼斯劳·坎尼扎罗澄清了这一疑问。毋庸置疑，他于 1858 年出版的《化学哲学教程提要》（后文简称《提要》）一书清楚地阐释了很多问题。当时，坎尼扎罗是热那亚大学的化学教授，研究过化学所有的新兴分支学科：物理化学、无机化学和有机化学。他最为令人熟知的发现是坎尼扎罗反应，在这一反应中，一种被称为醛的有机化合物被分解为醇和羧酸。

在《提要》中，坎尼扎罗综合考察了与气体密度、比热容（物体吸收和存储热量的能力），以及飞速发展的有机化学相关的所有研究的信息，特别是用于阐述化学反应的化学方程式。他把所有的这些信息整合了起来，推断出一组具有一致性的原子量和分子量。不过首先，坎尼扎罗必须证明，阿伏伽德罗假设只有在我们承认原子和分子之间存在差异的情况下才能成立，他说：

> 比较一下包含在自由物质分子中的元素数量，以及这种元素在各种不同化合物中的数量，你就不得不承认以下这条规律：在不同的分子中，同种元素的量不同，这些不同的量都是某一单位量的整数倍，而这种单位量无法再分，因此理应把它们称为原子。[8]

由盖-吕萨克对于氢气和氧气结合比例的测量引发的谜团现在已经解开了。坎尼扎罗发现，如果把氯化氢（HCl）中氢元素的相对重量设定为1，氢气中氢元素的相对重量就是2，因此氢气是由分子组成的，而不是原子："每个自由氢气分子中含有两个氢原子"。[9]同样地，如果把水（H_2O）中氧元素的相对重量设为16，那么"氧气中的氧元素相对重量是这个数值的两倍"。[10]

显然，氢气和氧气都是双原子气体，我们可以把它们分别写成H_2和O_2，它们结合的方程式为$2H_2 + O_2 = 2H_2O$。这个方程式的两边终于平衡了——2个氢气分子中的4个氢原子和1个氧气分子中的2个氧原子结合，得到2个水分子。

不过这种元素结合的规律并不能证明化学原子的存在，而且一些科学家仍然固执地坚守着经验主义的观点。然而，这种仅仅存在于思辨之中的理论实体的作用会在多门科学学科中一次又一次地体现出来，随着时间的推移，科学家们越来越相信它们的存在。

1738年，瑞士物理学家丹尼尔·伯努利（Daniel Bernoulli）提出，气体的性质来源于气体中无数原子或分子的快速运动，气压是这些原子或分子撞击容器壁而产生的效应，而温度则是原子或分子运动造成的结果。这一气体动力学理论历经几十年的曲折发展之后，由德国物理学家鲁道夫·克劳修斯（Rudolf Clausius）于1857年完善。两年后，苏格兰物理学家詹姆斯·克拉克·麦克斯韦提出了计算气体中原子或分子速度分布的数学公式。1871年，路德维希·玻尔兹曼（Ludwig Boltzmann）将这一结果进行了推广，我们现在称之为麦克斯韦–玻尔兹曼分布。

我们可以使用麦克斯韦–玻尔兹曼分布来估算气体中原子或分子的平均速度，即最可能的速度。比如，氧气（O_2）分子的平均速度约为400米每秒，这大约是一把普通的步枪射出的子弹的速度（万幸的是，氧气分子比子弹可要轻得多了）。

上述这一系列的努力无疑都是成功的，但我们仍然不能实实在在地看到原子或分子的运动，因此总可以对于气体的性质提出其他与原子或分子无关的解释。不过，还记得我在第1章提到的爱因斯坦吗？1905年，他为证明这种微粒的存在消除了最后的障碍。爱因斯坦提出，悬浮在液体中的微小颗粒会被随机运动的液体分子撞击，而只要这些颗粒足够小（但是仍然可以通过显微镜进行观察），我们就有可能看到它们被分子推来推去的场景（尽管分子仍然是不可见的）。他进一步推测，这很可能就是布朗运动现象的原理，但是实验数据精度不足，他无法最终确认之。[11]

不过，精确的实验数据总会到来的。1908年，法国物理学家让·佩兰（Jean Perrin）对布朗运动进行了仔细的研究，证实了爱因斯坦关于分子运动的解释。接着他又提出了阿伏伽德罗常数的概念，并确定了它的数值，这一常数将原子和分子的微观世界与我们能够进行测量的宏观世界联系了起来。[1] 现在，原子的存在已经是毫无疑问的了。

然而，在此前的1895年，英国物理学家约瑟夫·约翰·汤姆孙发现了一种新的粒子，他称之为电子，并详细地描述了它的性质。1917年，新西兰人欧内斯特·卢瑟福又发现了质子。化学家们刚刚找到充足的证据建立起原子的概念，物理学家们就开始解剖原子了。

我们了解到的五件事

1. 牛顿推测，化学物质的原子之间存在一种作用力（性质不详），正是这种作用力导致了各种各样的化学反应。

2. 普里斯特利和拉瓦锡根据化学物质所包含的不同化学元素，如氢、碳、氧等，阐明了这些物质的性质。

3. 道尔顿设计了一套化学原子体系，每个原子都有一个不同的原子量。贝尔塞柳斯对其进行了优化，形成了我们今天使用的化学体系的前身，其中，水分子第一次被表示为H_2O，H和O分别表示氢原子和氧原子。

4. 坎尼扎罗阐明了不同的原子结合形成分子的规律。氢气（H_2）和氧气（O_2）实际上都是双原子气体。在氢气和氧气的反应中，两个氢气分子和一个氧气分子结合形成两个水分子：$2H_2 + O_2 = 2H_2O$。

5. 爱因斯坦提出，悬浮在液体中的小颗粒发生的布朗运动是液体分子运动的结果，这一猜测最终被佩兰证明。在此之后，人们终于相信原子和分子确实存在。

---

[1] 阿伏伽德罗常数的数值是6.022×10^{23}个"粒子"（如原子或分子）每摩尔。摩尔是化学物质的标准单位，指的是12克碳–12所包含的原子数。一摩尔氧气（体积约为22升）中包含6 022万亿亿个分子。这个数字还真是挺大的。

质量与能量

时间延缓了，长度收缩了；时空在弯曲，宇宙在膨胀。一个物体所含的质量能够用于度量其所含的能量，而宇宙中的大部分能量都找不到了。

第 5 章

一个有趣的结论

正如第 4 章中所说，我们在相对较短的时间内就迅速建立起了物质本质上由分子和原子组成的观念。在两千多年的时间里，原子一直是形而上学的思辨对象，是哲学家的专利。但是在 19 世纪初之后的五六十年间，它们的地位发生了天翻地覆的变化。到了 20 世纪初，它们已然成为严肃的科学研究对象。

当时的科学家们试图用经典力学的框架来解释物质的性质和运动，这一框架建立在 200 多年前牛顿奠定的基础之上。理论和实验之间存在小的误差是很普遍的，但只要承认，简化模型的提出是为了理论更容易应用，而真实的物体（包括原子和分子）比简化模型要复杂很多，误差的存在也就很好理解了。

较为简单的理论会假设原子和分子的行为是"理想的"。理想的原子和分子是完全弹性的点粒子，也就是说它们不会变形，也不会占据空间中的任何体积。当然，实际粒子是有体积、会变形的，考虑了这些情况，科学家们就能够完全在经典力学的框架内考虑现实中的"非理想"行为。

但在 19 世纪的最后几十年里，有越来越多的证据表明，这一体系深处有很多不对劲的地方，在这样的压力之下，经典力学的框架开始摇摇欲坠。许多物理学家（包括爱因斯坦）都对牛顿的绝对时空观产生了怀疑，一开始，这些怀疑在很大程度上可以说是源于哲学上的不安（极端的经验主义者马赫就完全拒绝接受绝对时空观）。但是随后麦克斯韦提出的电磁波理论进一步冲击了牛顿经典力学体系，使其颇有些风雨飘摇的意思。是时候做出一些改变了。

在《数学原理》中，牛顿不得不对空间和时间的本质加以考虑。它们是一个独立物理实在的体现吗？它们独立于物体和我们对它们的感知而存在吗？或者是否正如康德所说，它们是绝对的自在之物吗？

我们可能会问：空间和时间如果不是绝对的，又会是什么样的呢？答案很简单：如果它们不是绝对的，它们必然是相对的。想想看，我们在地球上测量的距离是相对于某个坐标系统（比如经纬度）的，我们测量的时间则是以地球绕太阳的公转以及地球绕自转轴的自转所建立的时间系统为基准的。这些系统看起来好像是"自然"的选择，但也只是对于我们地球人来说是自然的。

一个很简单的事实就是，我们对于空间和时间的体验完全是相对的。我们看到物体相互靠近或是远离，改变自己在空间和时间上的相对位置。这是发生在空间和时间上的相对运动，原则上只能通过它们与存在于同一空间和时间中的物体的关系来定义。牛顿乐意在他所谓的我们"粗糙"的日常体验中承认这一点，但他的力学体系仍然要求绝对运动。他认为，虽然与我们的感知不符，但是绝对空间和绝对时间确实存在，它们形成了一种"容器"，力对物体的作用，以及各类事件的发生都处在这个容器中。如果把宇宙中的所有物质都拿出来，就会留下一个空的容器——但这就意味着，无论如何都会有"某些东西"剩下来。这也许会让一些对哲学有所思考的科学家感到不安，但好像也不算是什么大事。

接下来就该麦克斯韦登场了，我们在第4章靠近结尾的地方介绍过他。从1855年到1865年的这10年间，面对着能够证明电与磁之间存在极深联系的大量令人信服的实验证据，麦克斯韦发表了一系列论文，详细阐述了电动力学理论。这个理论使用电场和磁场两个概念描述了电和磁的特性，它们截然不同又紧密相连。

现在我们知道，物理学中有很多不同种类的"场"。任何大小随着空间和时间的变化而变化的物理量都可以用场来表示。在许多不同的场（本书中确实也提到了不少）中，磁场可能是大家最为熟悉的。

回想一下你可能在学校做过的这个科学实验：把铁屑洒在磁棒上方的一张纸上，铁屑会被磁化。而铁屑是很轻的，所以它们的位置会改变，并沿着磁场线排列。由此产生的图案反映了磁场的强度及其从磁北极到磁南极的方向。如此看来，磁场似乎存在于磁棒外部的"空"的空间中。

电场和磁场之间的关系带来了一些很重要的结果。我们给电线通电之后，除了产生电流之外，我们还创造了一个不断变化的磁场。反过来，磁场发生变化的时候同样也会产生电流，这就是电站发电的原理。麦克斯韦将电场和磁场联系在一起，并且解释了它们之间是如何相互转换的。

不仅如此，如果我们仔细研究麦克斯韦方程，我们就会发现，它们恰好也是描述波运动的方程。在牛顿的《光学》首次发表之后，越来越多的实验证据表明光是一种波（电磁辐射的一种）。光在经过一个狭窄的孔洞或是金属板上的狭缝之后会扩散开来（我们称之为衍射），就像海浪穿过防波堤上的一个狭缝之后会在海中散开一样。想要达到这样的效果，狭缝的大小要与波的平均波长（也就是从波峰到波谷再到波峰的距离）相似。

　　光还会发生干涉现象。把光照在并排的两条狭缝上时，它就会在这两条狭缝上分别发生衍射。在这种情况下衍射后的两道波会相互碰撞。当两个波的波峰重合时，就会发生相长干涉——两个波的波峰相互叠加，产生一个更强的波峰，而当两个波的波谷相遇时则自然会产生一个更深的波谷。而当波峰和波谷相遇时，就会发生相消干涉，即两个波相互抵消。光的干涉实验的结果是一系列被称为干涉条纹的明暗交替的图案，其中亮条纹来自相长干涉，暗条纹则来自相消干涉。光在经过两条狭缝后形成干涉条纹的过程，被称为双缝干涉（参见图2）。

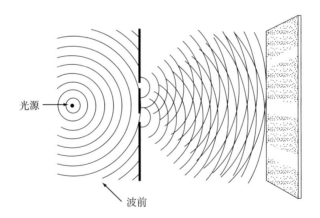

图2　光在通过两个相距很近的狭缝时，会产生一种明暗条纹交替的图案，这用光的波动理论很好解释。在波动理论中，重叠的波会发生相长干涉（产生亮条纹）以及相消干涉（产生暗条纹）

　　当波穿过狭缝或是绕过障碍物时，它们会"弯曲"并改变方向。如果光是由遵循牛顿运动定律并沿直线运动的"原子"组成的，那么这种行为将很难解释；而如果把光当作波来看的话，解释起来就容易得多。

事实上，麦克斯韦方程组还可以用来计算电磁波在真空中传播的速度，其结果就是光速，常用符号 c[①] 来表示。在1856年，这一结论已深入人心：光是由电磁波，而非原子组成的。[1]

这似乎很合理，但我们又要面临一个棘手的问题：如果光确实是一种波，那么它经由什么介质传播呢？麦克斯韦认为，光通过充满整个宇宙的以太来传播。但是如果假定以太是静止的，那么理论上它会提供一个参考系（更确切地说，是提供一种"容器"），我们可以根据这个参考系来测量绝对运动。牛顿的在天之灵可能会因为他有关光的理论被抛弃而不高兴，但他肯定会对以太很感兴趣。

物理学家随后将注意力转向了实际问题。如果整个宇宙都充满以太，那么以太应该是能被探测到的。当然，以太肯定不是那种可以直接探测到的东西，否则我们早就知道它的存在了。不过，无论这是一种多么稀薄的东西，它总该会留下一些痕迹，让我们能够间接地探测到。

地球自转的速度是465米每秒。如果静止的以太确实存在，那么地球就会在以太中穿行。如果以太的浓度和空气差不多，那么当我们面向东方（地球的自转方向是自西向东）站在地球赤道上时，我们会感受到什么呢？我们可能会感受到一股以太风，它就像是从海上吹来的强风一样，如果我们张开双臂和双腿，它甚至有可能把我们举起来，让我们往后倒退好几步。[②] 以太风与海风之间的不同在于：以太

① 真空中的光速为299 792 458米每秒（2.998×10^8 m/s）。
② 这里的描述还是低估了以太风的威力。飓风（风力为12级以上）的风速为32.6米每秒以上，想想看每秒465米的风会是什么样吧！

是静止的，以太风是由地球相对于以太的自转运动引起的。

我们知道，顺着高速的风传播的声波速度比静止空气中的声波传播速度要快。介质移动得越快，其携带的波必然也随之移动得越快。这就意味着，即使以太比空气稀薄得多，顺着以太风方向的光波的传播速度也应该比逆风传播的光波要快。换句话说，光由东向西（顺风）传播的速度应该比由西向东（逆风）传播的速度更快。

1887年，美国物理学家阿尔伯特·迈克耳孙（Albert Michelson）和爱德华·莫雷（Edward Morley）开始研究如何测量由此引起的光速差异。他们运用光的干涉效应制作了一台精密的干涉仪，在这台设备中，一束光会被分为两束并各自沿着不同的路径传播（参见图3）。两条路径上的光束是"同步"的，也就是说两束光的波峰会恰好重叠。最后，这两束光又会重新汇成一束。重新汇合时，如果一束光所走过的路径总长度比另一束光长一点点，那么两束光的波峰可能就不会重合，其结果就会是相消干涉；另一种情况则是，如果路径总长度相同，而光在不同的路径上传播速度不同，那么结果同样也是相消干涉。

但是两条路径上的光速并没有任何差异。在保证测量精度的情况下，光速是恒定的。这可能是整个科学史上最为重要的一次结果为"阴性"的实验。

这是怎么回事？电磁波需要以太作为介质才能传播，但科学家却找不到以太存在的证据！这种情况令人绝望，而为了挽救有关以太的理论，物理学家们只能不顾一切地采取措施。爱尔兰物理学家乔治·菲茨杰拉德（George FitzGerald）与荷兰物理学家亨德里克·洛伦兹（Hendrik Lorentz）分别于1889年和1892年各自独立提出，如果假设干涉仪会在以太风的压力之下发生纵向的物理收缩，就可以解释迈

（a）

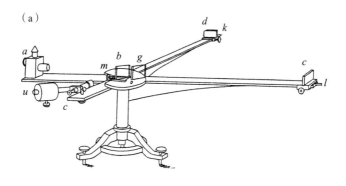

（b）

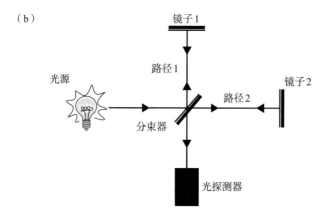

（c）分束器处

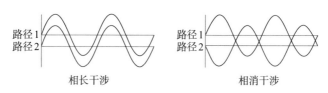

图3　在迈克耳孙-莫雷实验中会用到被称为干涉仪的设备，如图（a）所示。一束光通过半镀银镜（或称分束器）之后，一部分光束沿路径1传播，经镜子1反射后返回；另一部分光束则沿路径2传播，经镜子2反射后返回，如图（b）所示。之后，沿着两条路径反射回来的光束在分光镜处重新汇为一束，随后被光探测器探测到。如果沿着两条路径返回的光波保持"同步"，那么结果将会是相长干涉；但是如果路径1和路径2的长度不同，或者不同路径上的光速不同，那么两束光波就不再同步，结果就将会是相消干涉，如图（c）所示

克耳孙-莫雷实验的结果。

　　前文提到，如果光迎着以太风的方向传播时速度会变慢的话，就会产生干涉。但是如果传播的路径在以太风的"压力"下缩短，就可以补偿光速的变化。当光速减慢的影响恰好被路径缩短的程度抵消时，我们就看不到干涉现象了。

　　菲茨杰拉德和洛伦兹指出，如果干涉仪中的路径"原本"的长度为 l_0，那么其缩短之后的长度 l 应为 l_0/γ，这里的 γ（希腊字母伽马）就是所谓的洛伦兹因子，其数值为 $1/\sqrt{1-v^2/c^2}$，其中 v 指干涉仪相对于静止以太的速度，c 指光速。

　　洛伦兹因子会在第6章和第7章中多次出现，所以我们得先好好熟悉一下。γ 的数值显然取决于 v 与 c 的比值，如图4所示。如果 v 远小于 c，例如，我们日常开车去上班的速度就远小于光速，那么 v^2/c^2 的值就会很小，这样根号下的这一项就会非常接近1。而 $\sqrt{1}=1$，所以洛伦兹因子就是1。所以在正常速度下，你的车并不会在以太风的压力下收缩。

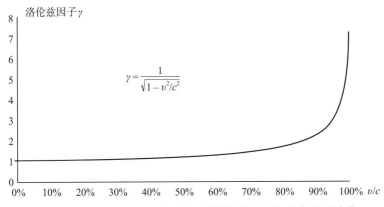

图4　洛伦兹因子 γ 的数值取决于被观察物体的移动速度 v 和光速 c 的比值

现在我们假设某个物体的运动速度v很大，比如达到了光速的86.6%（即$v/c = 0.866$）。0.866的平方大约是0.75，1减去0.75是0.25，开根号之后是0.5，最后我们得到$\gamma = 2$。也就是说，以这种速度移动的汽车将会被压缩到原本长度的一半。

我们知道，地球的自转速度为465米每秒，只有光速的0.000 2%，所以γ只会略微大于1，因此干涉仪中光走的路径收缩的程度非常小。

然而并没有人对于这种长度的收缩提出真正的解释，在一些物理学家看来，这只是在投机取巧，其目的仅仅是为了保住"以太"这个概念以及背后的绝对空间观。爱因斯坦无法接受这种修正，在1905年发表的5篇论文中的第3篇里，他推翻了静止以太的概念，继而推翻了绝对空间的概念。[2]

爱因斯坦只用到了两个基本原理。第一个原理后来被称为相对性原理，它称，对于以不同（但恒定）速度相对移动的观测者来说，所有的物理规律都是相同的。无论是在地球上的实验室里，还是在超音速飞机上或是在宇宙飞船上，只要做相同的物理测量，那么得到的结果也是一样的。毕竟，只有在这样的前提下我们才能将这些物理性质之间的关系称为"定律"。

第二个原理与光速有关。在牛顿力学中，速度是叠加的。假设你现在在一辆时速为100千米的火车里，沿着火车前进的方向以10千米每小时的速度奔跑。那么我们可以判断，你相对于铁轨或者站台上的一个站在原地的观察者的速度将会是列车的速度和你自己奔跑的速度之和，即110千米每小时。

但是光并不遵循这个规则。抛开菲茨杰拉德–洛伦兹收缩的可能性不谈，只看迈克耳孙–莫雷实验的结果就可以知道，光总是以相同的速度传播。如果我在一列静止的火车中打开手电筒，那么从手电筒中发出的光会以光速 c 移动；而在一列以 100 千米每小时的速度前行的火车中打开同一个手电筒，那么从手电筒中发出的光还是以光速 c 移动，而不是 c 加上 100 千米每小时。爱因斯坦并没有试图寻找无论光源如何运动光速依然不变的原因，而是直接把它当成既定事实来接受，并继续探讨在此基础上会得到什么样的结果。

说句公道话，这两条原理并不是那么显而易见的。与我们日常生活中常见物体的速度相比，光速实在是太快了，这就给我们一种感觉：好像"看见"和"发生"是同时进行的。事件 1 在这里发生，然后我们"瞬间"就可以看到它；随后事件 2 在那里发生，由此我们很容易就能将它们按照时间顺序排列：事件 1 先发生，事件 2 后发生。爱因斯坦提出的似乎是一个非常简单直接的问题。然而，尽管在我们看来光速是无限大，但它实际上并不是。那么，如果光从事件发生的地方传播到我们眼中需要花费一些时间的话，我们对于空间和时间中所发生的事件的观察会受到怎样的影响呢？

让我们在脑海中做一个简单的实验来回答这个问题。[1]想象我们正一起坐着火车旅行，现在是晚上，车厢里没有灯光。我们把一个小手电筒头朝上固定在车厢的地板上，再将一面大镜子固定在天花板上。手电筒闪烁了一下，发出的光经过镜子的反射之后，被手电筒旁边地板上的一个小光敏电池或是光电二极管感应到。手电筒和光电二极管与一个电子装置盒相连接，我们可以借此测量光从发出到被感应到的时间间隔。

我们在火车静止时进行第一次实验，测量光从手电筒向上传播经由镜子反射后再回到光电二极管所花的时间，如图 5（a）所示，我们

---

[1]　爱因斯坦非常喜欢这种"思想实验"，这比真正地做一个实验要便宜多了。

将这一时间记为 t_0。

现在我们走下火车，将火车加速到（此处需要的是与光速接近的）v 之后再次进行测量。当然，火车在现实生活中并不能跑这么快，但是我们这只是一个思想实验而已。

站在站台上的我们看到的情景则截然不同：光的传播并不是直上直下的了。在某一时刻，手电筒发出闪光，如图 5（b）所示。在一小段（但有限的）时间里，光向上传播到达天花板，与此同时火车也在从左往右向前移动，如图 5（c）所示。当光又回到地板上被光电二极管感应到时，火车又向前移动了一截，如图 5（d）所示。

在站台上的我们的眼中，光的传播路径看起来就像一个"Λ"（希腊字母 λ 的大写）的形状，或者是一个倒立的"V"形。假设光走过这一更长的路途所花费的总时间是 t。运用毕达哥拉斯定理[①]进行一些代数运算之后我们可以得到 $t = \gamma t_0$，其中 γ 为洛伦兹因子。[3]

这种情况只会带来一个结果：对于站在站台上的静止的观察者而言，移动的火车上的时间变慢了。如果火车的移动速度为光速的 86.6%，我们之前计算过这种情况下的洛伦兹因子 $\gamma = 2$，也就是说原本静止状态下的 1 秒钟的时间，现在在高速移动的火车上变成了 2 秒。在不同的运动参考系中，时间似乎延缓了。

事已至此，如果我现在告诉你，其实运动物体在运动方向上的长度也会收缩，并且收缩的程度与菲茨杰拉德和洛伦兹所计算的一样，你一定也不会感到惊讶了。不过现在我们所说的收缩并不是以太风造成的物理上的压缩，只是以光速是普适常量为前提，在运动参考系中

---

① 即勾股定理，直角三角形的两条直角边边长的平方和等于斜边边长的平方。——译者注

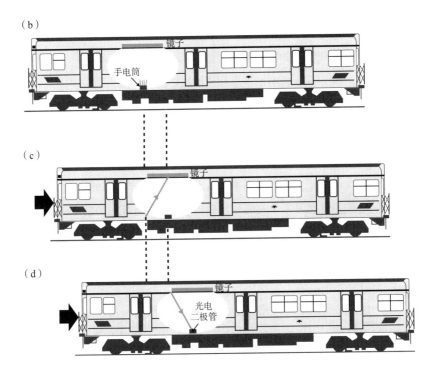

图5　在这一思想实验中，我们测量了光从地板上的手电筒出发，由天花板上的镜子反射回来，最后回到地板上的光电二极管这一整个过程所花的时间。我们第一次测量是在火车静止时做出的，并将此时间记为 t_0，见图（a）。然后我们从站台上观察了第二次测量，这一次的火车以 v 的速度（接近光速）从左向右移动，见图（b）到图（d）。因为火车处于移动之中，那么光走完这一次来回就需要更长的时间，$t = \gamma t_0$，其中 γ 为洛伦兹因子。我们在站台上可以观察到，火车上的时间似乎延缓了

进行测量的结果。

看到现在你可能已经有点儿晕了，也许你会有这样的想法：好吧，当我观察的物体以不同的速度从我身边经过的时候，我会观测到距离和时间的变化，但这难道不是一个测量上的错觉吗？一定会有一个"真实"的距离和一个"真实"的时间吧？然而，并不存在这类绝对的标准，有的只是不同的参考系，包括静止物体所在的所谓"静止参考系"。当我们"骑在"某个物体身上进行观察时，我们做出的所有测量都是相对于这个物体的。没有什么"绝对"的参考系，更没有什么"上帝视角"，所有的观察和测量都是相对的。

事实证明，时间间隔和距离就像是一枚硬币的两面，它们由参考系的速度与光速的比值联系在一起。我们可以把空间和时间结合在一起，这样时间的延缓就可以由距离的收缩来补偿，反之亦然。这样我们就得到了一个四维的时空，我们有时也称之为时空度规。爱因斯坦在苏黎世理工学院的数学老师赫尔曼·闵可夫斯基（Hermann Minkowski）就发现了时间和空间结合的一种方式。闵可夫斯基认为，独立的时间和空间的概念注定会消失，取而代之的是一个统一的时空。[4]

这就是爱因斯坦的相对论。1905年，爱因斯坦发表了这一理论，在那个时候，这一理论的简洁性极为惊人。其中的代数知识并不复杂，但它的影响却极为深远。不过这还不是狭义相对论的全部，爱因斯坦在发表之后又进行了几个月的思考，并且接着发表了一篇简短的附录。

在考虑爱因斯坦接下来又说了什么之前，我们首先需要更新一下在牛顿第二定律中出现的力的概念。虽然可以肯定地说，这个概念在今天仍然有一定的价值，但是19世纪的物理学家已经把注意力从力转向了能量，这是一种更基础的概念。我的脚踢到了一块石头，这个运动给石头施加了一个力。但是更好的理解方式是，我的脚把能量转移到了石头上，这种被转移的能量就是运动带有的能量（也就是我们所说的动能）。

和力一样，能量的概念也起源于17世纪的哲学。莱布尼茨曾提出过"活力"（vis viva）的概念，他将其表示为质量乘以速度的平方，即 mv^2，这是我们今天所使用的动能表达式（$\frac{1}{2}mv^2$）的两倍。莱布尼茨还推测，活力可能是一个守恒量，这就意味着它只能在物体之间转移，或是从一种形式转换为另一种形式——它不能凭空产生，也无法被摧毁。"能量"（energy）一词是19世纪初被引入的，随后能量守恒定律也被提出，而这主要归功于关注热力学原理的物理学家。

1845年，在英国物理学家詹姆斯·焦耳发现热与机械能之间的关系之后，拉瓦锡所说的"热质"终于没人再提了。热并不是一种元素，它只是热量的一种量度，而物体中热能大小的表征就是温度。在健身房里花上十分钟做做举重之类的运动（做机械功），你就能在做功、热能和温度之间建立起关系了。现在我们使用"焦耳"作为能量的标准单位，不过在生活中更为人熟知的是"卡路里"，它是食物热量的计量单位，常用于控制饮食。①

让我们回到爱因斯坦后来增补的那篇附录，他在开头写道："根据我最近在这个期刊上发表的一项电动力学研究的结果，我推导出了一个非常有趣的结论，下面我要在这里把它推演出来。"[5]这并不是在开玩笑。

———————————————

① 实际上我们日常使用的"卡路里"应该是"大卡"，即把1千克水的温度升高1摄氏度所需要的热量。1大卡约等于4 200焦耳。

他设想了一个物体（如原子）向相反的两个方向各放射出一束光（以保证动量守恒）的情况。假设每束光都带走 $\frac{1}{2}E$ 的能量，这样物体释放的总能量就是 E，随后爱因斯坦从两个不同的角度（也就是不同的参考系）对这一过程进行考察。首先是静止参考系，也就是让观察者"骑"在这个物体上。在这一视角下，物体会被观察者判断为是静止的。

但我们通常都无法"骑"在物体上完成测量，因此就有了更典型的第二个参考系，一个静止的观察者（比如站在实验室里）在物体以 v 为速度移动时进行测量，就像我们之前在站台上测量移动的火车上的光束一样。爱因斯坦推导出，在与物体有相对运动的参考系中的测量结果似乎要略微大一些（其数值为 γE），这一倍数与之前火车上时间延缓的倍数相同。

不过这一过程应当遵循爱因斯坦的相对性原理：无论在什么参考系下进行测量，能量守恒定律都必须是不变的。那么，在运动参考系中测量到的多出来的这一部分能量（与静止参考系中测得的 E 相比）是从哪里来的呢？

这两种参考系唯一的区别是，一个是静止的，而另一个则是运动的。因此我们很容易得出，多出来的能量只可能来源于物体的动能。既然在运动参考系中测得的结果是光束从物体中带走的能量更高，那么只要物体的动能的测量结果稍低一些，就能保证总能量守恒了。

这样的话就有两种可能性。从动能的表达式（$\frac{1}{2}mv^2$）来看，多出来的能量要么来自物体质量 m 的变化，要么来自其速度 v 的变化。但是质量毕竟是物体的一种固有的"基本"性质，这么一看好像用速度的变化来解释更为合理一些：光束在带走能量的同时会让物体减速并失去一部分动能。

但是爱因斯坦可不管什么合理不合理的问题，他在这篇文章中提出，速度v在这一过程中并没有发生变化，也就是说物体不会因为放射出光束而减速。正相反，光束带走的能量中多出来的这一部分来自物体的质量，其减少的质量为$m = E/c^2$。[6]爱因斯坦总结道：[7]

如果一个物体以辐射的形式放出能量，那么它的质量就会减少E/c^2。至于物体所失去的能量是否恰好转变为辐射能，在这里显然是无关紧要的，于是我们被引到了这样一个更加普遍的结论上来：物体的质量是它所含能量的量度。

其实只需要很简单地变形一下，我们就能得到这个极具标志性的方程式：$E = mc^2$。

我们了解到的五件事

1. 牛顿运动定律要求空间和时间是绝对的，其独立于宇宙中的所有物体存在，相当于一种"上帝视角"。
2. 麦克斯韦方程用波动来描述包括光在内的电磁辐射，但物理学家一直未能探测到电磁波传播所需的介质（以太）的存在。
3. 这些问题在爱因斯坦的狭义相对论中得到了解决，他否定了绝对时空观以及以太的存在。
4. 我们的结论是，空间和时间是相对的，而不是绝对的。在不同的运动参考系中，时间会延缓，距离会缩短。
5. 爱因斯坦用狭义相对论证明了质量和能量是等价的，$m = E/c^2$，物体的质量是它所含能量的量度。

第 6 章

无法解决的矛盾

毫无疑问，在爱因斯坦发表质能方程之后的头几年里，许多物理学家都对这一方程进行了仔细的审视。有一些人指责这种推导是一种循环论证，也有些人批评了这些反对者。不过爱因斯坦自己对这个公式也不是完全满意，他在后半生中又发展出了许多推论，其中有的是同一种理论的不同形式，另外的则是建立在完全不同的物理条件的假设上。

尽管他做出了艰苦卓绝的努力，但是这些推论似乎都只在一些相当特殊的条件下才成立，也就是说不够普遍，因此也就不足以证明 $E = mc^2$ 是能量和质量之间一种稳固的基本关系（爱因斯坦称之为"等价"）。

现在，我们对这个方程式实在是司空见惯，以至于已经不会再考虑它来自哪里，或是它代表什么。所以，我们得先停下来好好想一想。首先第一个问题与这个方程的基础有关：作为一个描述物质性质的基本方程，为什么它会包含光速 c 呢？光（或者说电磁辐射）与物质有什么关系？第二个问题则关乎这个方程实际上告诉了我们什么。你可能会说，它告诉我们质量和能量是等价的，但这到底意味着什么呢？

我们一个一个来解决。$E = mc^2$ 的基本形式似乎是把质量和能量之间的关系与电磁体运动的理论（也就是电动力学）联系起来了。实际上，爱因斯坦于1905年发表的第一篇有关狭义相对论的论文的题目就是《论动体的电动力学》，这好像多少暴露了他的意图。

当然，任何一种物理测量，无论是真实的还是假想中的，在某种程度上都依赖于光，毕竟观察是要用眼睛看的。但是，如果这条公式反映了关于物质本质的基本原理，它就必须是普适的，这就意味着我们需要将其与带电或是磁化物体的运动以及电磁辐射的吸收和放射分离开来。所以，我们要么得找到一种方法把 c 从方程中完全消去，要么就得找到另一种与光速无关的可以阐明质能关系的解释。

这项工作开始于1909年。美国物理学家吉尔伯特·路易斯（Gilbert Lewis）和理查德·托尔曼（Richard Tolman）着手于建立一种广义的、普遍适用于所有物质的相对论力学（即符合爱因斯坦狭义相对论的力学），但他们只取得了部分的成功。他们并没有把 c 从光速的解释中完全脱离出来。

此二人的工作直到1972年才由英国索尔福德大学的数学家巴兹尔·兰多（Basil Landau）和桑·三班塔尔（Sam Sampanthar）完成。他们的推导依赖于一个看起来没有什么问题的假设：物体的质量取决于它的速度。兰多和三班塔尔没有对其精确性质做进一步的假设，我们可以在这里简单地表示为 $m = f_v m_0$，其中 m 是一个以 v 为速度运动的物体的质量，m_0 是物体静止时的质量（我们称之为"静止质量"），f_v

则是有关速度的函数，这个函数就是我们需要找出的关系。

兰多和三班塔尔通过数学运算发现，一个相当于 c 的量以常数的形式出现在了计算结果中[1]，它代表了任何物体速度的绝对上限，而 f_v 则变成了我们非常熟悉的洛伦兹因子 γ。

这就表明，宇宙中没有任何物体的速度可以超过这个极限速度。由于一些目前仍然未知的原因，光（实际上还有其他所有被认为没有质量的粒子）以这个极限速度传播。这样我们的第一个问题就迎刃而解了：我们并不需要把 c 从表示质能关系的方程中消去，只要将其重新理解为所有物体运动的极限速度就可以了。

然而事实证明，解决一个问题通常只会带来另一个问题。兰多和三班塔尔的推导过程表明，正如空间和时间是相对的一样，物体的质量也是相对的。如果 $f_v = \gamma$，这就意味着 $m = \gamma m_0$，其中 m 指的是物体在一个以 v 为速度移动的参考系中的质量，而 m_0 是在静止参考系中测量的静止质量，或称"固有质量"。一个物体以光速的86.6%运动时，其"相对论质量"将会是静止质量的两倍，测量结果自然也就是两倍重。

但是物体的尺寸并没有变大。$m = \gamma m_0$ 中的 m 代表衡量物体惯性的质量，而当物体的运动速度非常接近甚至于达到光速的时候，m 将会增长到接近无穷大。[2] 这一看就是不可能的事，并且经常被用于解释为什么 c 代表了一个不能超过的极限速度。要给任何速度为 c 的物体加速都需要无限的能量。

不过爱因斯坦对相对论质量的概念似乎没多大热情，并且在某些

---

① 如果你对微积分有一定的了解，就会知道 C 会作为常数出现在积分结果中。
② 当 v 和 c 很接近时，v^2/c^2 就会非常接近1，于是 γ 接近无穷大。

物理圈子里，这个概念也饱受质疑。1948年，《生活》杂志的编辑林肯·巴尼特（Lincoln Barnett）当时正在撰写一本关于爱因斯坦相对论宇宙的书，爱因斯坦致信给他，建议不要在书中提到相对论质量，只提静止质量就好。[1]

俄罗斯理论物理学家列夫·奥昆（Lev Okun）在他于1989年发表的一篇颇具影响力的论文中，毫不掩饰地表达了对相对论质量这一概念的愤怒。在他看来，物理学中只有一种质量，那就是牛顿质量m，它独立于任何参考系而存在，无论是运动参考系还是静止参考系。[2]

一个简单的事实是，直到今天，物理学家们似乎也没有就此达成真正的共识。我的书架上放着许多狭义相对论的教科书，其中有许多关于质量相对性的推论。我的电脑中还存储了一些其他书籍和文献资料，它们对相对论质量大加谴责，宣称只有一种质量，即牛顿质量，认为狭义相对论只是经典力学在物体接近极限运动速度c时这一情况下的延伸。某本教科书的作者认为，相对论质量只是一种运算方便的结论，是否采用只是取决于个人的喜好罢了。[3]所以让我们别再纠结于此，继续探讨我们的第二个问题。

今天已经不再有人会对$E = mc^2$的基本性质，或是本质上的正确性和普遍性提出疑问了。但是，正如有关相对论质量的重要性（抑或是非重要性）的争论已经持续了100多年，关于质量和能量的等价性到底意味着什么的争论也已经持续了100多年。为什么会这样呢？这个公式所表达的意思还不够明显吗？

大家默认的解释（这是一种深深扎根于公众意识之中的解释，教科书上是这么写的，很多物理学家也都是这么说的）是，大量的能量以某种方式被锁在物体的**内部**，就像蓄水池蓄水那样，而$E = mc^2$指的就是将质量转化为能量时能够释放出来的能量。①

这在很大程度上也是我自己的观点。20世纪70年代时，我还是一名学生，后来读了研究生，到了80年代，我成了一名大学讲师，从事化学物理领域的研究。在我看来，少量质量能够转化为大量能量这一事实似乎使质量的概念（无论是什么）显得尤为重要。

1905年的时候，爱因斯坦自己也很怀疑他的这一"非常有趣的结论"能否有实际应用，不过他还是明确指出："用能量含量高度可变的物体（例如镭盐）来验证这一理论是可行的。"[4]

在之后的几十年里，科学家发现了许多"能量含量高度可变"的物体。物理学家发现，化学元素的原子也有内部结构。每个原子的中心都有一个小小的核，这个核由带正电的质子（发现于1917年）以及电中性的中子（发现于1932年）组成，周围环绕着带负电的电子（发现于1895年）。原子核中的质子数决定了化学元素的性质，不同的元素，如氢、氧、硫、铁、铀等，它们原子核中的质子数都是不同的。原子核中质子数相同但中子数不同的原子被称为同位素，它们的化学性质是相同的，只是相对原子质量和稳定性不同。

物理学家们还发现，我们可以把中子发射到带正电荷的原子核中，进入原子核的中子并不会受到阻力，也不会发生转向。意大利物理学家恩里科·费米及其研究小组在罗马展开了一项系统性的研究，以探明中子轰击原子核产生的效果。他们从已知的最轻的元素开始，产生了整个周期表中所有的元素。1934年，在向已知最重的原子核（铀原子核）发射中子时，这些物理学家认为他们创造出了一种更重

---

① 如果我没记错的话，我第一次接触到"质量转化为能量"这一概念的时候还是一个小孩子，当时我正在看一部英国广播公司（BBC）于1953年出品的电视剧《夸特马斯实验》（The Quatermass Experiment）的重播。

的元素，这种元素在自然界中并不存在，他们称之为超铀元素。这一发现瞬间成为头条新闻，被誉为意大利科学的伟大胜利。

这一发现引起了德国柏林威廉皇家化学研究所的化学家奥托·哈恩（Otto Hahn）的注意。他和他的奥地利同事莉泽·迈特纳（Lise Meitner）开始重复费米的实验，并且从化学上进行更为详细的研究，然而他们的合作被一个突发事件打断了。1938 年 3 月 12 日，德国军队进军奥地利，并在奥地利纳粹分子的欢迎下将其吞并，迈特纳失去了奥地利国籍。奥地利国籍曾使她能够免受纳粹种族政策的迫害，然而一夜之间她却变成了德国籍犹太人。就在这一事件发生后的第二天，她被一个信奉纳粹主义的同事告发，并被宣称对研究所构成威胁。于是她逃亡到了瑞典。

1938 年，迈特纳和一些瑞典朋友在哥德堡附近的海滨小镇孔艾尔夫（镇名在瑞典语中意为"国王的河"）庆祝圣诞节，她的侄子，物理学家奥托·弗里施（Otto Frisch）也于平安夜到达。当他们坐在餐桌前一起吃早饭时，弗里施本打算和姑姑聊一聊自己正在做的一项新实验，却发现她的注意力完全被手中的一封信所吸引。这是一封由哈恩于 12 月 19 日寄来的信，信中提到了一些针对铀的实验新结果，而这些结果简直让人匪夷所思。

哈恩和另一位同事弗里茨·施特拉斯曼（Fritz Strassman）重复了费米的实验，他们得出的结论是，用中子攻击铀并不会产生超铀元素，而是产生了钡元素。铀最稳定也是最常见的同位素包含 92 个质子和 146 个中子，加起来一共是 238 个核子（写作铀–238）。但是钡最常见的同位素只有 56 个质子和 82 个中子，共计 138 个。这简直是一项史无前例的惊人发现：铀原子核在中子的轰击下几乎分裂成了两半。

迈特纳做了一些与能量相关的计算。根据她的估算，铀原子核分裂时产生的碎片一定带走了相当大的能量，据她估计大约有2亿电子伏特（即200 MeV）。[1]由于这些碎片都带正电，因此会被相互间的斥力推开。现在问题来了，如果这一过程前后能量守恒，那么如此大量的能量从何而来呢？

迈特纳回忆起了1909年与爱因斯坦的第一次会面，她听过爱因斯坦有关狭义相对论的讲座，并且对他的质能方程 $E = mc^2$ 颇感兴趣，质量可以转化为能量的想法给她留下了极深的印象。她还想起来，铀原子核分裂之后所产生的碎片质量总和与原本的原子核质量并不相等，大约相差了一个质子质量的五分之一，这部分质量似乎在核反应过程中凭空消失了。经过一番计算之后，一切都对上了：铀原子核在中子的轰击下几乎分裂成两半，并将少量的质量转化为能量。弗里施称之为核裂变。[2]

仅仅几年之后，人们就通过惨痛的事实认识到了 $E = mc^2$ 的实际应用效果。自然界中的铀–235[3]同位素含量很低，而事实证明，哈恩观测到的核裂变正是由这种同位素引起的。那么一个核心重56千克，其中有90%是纯铀–235的炸弹会造成什么样的后果呢？ 1945年8

---

① 电子伏特（eV）代表一个带负电的电子在电场中经过1伏特电势差加速后获得的能量，一个100瓦的灯泡大约每秒消耗6万亿亿电子伏特的能量。相比之下可能2亿电子伏特听起来只是个小数目，但这可是区区一个原子核释放出来的能量！ 1千克铀中含有亿万个原子核，如果每个原子核都释放出2亿电子伏特的能量，这将会相当于22 000吨TNT（三硝基甲苯）炸药释放的能量。

② 我的另一本著作《原子：第一次物理战争及原子弹秘史》（*Atomic: The First War of Physics and the Secret History of the Atom Bomb*）讲述了世界上第一种原子武器发展和使用的历史。

③ 铀元素的同位素之一，含有92个质子和143个中子，核子总数为235。——译者注

月 6 日，仅仅是这么一小块物质的裂变所释放的能量彻底摧毁了日本广岛。[①]

$E = mc^2$ 的破坏力是显而易见的，但是事实上，我们之所以能够在地球上生存也同样托了这个公式的福。在包括太阳在内的恒星的中心，都发生着所谓的质子–质子链反应（或称 pp 链反应），即 4 个质子通过一系列反应融合在一起，形成一个由 2 个质子和 2 个中子组成的氦原子核。如果仔细比较反应前后核子的总质量，我们会发现在这一过程中，核子的质量同样有所损失，我们称之为质量亏损。这 4 个质子的质量大约有 0.7% 左右转化成了约 26 MeV 的辐射能，而这就是从太阳上发射出来的阳光。[②]

这些内容看起来都很令人信服。我们把关于质量的一些经典观点基本不变地引入了狭义相对论的理论体系，并把这一理论看作是经典力学的一个延伸，专门用于处理物体的运动速度接近极限速度（也就是光速）的情况。

我们发现，在特殊情况下，一个或多个质子的质量会转化为能量，但这仍然是牛顿质量。如果我们坚持牛顿质量的概念（尽管牛顿本人并不能真正地给它下一个定义），那么我们似乎必须对相对论质量的概念说不。但是如果我们拒绝接受相对论质量的话，那么兰多和

---

① 我特意选择在 2015 年 8 月 6 日撰写这一部分内容。我的女儿艾玛今天在广岛，她将在那里登上"和平之船"（一个总部设在东京的同名全球性非政府组织所有的邮轮）观看自己拍摄的电影，这艘邮轮上还载有几名核爆幸存者。2015 年，这艘邮轮在全球航行了 105 天，访问了 23 个国家，宣扬支持和平、无核世界的美好愿景。

② 这个数字看起来不起眼，但这仅仅是 4 个质子聚变时产生的能量。据估算，太阳的核心处大约每秒钟有 4×10^{38} 个质子发生反应，释放出的能量差不多相当于 4×10^{24} 个 100 瓦灯泡。

二以增尔的数学推导就不再有效了，我们就又会陷入如何解释的问题中。$E = mc^2$ 这一爱因斯坦最为著名的方程式看起来是如此简洁，但仅仅试着去理解它的意义就已经让我们晕头转向了，为什么呢？

我们必须面对这样一个事实：其实我们面对的是两套截然不同的理论体系，只是恰好在两套体系中使用了相同的术语，因此无法避免地会有一定程度上的混淆。在具有绝对空间和时间的牛顿力学中，质量是物质的一种属性（也许是一种绝对的、基本的属性，正如古希腊原子论者以及洛克所阐述的那样），因此，质量必定独立于任何参考系。在这一体系中，我们坚守哲学家最初的梦想：所有的物质都可以被分解为某种最基础的物质，而这种物质粒子，也就是原子，同样具有质量的基本属性。

但是在狭义相对论中，空间和时间是相对的，质量似乎就不再是绝对的了，而是同样成了相对的。它似乎确实依赖于参考系的选取（至少这种解释是说得通的），并且似乎也和能量的概念息息相关，即 $m = E/c^2$。

所以我们要选择一条不同的路径，看看它会带我们去往何方。爱因斯坦给那篇发表于 1905 年的狭义相对论的附录取的标题为"物体的惯性是否决定其内能？"，在我看来，他对于用词的选择非常值得玩味。

我在第 5 章中提到，爱因斯坦给出了一个推导过程，表明一个运动物体朝相反的两个方向发射出的光束所带走的能量 E 来自运动物体的质量，其减少的质量为 E/c^2。现在我们可以试着把这一过程解释为经典力学中的牛顿质量在特定情况下的转化，或者直接假定这是一种关于惯性质量本质的新理论。

如果我们选择后者，质量就不再是物质固有的基本属性了，而是

一种行为。它是一个物体所做的事，而不是其拥有的某种东西。物质包含能量，正是这种能量（以某种方式）产生了对加速的抵抗，我们称之为惯性。正巧，基于长期以来对于经典力学的认识（以及日常经验），人们倾向于认为表现出惯性的物体具有惯性质量。

在这一理论体系下，我们对哲学家的梦想进行了修改：物质实体可以被还原为某种形式的能量，我们把这种形式的能量表现出的行为解释为对加速的抵抗。我们可以选择把质量这一概念完全从整个逻辑系统中移除，把质量项从相关方程中完全消去，只处理与能量相关的运算（不过我认为我们离这一步还很远）。这样的结果就是"没有物质的质量"——我们称为"质量"的这种行为已经无须借助物质属性而存在。当然了，为了做到这一点，我们还需要进行一些解释。我们还需要解释能量是如何产生惯性的。

在看完本书的前几章之后，你可能已经对此不抱幻想了。不过，尝试着解释能量如何产生惯性理论上应该不会比解释质量如何产生惯性更困难，毕竟"质量是物体惯性的量度，而物体惯性的大小可以让我们了解质量的大小"这种循环论证根本算不上什么解释。

这里面仍然有一个转换的过程，但只是把一种形式的能量转换成另一种形式，当然，这只是拆了东墙补西墙。尽管能量可以有多种形式，但是直觉告诉我们能量应当是一种属性：它被物体所拥有。这么一说，能量的概念好像和温度很像——它并不能独立于拥有它的物体而存在。那么现在的问题就变成了：什么东西可以拥有能量并且能够存在于所有的物质实体中？这种东西还能被称为物质吗？我们将在本书的最后得到答案。

科学有时就是这样发展的。有时，我们会经历一场科学知识和理解的变革，它会彻底改变我们尝试解释与经验事实相关的理论概念和实体的方式。变革不可避免地从旧理论体系内部产生，旧体系中构建的方程式会孕育出一些新的惊喜（如 $E = mc^2$），变革由此开始。但是在变革的过程中，旧的概念往往会被引入新的体系中，有时这些概念在两种体系中的指称是相同的，有时则不同。

其结果就是奥地利哲学家保罗·费耶阿本德（Paul Feyerabend）和美国哲学家托马斯·库恩（Thomas Kuhn）所说的"不可通约性"。来自旧体系的概念在新的体系中无法再用之前的方式进行解释，严格来说，虽然名字没有变，但它已经不再是之前的概念了。一些科学家坚守着旧的解释，而另一些则接受了新的解释，双方就会展开激烈的辩论，这个时候我们就会说，这种概念具有不可通约性。

而质量似乎就属于这样一种情况。旧的牛顿质量的概念被引入狭义相对论这一新体系中，同时经典牛顿力学也被视为狭义相对论的一种极限情况，适用于速度远低于极限速度 c 的情况。但对于接受了新解释的人来说，质量不再具有基本性，它只是多种能量形式中的一种，并且是一种行为而不是属性。费耶阿本德写道：

> 相对论质量与经典质量在概念上确实截然不同，这一点只要做如下思考就会显而易见：相对论质量是一种联系，涉及某个物体和参考系的相对速度；而经典力学质量则是物体本身的属性，与该物体在参考系中的行为无关。[5]

这可能会让质量的概念变得让人有些不明所以，至少更加模糊了。但事实就是，我们从未真正掌握经典力学中质量的含义，相信我，从来都没有过。而现在，我们发现这种概念可能其实并不存在。

我们了解到的五件事

1. 在方程式 $E = mc^2$ 中，常数 c 通常指光速，但它也可以被解释为宇宙中任何物体都无法超越的极限速度。

2. 把 c 解释为极限速度的前提，是认为质量同空间和时间一样，也是相对的。但是这样一来，我们就无法用理解牛顿质量的方式来理解相对论质量了。

3. $E = mc^2$ 通常被解读为质量可以转化为能量，原子弹以及恒星中心的 pp 链反应都体现了这一过程。

4. 我们可以把物体的质量理解为一种行为而不是一种属性（即这是物体所做的事情，而不是它们所拥有的东西），以此调和相对论质量的概念和 $E = mc^2$ 的意义。

5. 把质量的概念从牛顿力学引入狭义相对论引发了一场相当大的混乱，这就是一些科学哲学家所说的不可通约性。科学家们因意见相左而激烈地辩论，因为他们解释质量的方式有着根本性的差别。

第7章

宇宙的结构

在1905年首次发表后的头几年里，爱因斯坦的狭义相对论被直接称为"相对论"。后来，人们认识到该理论只涉及以恒定的相对速度运动的参考系，这就显得有些"狭隘"了。狭义相对论无法处理有加速度的参考系。另外，由于牛顿的万有引力被认为是瞬间作用于受引力的物体之上的——无论物体之间距离有多远，而这一经典引力观违反了狭义相对论的原则，即任何力的传递速度都不可能比极限速度 c 更快（无论如何测量，"瞬间"的传递速度都要比光速快的）。因此，狭义相对论既不能描述加速运动中的物体，也无法描述受到牛顿万有引力作用的物体。

在科学史上总有一些瞬间，天才的思想者会提出极为大胆的洞见，让回顾历史的旁观者目瞪口呆。1907年的11月的某一天正是这样的一个时间点，这一次的主角就是我们已经多次提到的爱因斯坦。对于爱因斯坦来说，这原本只是稀松平常的一天。彼时爱因斯坦还在伯尔尼的专利局工作，已经被晋升为"二等技术专家"，他后来回忆道：
"当时我坐在伯尔尼专利局的椅子上，突然想到：当一个人自由地下
落时，他感觉不到自己的重量。"[1]

　　现在我们已经对各种电影和照片中零重力[①]环境下宇航员的状态
习以为常了，因此可能很难理解爱因斯坦在当时做出的这一判断具有
怎样的意义。但这个看似简单的想法，其实蕴含着解开牛顿万有引力
之谜的种子。狭义相对论无法处理与加速度和引力相关的问题，但爱
因斯坦意识到这实际上是同一个问题，而不是两个。

　　为什么呢？想象你在纽约帝国大厦的顶层走进了电梯，按下了去
底层的按钮。但是你不知道的是，这个电梯实际上是一个由外星文明
建造的星际运输舱。在不知情的情况下，你被瞬间[②]传送到遥远的外
太空中，附近没有任何恒星或是行星，自然也就没有重力。你在失重
的状态下无助地从电梯的地板上飘浮起来。

　　现在你的脑海里会想些什么？你并不知道自己现在已经身处外太
空，在你的意识里，你仍然站在帝国大厦下降的电梯里。但是你从失
重的感觉中猜测，可能是发生了什么事故，切断了电梯的升降索，而
你处于自由落体的状态。

　　正在对你进行观察的外星智慧生物并不想让你过度惊慌，于是使
用了一个看不见的力场，让这个电梯（太空舱）缓慢地向上加速，于
是电梯中的你又重新落回到地板上。这下感觉好多了，你可能会以为
电梯的安全制动系统已经启动了，并且让电梯停了下来。为什么会这
么想呢？因为你再一次感受到了重力。

――――――――――――――

① 　重力与引力本质上是同一种力。本书按照习惯，将地球附近地球的引力和太空
　　飞船里的人及物体受到的某一方向的引力称为重力。――编者注
② 　只有相当先进的文明才能做到这一点。

爱因斯坦称之为"等效原理"：在局部区域，引力和加速度带给人的感受是一样的，它们实际上是一回事。爱因斯坦认为这是他"最幸福的想法"。[2]

但这意味着什么呢？起初爱因斯坦并不能完全确定。他又花了5年的时间才终于弄明白，等效原理意味着引力和几何之间的一种极为特殊的联系。虽然我们平常感知到的时空好像是平直、刚性的，但时空的几何形状会出现弯曲和凹陷。

我们在几何课上曾经学过，三角形的内角和是180°，一个圆的周长是π乘以直径，两条平行线永远不会相交。这些都是怎么来的呢？这些定律（以及许多其他定律）都描述了数学家们所称的"平直空间"，或称"欧几里得空间"，该空间以著名几何学家亚历山大的欧几里得命名。这就是我们在日常生活中所熟知的三维空间，我们常常用x、y、z这三条坐标轴描述它。闵可夫斯基提出，我们可以在三维空间的基础上加上第4个维度——时间，在欧几里得空间中加上第4个维度时间之后，我们就得到了一个平直的四维时空。

在平直的时空中，两点之间最短的距离显然就是这两点间的直线段。那你知道英国的伦敦到澳大利亚的悉尼之间最短的距离是多长吗？我们可以在网上查到答案：10 553英里[①]。但这其实并不是一条直线，因为地球的表面是弯曲的，在这样的表面上两点之间最短的距离是一条弯曲的路径，我们称之为大圆弧[②]或是测地线。我们在乘坐飞机进行长途飞行的时候走的就是这种路径。

如果在地球的表面画一个三角形（比如在雷克雅未克、新加坡

---

① 1英里≈1.61千米。——编者注
② 即大圆的弧，大圆指的是过球心的平面与球面的交线。——译者注

和旧金山这三个城市两两之间画一条线），你会发现它的内角和超过
180°（参见图 6）。如果在地球的表面画一个圆，那么它的周长也不再
是 π 乘以直径。经线在赤道上是平行的，但是它们又会在地球的两极
相交。

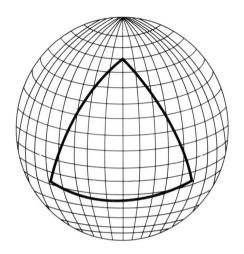

图 6　球面三角形的内角和大于 180°

　　牛顿第一定律称，除非受到外力的作用，否则物体将会保持匀速
直线运动或是静止状态。在平直时空中，所有的直线都是"直"的，
牛顿所说的引力也会在一定的距离之外瞬间作用在物体上。但是，现
在爱因斯坦意识到，如果时空也会像地球表面的大圆弧那样弯曲的
话，那么在附近运动的物体就会朝弯曲处"下落"，并且在下落的过
程中加速。

　　因此，在弯曲的时空中，引力不再需要被"施加"在物体上，物
体在弯曲处自己就会下落并加速。我们现在所要做的就是假设一个物
体（例如一颗恒星或者具有大量质能的行星）会使其周围的时空弯
曲，就像一个孩子在蹦床上跳来跳去的时候会让具有弹性的蹦床表面

弯曲一样，而其他的物体（例如行星或是卫星）如果离得太近，就会沿着由这种弯曲决定的最短路径运动。沿着这条路径自由下落而产生的加速度完全等价于在引力作用下产生的加速度（参见图7）。

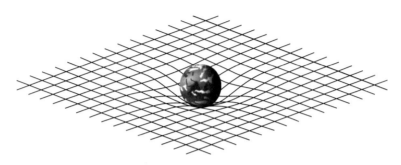

图7　具有大量质能的物体（如地球）会使其周围的时空弯曲。于2004年4月发射升空的引力探测器B对这种弯曲的影响进行了研究，并于2011年5月公布了研究结果，结果有力地证明了广义相对论的正确性

几年后，美国物理学家约翰·惠勒相当简洁地总结了这种现象："时空告诉物质如何运动，物质告诉时空如何弯曲。"[3]爱因斯坦发现，通过这一想法，他似乎就能在相对论的框架下解释有关加速度和引力的问题，这一理论后来被称为广义相对论。广义相对论表明，实际上并不存在引力这种东西。质量确实能够产生引力场，但是这个场就是时空本身的弯曲。

且慢，如果说引力就是时空弯曲产生的结果，而我们在地球上每时每刻都能感受到重力的存在，那我们岂不应该也能感受得到这种弯曲吗？还真的感觉不到，因为由地球质能所引起的时空弯曲是非常轻微的。我们在操场上跑步的时候会感觉操场是平坦的，尽管我们都很清楚这个操场位于弯曲的地球表面之上。同样，我们对于时空的体验也会受到视野的局限，即便我们知道它有轻微的弯曲，但是从局部的视角来看，时空就是平直的。这就是为什么我们在学校里学习的仍然是欧氏几何。

其实欧氏几何已经够复杂的了，更别说还要加上时间作为第 4 个维度。因此，描述弯曲四维时空的数学工具自然就要涉及更高层次的抽象了。

顺便提一下，我们可能会误以为爱因斯坦在数学上同样是天纵奇才，任何翻阅广义相对论教材的人都会惊异于其中数学公式的复杂性，但其实爱因斯坦并不擅长数学。他在苏黎世理工学院的数学老师（也就是闵可夫斯基）称他是"一条懒狗"，并且对他于 1905 年发表的论文的数学推理表示非常诧异（但也很惊喜）。幸运的是，当爱因斯坦开始研究弯曲时空中的抽象数学问题时，他的老朋友马塞尔·格罗斯曼（Marcel Grossman）帮了他。爱因斯坦是这么恳求他的："……你可一定要帮帮我，否则我就要发疯了。"[4]

不难想象，爱因斯坦广义相对论的公式应该是这样一个（实际上是一组）方程：它把时空弯曲（位于等式左边）与质能密度和分布（位于等式右边）联系了起来。给出一个物体的质能，就能通过这个方程计算出其周围时空弯曲的程度，同时也能根据这一结果得知，这种程度的时空弯曲会使其他物体（同样具有一定量的质能）获得多大的加速度。

在 1907 年做出了这一猜测之后，爱因斯坦又花费了 8 年的时间才形成了完整的理论，在这一过程中他遇到了许多挫折，走过许多死胡同。最终，爱因斯坦于 1915 年 11 月 25 日向柏林普鲁士科学院提交了广义相对论场方程，他自己的评价是："这个理论真是美丽到无以复加，可惜只有一个人能看得懂……"[5]这个人就是德国数学家大卫·希尔伯特（David Hilbert），他近乎狂热地追捧爱因斯坦提出的广义相对论。

　　爱因斯坦提出的场方程极为复杂，复杂到他自己都认为如果不对它们进行简化就不可能得到方程的解。然而过了不到一年的时间，德国数学家卡尔·施瓦西（Karl Schwarzschild）就得出了一组解。他求得的是一个巨大的、不带电的、静止的球形物体外部的引力场这一具体情况下的解，该解可以近似地描述缓慢旋转的物体，如恒星和行星。[①]

　　施瓦西解的一个更为惊人的推论是天体周围存在一种基本的边界，我们称之为施瓦西半径。想象一个大型的球状天体，比如恒星或行星，为了摆脱其引力的影响，其表面的物体的运动速度必须超过一个值，我们称这个临界速度为逃逸速度。[②]如果我们将这个球体压缩到施瓦西半径以内（地球的施瓦西半径大约是9毫米），那么它的逃逸速度将超过光速。这也就意味着，任何东西，甚至包括光在内，都无法逃脱其引力场的束缚。这里的时空完全扭曲了，其结果就是产生了一个黑洞[③]。

　　宇宙中真的存在黑洞吗？虽然它们显然很难被直接探测到，但是有大量间接证据表明，在我们的宇宙中黑洞的存在相当普遍，很可能每个星系的中心都有超大质量黑洞。

　　在发展广义相对论的这8年里，爱因斯坦先后找到了4种从实证的角度对其加以检验的方法，让我们一个一个来看。第一种方法与其说是一种检验，倒不如说是解开了一个谜团。牛顿的万有引力理论称行星应该沿着椭圆轨道绕太阳运行，因此行星距离太阳最近的点（我

---

① 需要说明的是，施瓦西解对于施瓦西自己提出的模型（即理想条件下）来说是"精确的"，而这种理想条件可以作为对真实对象进行计算时的近似条件。

② 地球的逃逸速度是11.2千米每秒。

③ 这是一个由惠勒推广开来（但并不是由他提出）的称呼。

们称之为近日点）应当是空间中的一个固定点。在行星绕着太阳一圈一圈运行的过程中，近日点总是在同一个位置上。

但是对于太阳系行星轨道的观察结果表明，它们的近日点并不是固定的。行星每公转一周，近日点都会发生一些轻微的移动，也被称为进动，其运行轨迹很像我们小时候用万花尺①画出来的图案。

当然，太阳并不是太阳系中唯一能产生引力场的天体，我们所观测到的大部分行星进动都是由其他行星的引力累加引起的，这部分效应可以用牛顿的万有引力定律来计算。根据牛顿定律计算的水星近日点进动大约是每世纪532角秒②，然而其观测值却是每世纪574角秒，两者相差42角秒。

牛顿定律无法解释这种差值，于是当时的科学家又想出了许多其他的解释，比如有可能在比水星离太阳更近的地方还有一颗行星，他们给这颗行星起名为"祝融星"（Vulcan），但是他们一直没有找到这颗行星。不过爱因斯坦却惊喜地发现，通过广义相对论对水星周围的时空弯曲进行计算，得到的结果比牛顿定律的结果要多出43角秒。③

要说广义相对论最为著名的预测，那应该就是远处恒星发出的光会在太阳附近发生弯曲了。不过，少有人知的是，牛顿定律也能预测这一现象，毕竟按照他最初的设想，光是由质量极小的微粒组成的。根据牛顿的估算，光在掠过太阳表面的时候会偏折大约0.85角秒，这

---

① 由外部的大圆环（母尺）和内部带孔的小圆片（子尺）组成，母尺和子尺通过齿轮咬合在一起。使用时将笔尖竖直对准子尺上的孔，让子尺在母尺内部绕圈，即可画出美丽的花形图案。——编者注

② 一个完整的圆是360度，1角分是1度的1/60，1角秒又是1角分的1/60。所以，532角秒大约就是0.15度。

③ 其他行星的近日点也会受到时空弯曲造成的进动的影响，但由于这些行星距离太阳太远，这种影响并不显著。

是由太阳的引力造成的。

由广义相对论计算出的时空弯曲对光的影响是这一结果的两倍，即1.7角秒，这就为我们提供了第二个检验广义相对论正确性的方式。1919年5月，由英国天体物理学家阿瑟·爱丁顿（Arthur Eddington）带领的研究团队对太阳身后的多颗恒星发出的光进行了观测，其结果证实了广义相对论的预测。

由于地球大气层散射的太阳光实在太亮，我们只有在发生日全食的时候才能观测到太阳背后的恒星发出的光。爱丁顿的团队分成两组，同时记录了巴西的索布拉尔市和位于非洲西海岸的圣多美和普林西比的观测结果，然后将观测到的恒星表观位置与晴朗夜空中观测的结果进行了比较。

尽管很少有人能够真正理解时空弯曲的概念，甚至在专业物理学家中，也很少有人能理解其抽象的数学推导过程，但弯曲的时空却极大地激发了公众的想象力，爱因斯坦可以说是一夜成名。

捎带一提，对于我们为何不能"看到"时空的弯曲，我们可以举出一个例子来说明。太阳的质量大约是地球质量的33万倍，但是它产生的时空弯曲依旧很小，经过太阳表面的恒星光线仅仅会偏折1.7角秒，也就是大约1/2 000度，这看起来和直线传播几乎没有区别。

广义相对论还预测了由时空弯曲所产生的一些其他效应，它们在某些方面与狭义相对论所产生的效应相似。爱因斯坦于1911年进行了细致的运算，而运用施瓦西解可以更快速便捷地得出结果。[6]这些效应大体上是这样的：对于静止的观察者来说，在靠近引力场的地方（也就是时空弯曲较强的地方），时间会变慢，距离也会缩短。位于地球表面的标准时钟比在轨道上环绕地球运行的时钟走得慢。

想象一下我们从地球上的实验室里发射出一道光波，光波的特征取决于其波长，即相邻两个波峰之间的距离。当这个波向地球外部空间传播时，随着时空弯曲的程度逐渐减小，它会变成什么样呢？

在地球表面，也就是引力较强的地方，距离缩短了。而随着我们离开地球进入外太空，距离也会越来越长。假设有一个物体，在地球表面测量它的长度，结果为 1 厘米，那么在太空中测得的它的长度将会比 1 厘米更长。光波的波长也会随着距离的伸长而伸长，因此我们之前发射的光波向外传播得越远，其波长就越长。

波长的伸长意味着测量到的光会比发出时"更红"。① 例如，一束我们在地球上看到是橙色或是黄色的光，在传播到地球之外一定距离的某一点时（这里的引力比地球表面要弱很多），它被测量的结果就会是红色光。物理学家将这种现象称为"红移"，更准确地说，是引力红移。

这种效应带来了一些非常实际的后果。如果一架飞机载着原子钟从伦敦飞往华盛顿特区，那么由于速度引起的时间延缓，这架飞机就比它身后英国国家物理实验室中的静止时钟慢了 1.6×10^{-8} 秒。这是一项来自狭义相对论的效应。

但是由于飞机在离地面 10 千米处飞行，这里的重力比地面要弱（也就是时空弯曲的程度更弱），时钟又会快 5.3×10^{-8} 秒。因此，在这个实验的过程中，综合两种效应，时间应该会快 4×10^{-8} 秒左右。2005 年进行的测量所得到的结果为 $(3.9 \pm 0.2) \times 10^{-8}$ 秒。[7]

我们在日常生活中需要把时间测量到如此高的精度吗？这个答案取决于你对手机上的应用程序以及车载导航系统都会用到的全球定位

---

① 可见光的波长范围大约是 400~760 纳米，其中波长 620~760 纳米的这一部分为红光，是可见光中波长最长的光。——译者注

系统（GPS）有多依赖。如果没有狭义相对论和广义相对论的修正，那你可能就要迷路了。

光在远离引力场的时候会发生引力红移，反过来也是一样的。随着引力和时空弯曲的作用越来越强，朝向引力场传播的光波将会发生蓝移（波长变短）。

1959年，哈佛大学的美国物理学家罗伯特·庞德（Robert Pound）和格伦·雷布卡（Glen Rebka）率先提出了一种能够在地球上进行的实验方法。他们在杰斐逊物理实验室的22.5米高的塔顶放置了放射性铁原子，其衰变时释放的电磁波在到达塔底时发生了蓝移，蓝移的程度在大约10%的不确定度以内与广义相对论所预测的结果一致。5年后，他们又对这一实验进行了改进，将不确定度降到了1%。

现在只剩下最后一个预测需要检验了。1916年6月，爱因斯坦提出，某种涉及大引力物体的动荡过程会在时空中产生"涟漪"，就像孩子在蹦床上弹跳时我们在蹦床的边缘感受到的振动那样。这些涟漪被称为引力波。

尽管对于我们这些生活在地球上的人来说，重力似乎每天都在发挥着显而易见的作用，但引力其实是自然界中最弱的力。你可以在桌子上放一枚回形针，然后用一块小磁铁从上方逐渐靠近它。在靠近到一定距离的时候，回形针就会被磁力从桌子上拉起来，并吸在磁铁的底部。这个小实验证明，你手中这块小小的磁铁产生的磁力比整个地球对回形针的引力还要大。

这会产生极为重要的影响。爱因斯坦预测一个极为激烈的事件（比如两个黑洞在宇宙中的某处发生合并）会产生引力波，而这会导致附近的时空如海啸一般剧烈波动。但是在宇宙中经历了长距离的旅行之后，这些波可不仅仅是变得不够明显那么简单（否则我们早就知谤它们的存在了），它们会衰弱到几乎无法被探测到。正是由于物理学家始终探测不到引力波的存在，所以爱因斯坦在后来也开始对它们持怀疑的态度，直到 20 世纪五六十年代，物理学家才认识到探测引力波的可能性。

在长期的等待中，物理学家培养出了充足的耐心。2015 年 9 月，他们的耐心终于得到了回报。在大约 10 亿年前，两个黑洞形成的双星系统土崩瓦解。它们此前一直小心翼翼地相互环绕，同时又螺旋着向彼此靠近，最终合并成了一个超大质量黑洞。这两个黑洞的质量分别相当于太阳质量的 29 倍和 36 倍，它们合并之后又形成了一个新的黑洞，其质量为太阳质量的 62 倍。这一事件发生在南半天球方向，距离我们大约 1.2×10^{19} 千米之外。

我们是怎么知道这件事的呢？我们之所以能知道，是因为在 2015 年 9 月 15 日这一天，由这一事件产生的引力波被一个名为激光干涉引力波天文台（LIGO）的实验合作项目探测到了。LIGO 实际上包括两个观测站，一个位于路易斯安那州的利文斯顿，另一个位于华盛顿州里奇兰市附近的汉福德，差不多分别处在美国本土的两端。

两个观测站各有一座干涉仪，每座干涉仪都带有两个 4 千米长的臂，组成 L 形，其原理与第 5 章的图 3 描述的迈克耳孙–莫雷实验中的干涉仪基本相同，但是规模要大得多。干涉仪在初始状态下，物理学家们通过调整两条臂的长度，让探测器位于干涉条纹的暗纹处，即光在这个位置相互抵消，因此在默认情况下，探测器是探测不到激光的。之后，一旦引力波在时空中引起的微小波动穿过干涉仪，干涉仪的臂长就会发生变化：其中一条略微变长，而另一条则略微变短。此时两束光的光程差发生变化，导致干涉条纹移动，因此原本探测不到光的探测器会在一段时间内探测到光强。这个臂长的变化小到令人难以置信，可以以阿米（即 10^{10} 米）计。

　　LIGO实际上在2002年就已经投入使用，只不过那时还未能有如此之高的精确度。2010年，LIGO停止运行，科学家对探测器进行了升级。改造完成的增强版LIGO仅仅运行了几天，就非常巧合地遇到了黑洞合并事件产生的引力波所特有的"啁啾"特征①（参见图8）。2016年2月11日，LIGO合作组织召开了一场新闻发布会，正式向全世界公开了人类首次成功探测到引力波的消息。

　　当然，物理学界大多数人对广义相对论在多个方面的正确性早已深信不疑，倒也不是非要探测到引力波的存在才能证明这一理论，但是这一次成功的探测可远远不只是一种锦上添花式的成就。我们能探测到引力波了，这相当于我们拥有了一个新手段，可以用来了解遥远的宇宙深处中所发生的事件，而不必依赖光或是其他形式的电磁辐射来获得信息。

　　我们先回顾一下前面讲述的内容。爱因斯坦的引力场方程把等式左边的时空与等式右边的质能和动量联系在了一起。我们可以运用它们计算出引力场（或者说是在太阳或地球等天体周围的时空中形成的"引力阱"）的形状，并以此确定附近的其他物体在引力场的作用之下将如何移动。

　　但是场方程并没有告诉我们背后的原理。它们只是为我们提供了一个计算的方法，但是在解释上却相当模糊。我们可以这么理解：狭义相对论在我们的物理现实中建立起了两种基本关系——将空间和时间结合在一起成为时空，将质量和能量结合在一起成为质能，而在此

――――――――――
① 黑洞在合并之前，相互环绕的频率会不断提高，听起来像尖锐的鸟叫，所以称为"啁啾"（Chirp）。——译者注

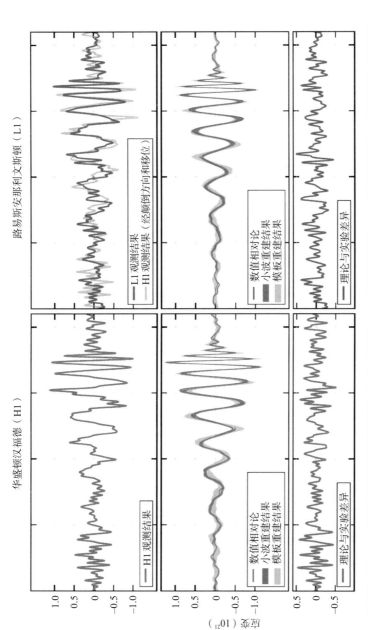

图 8　2015 年 9 月 14 日，LIGO 记录了它观测到的第一次引力波事件，左边是汉福德（H1）检测到的信号，右边则是在利文斯顿（L1）测得的。图中显示的时间是相对于 2015 年 9 月 14 日 09:50:45 UTC①。第一行：信号先到达 L1，几毫秒后到达 H1（为了便于对比，我把 H1 的数据也显示在右边，并且上下颠倒了方向，以对应探测器的方向）。第二行：理论模型对于黑洞合并事件信号的预测。第三行：实测信号与预测信号之间的差异

① 协调世界时的缩写，是如今全球统一采用的时间标准。把 UTC 加上 8 个小时即为北京时间。——译者注

之前这些东西在我们的印象中是互不相关、彼此独立的；在广义相对论中，爱因斯坦则证明了这两种基本关系之间同样存在联系——时空和质能相互关联。

我喜欢把这种关系看作我们的物理现实的"结构"，这是一个由空间、时间、质量和能量（净是一些非常难以定义的东西）组成的结构，而我们正试着在这一结构的基础之上建立起一个物理体系。质量就是能量，只有通过近似方法才能将它从其所在的空间和时间之中分离出来。

我们了解到的五件事

1. 狭义相对论是"狭隘的"，因为它无法解释与加速度和牛顿引力相关的问题。不过爱因斯坦灵光一闪，意识到这实际上是同一个问题，而不是两个不同的问题。

2. 解决方案是假定在一个大型物体（如恒星或行星）周围，时空是弯曲的，而非平直的。

3. 爱因斯坦的广义相对论将等式左边的时空弯曲与等式右边的质能密度和质能流联系了起来。时空告诉物质如何运动，物质告诉时空如何弯曲。

4. 有许多实验都证明了广义相对论的正确性，而我们所依赖的诸多技术也同样依赖于此。对引力波的成功探测是该理论最近的一次胜利。

5. 狭义相对论把空间和时间结合在一起成为时空，把质量和能量结合在一起成为质能。广义相对论则是将质能与时空的几何联系起来，形成了宇宙的结构。

第 8 章

在黑暗中心

为了编织出物理体系，乃至一整个宇宙，我们需要一个由空间、时间、质量和能量组成的"结构"。所以显然下一个问题就是：根据爱因斯坦广义相对论的场方程，整个宇宙具有什么样的性质？爱因斯坦本人在1917年，也就是向普鲁士科学院提交广义相对论的两年后就给出了答案。

乍一看这个问题，还以为是哪个理论物理学家正沉溺于某个宏大的幻想之中。一组方程而已，怎么可能描述得了整个宇宙这么复杂的事物呢？事实上，爱因斯坦的场方程描述了时空和质能之间的关系，所以原则上包含了宇宙中所有的要素，只是规模大小的问题罢了。

当然，可观测宇宙中充满了各种复杂的物理、化学以及生物物质，比如含有气体的星系、恒星、黑洞、类星体、中子星、行星、化学物质、生命，等等。并且，我们很快就会发现，宇宙中远不仅仅只有可见的东西。显然，场方程无法解释宇宙中的一切，但是当面对一个极为复杂的系统时，理论物理学家通常会礼貌地忽略所有的复杂性，以试图让问题变得更容易处理。这一过程也被称为做出简化假设。

爱因斯坦就是这么做的。他假设宇宙在各个方向上都是均匀的，包含着具有相同组成成分的物体。他还假设，我们从地球这一视角观察到的宇宙，和宇宙中的任意一个位置所观察到的宇宙没有什么不同。换句话说，地球上的观察者并不具有特殊地位，也没有什么特权。当我们仰望星空时，我们看到的是整个宇宙的"平均样本"。

爱因斯坦利用这些假设推导出了一个非常引人注目的结论：宇宙有限而无界。这是什么意思？打个比方，我们知道脚下的路面看起来是平的，但我们同样知道，如果朝着一个方向走出足够远的距离，我们最终（理论上）能够绕着地球走上一整圈，而不会从哪个边缘处"掉下去"。同样地，在爱因斯坦所想象的宇宙中，时空就像球体的表面一样卷曲了起来。除了在恒星或是行星这样的大型物体的周围，时空中的任意一点在局部看来都是平坦的，但实际情况是，从整个宇宙的大尺度上来看，时空中的每一处都有轻微的弯曲。

然后爱因斯坦遇到了一个大问题。主流的科学观点和一些可以说是显而易见的常识都表明，我们所感知到的宇宙是相当稳定和静态的。当然，偶尔也会发生一些变化，比如遥远的恒星可能会因超新星爆发而突然发出明亮的闪光，以及黑洞之间会发生的合并——这正是2015年9月所探测到的引力波的来源。但是除了这些相对来说极为罕见的事件，夜空看起来似乎是永恒不变的，要不我们怎么会把天上的星星称为"恒"星呢？

这就难怪爱因斯坦在最一开始会猜测场方程所展现的宇宙将会是永恒不变的了，但是这些方程并没让他如愿。它们表明宇宙必定是动态变化的——要么是处于膨胀之中，要么就是处于收缩之中，而一个静态的宇宙在物理上是不可能实际存在的。

我在前面已经提到过，引力是自然界中最弱的力，但它是累积性的、不可阻挡的，并且其作用只会朝向一个方向（引力永远是"正"的）。与电力或是磁力不同的是，引力没有相反的电荷或是磁极。引力会使物体聚集在一起，却不会把它们分开，这让爱因斯坦意识到，宇宙中所有物体之间的引力（在时空弯曲的介导下）应该会导致宇宙自身的坍缩。

这是一个令人感到不安的结果。几个世纪以来，天文学的研究从未得出任何证据，表明宇宙中所有的恒星都会冲向彼此，最终形成一场灾难性的坍缩。我们很快就会看到，其实真实的状况与此完全相反。

爱因斯坦提出的问题并不是一个新问题，也不是专属于广义相对论的问题。将牛顿的万有引力应用于整个宇宙时，也会得出宇宙正在坍缩的结论，牛顿对于这个问题的解决方法，是提出上帝的职责正是把宇宙中本将聚拢的恒星给分开。[1]不过爱因斯坦可能觉得他需要一个比这更具科学性的解释，只是他的场方程中并没有什么能阻止这种坍缩发生的东西。

我们在第7章中看到，场方程的左边描述了时空弯曲，时空弯曲决定了引力的强度，引力作用于等式右边的总质能，质能反过来又决定了时空的弯曲。在爱因斯坦看来，他的场方程是"不平衡"的：它们会朝向不同的方向"倾斜"，而这势必会导致其结果预言宇宙是动态的。

为了让这些方程得出静态宇宙的结果，爱因斯坦试图在等式的左边引入一个新的项使得场方程更加平衡。这只是一个数学意义上的"修正"，除了保持平衡之外并没有任何实际意义。但是这些方程式毕竟代表了一套物理的系统，对于其中包含的每一项都应该能给出一个有物理意义的解释。

如果要让新引入的这个项防止宇宙自身的坍缩，那么它就必须对时空施加一种奇异的、反引力的力，也就是负的、类似于引力的斥力。这种斥力的大小可以随着距离的增加不断累积，从而抵消由等式右边的质能引发的时空弯曲的影响。

我们用参数 Λ（即希腊字母 λ 的大写）代表该项，现在它被称为"宇宙学常数"。爱因斯坦发现，通过仔细地选择 Λ 的取值，可以让等式左边的时空拥有某种将物质推开的趋势，来抵消等式右边的质能产生的将所有物质都聚集在一起的引力。这样一来，场方程就形成了完美的平衡，也由此得到了一个静态的宇宙（尽管事实证明这样的宇宙并不稳定）。[2]

这是一个相当简洁的解决方案。引入宇宙学常数并没有改变广义相对论在短距离上的作用方式，因此该理论之前所有已被验证的预测都可以继续保留。但是，这终究是一种无法令人满意的折中方案，因为除了日常观察表明宇宙似乎是稳定、静止的之外，没有任何证据或是理论推导能够证明宇宙学常数的引入是有必要的。爱因斯坦自己也觉得人为加入的宇宙学常数破坏了方程的优美简洁，后来也为此感到后悔，认为这是他一生中犯过的最大的错误。[3]

但是到了1931年，一切都发生了改变。美国天文学家埃德温·哈勃（Edwin Hubble）和他的助手米尔顿·赫马森（Milton Humason）发表了一系列观测报告，他们得出了一个相对明确却又令人难以置信的结论：我们在宇宙中观测到的大多数星系都在远离我们。宇宙根本不是静止的，也不是在收缩，而是正在膨胀。

有关宇宙膨胀的证据实际上是经过了天文学家们多年的努力慢

慢累积起来的。这方面的工作始于1912年，当时美国天文学家维斯托·斯里弗（Vesto Slipher）正在位于亚利桑那州弗拉格斯塔夫的洛厄尔天文台工作。他运用多普勒效应研究了星云（夜空中的一些微弱的光斑，当时人们普遍认为它们位于银河系内，但是后来人们发现它们是银河系之外的其他星系）的速度。

在我们接收由一个运动中的物体发出的波信号（如光或者声音）时，我们会发现，当物体靠近我们的时候，这些波会变得更密（即波长变短），这时我们测量到的音高（或频率）会高于其实际发出的频率；而当物体远离我们时，波则会拉长（即波长变长），这样测量到的频率就会变低。如果你曾经留意过身边呼啸而过的警车或救护车发出的声音，你就会对这种效应非常熟悉。

如果我们知道物体发出的波的实际频率，那么只要测量出接收到的波的频率，我们就可以通过两者之间的差异来计算波源的运动方向及速度。

恒星主要由氢原子和氦原子组成，而氢原子则由一个质子以及一个环绕着质子的电子组成。电子可能会出现在原子中的任意一个能级（我们将在第三部分中对这一概念进行更加细致的介绍）上，当一个被激发的电子以光的形式释放能量时，这束光会带有一个清晰的频率，该频率由这一过程中所涉及的两个能级之间的能量差确定。

最后我们会得到一个原子光谱，这是一个与氢原子内部的电子所吸收或发射的辐射相关的固定频率序列，我们称之为吸收谱线或发射谱线。谱线对应的频率是固定的，取决于能级和物理吸收或发射的过程，我们可以在地球上对其进行精确的测量。

但如果遥远星系中的一颗恒星上的氢原子发出的光相对于我们地球上的视角发生了移动，那么光谱频率也会发生移动，其幅度取决于星系移动的速度和方向。

斯里弗发现来自仙女星云（不久之后被重新命名为仙女星系）的光发生了蓝移（光波被压缩），并由此计算出它正在以大约300千米每秒的速度朝向我们银河系移动。然而，当收集到更多其他星系的数据时，他发现大多数星系发出的光都是红移（光波被拉长）的，并且计算出它们都在以1 100千米每秒的速度远离我们。

20世纪20年代，哈勃与赫马森利用位于加利福尼亚州帕萨迪纳附近的威尔逊山上的100英寸[①]直径望远镜，收集了更多星系的数据，并发现大多数星系确实在朝远离我们的方向运动。哈勃还从中发现了一个简单到近乎荒谬的关系：距离我们越远的星系，运动速度越快，这就是哈勃定律。[4]

大多数星系都在远离我们，但这并不意味着我们恰好处于宇宙中心这一特殊的位置。在膨胀的宇宙中，实际上是时空在膨胀，因此时空中的每一个点都在远离其他的每一个点。这就意味着光谱频率的红移实际上并不是由光在空间中传播时产生的多普勒效应引起的，而是一种宇宙学红移，它是由光所处的时空膨胀引起的。

我们可以把三维的宇宙想象成二维的气球表面。如果我们在瘪了的气球上画上间隔均匀的点，那么吹起气球的时候，这些点就会相互远离。并且，随着气球越吹越大，点与点之间的距离也就越来越远，而它们移动的速度也会越来越快。

比利时物理学家兼牧师乔治·勒梅特（Georges Lemaître）早在1927年就预测到了这种现象，甚至推导出了哈勃定律的另一个版本。在1933年发表的一篇论文中，勒梅特又进一步提出，宇宙正在膨胀，

_____

① 1英寸＝2.54厘米。——编者注

是因为看起来空空荡荡的时空其实并不是空的。[5]可以想象,亚里士多德应该会很喜欢这个结论。①

爱因斯坦在他的场方程的左边引入了宇宙学项作为对于时空本身的一种修正,旨在抵消由等式右边的所有质能引起的时空弯曲的影响。不过,把它移到等式右边也不是很费事,这样一来,它所代表的就是宇宙总质能中的某一个正的贡献。

但这并不是我们所熟悉的属于恒星和行星的那种质能,它仍然取决于时空的结构,并表明"空旷"的时空中存在着一种能量,有些人称之为真空能。事实上,Λ正比于真空能量密度,也就是"空旷"的时空中单位体积内所含的能量。

如果说宇宙正在膨胀,那么从时间上简单地往回追溯就可以做出这样的推断:在宇宙的历史上一定会有某一个时刻,宇宙中的所有能量都压缩在一个无穷小的点上,而这个点的爆发就是我们现在所说的"宇宙大爆炸"。科学家们甚至一度认为,宇宙在此之后的演化完全可以用大爆炸之后的膨胀速度和宇宙中所包含的质能之间的拉锯战解释得清清楚楚。于是爱因斯坦的人为修正以及与之相关的真空能就被认为是没有必要的,而且很自然地被抛诸脑后。

目前为止,我们还没有发展出有效的科学理论来描述宇宙演化的"开始",即最早期的阶段。但是,如果对宇宙膨胀时的大小和温度做出一些假设,我们就能很有把握地运用目前公认的理论来解释,大爆炸发生大约一万亿分之一秒之后的宇宙中发生了什么。我认为这一结果已经非常惊人了。

宇宙的组成成分在大爆炸后大约1秒钟之内迅速互相结合,产生

---

① 本书在第1章中提到,亚里士多德曾宣称"自然界憎恶虚空"。——译者注

了质子和中子。大约100秒后，质子和中子开始结合到一起，大多数形成了氦原子核（由两个质子和两个中子组成，约占总质量的24%左右），还有很少一部分形成了更重元素的原子核。未发生反应的氢原子核（即自由质子）约占总质量的76%。

接下来，宇宙还需要经历38万年的膨胀，使温度大约下降到3 000度左右，此时电子首先与氦原子核结合，再与氢原子核结合，形成电中性的原子，这一过程被称为"复合"。在此之前，宇宙是相当不透明的，光在带电的原子核和电子之间来回反射，各种等离子体①就像一团无法穿透的"迷雾"。

但是当第一批电中性的氢原子和氦原子在复合过程中形成以后，光终于有空隙得以向外传播，一束炽热的电磁辐射就这样被释放到宇宙中。随着宇宙不断膨胀，这种辐射也逐渐冷却下来，如今已经变成了微波和红外辐射，其平均温度为–270.5℃（即2.7开尔文）②，差不多只比绝对零度高出3度。这是一片冰冷的遗迹，是宇宙历史上一个重大事件的"余晖"。我们称之为宇宙背景辐射。

1964年，无线电天文学家阿尔诺·彭齐亚斯（Arno Penzias）和罗伯特·威尔逊（Robert Wilson）在新泽西州贝尔实验室的霍姆德尔研究中心首次发现了这种辐射。之后的一系列卫星探测——宇宙背景探测器（COBE，1989年发射）、威尔金森微波各向异性探测器（WMAP，2001年发射）以及普朗克卫星（Planck，2009年发射）绘制出了这种

---

① 等离子体是由带正电的离子和自由电子组成的气体状物质，常被视为除去固、液、气外物质存在的第四态。——译者注

② 在摄氏温标中，水在0℃时结冰，在100℃沸腾。而在开氏温标中，零开尔文则指绝对零度（热力学的最低温度），换算为摄氏温标是–273.15℃。

背景辐射更精细的温度波动。[①] 对这些图像的分析为宇宙起源和演化理论提供了大量观测证据（参见图9）。

图9　这张精细的全天图展示了宇宙背景辐射的温度变化，基于普朗克卫星获得的数据绘制而成。背景辐射温度变化的数量级为 2×10^{-4} 开尔文，不同的温度以不同的颜色来表示（非实际颜色），颜色越浅的区域温度越高，颜色越深的区域温度越低

如果你以为，我们现在已经拥有了足以在大爆炸中构建整个宇宙的全部要素，那可就大错特错了。像仙女星系（以及我们的银河系）这样的旋涡星系，它们的形状不仅十分美观，同时还能引发我们的思考。从它们由长长的一串恒星、尘埃以及气体组成的旋臂上，我们不难想象这样的星系实际上正在旋转。通过对与星系中心之间距离不同的恒星进行观测，我们可以计算出这些恒星围绕星系中心旋转的速度。

---

① COBE 是 COsmic Background Explorer（宇宙背景探测器）的缩写，WMAP 则是 Wilkinson Microwave Anisotropy Probe（威尔金森微波各向异性探测器）的缩写。后者是以 COBE 团队成员、WMAP 设计团队负责人戴维·威尔金森（David Wilkinson）的名字命名的。普朗克卫星则以德国物理学家马克斯·普朗克（Max Planck）的名字命名。

　　结果会是什么样的呢？我们所处的太阳系提供了一个实实在在的模型。在这个模型中，大部分的质量都集中在中心（也就是太阳），行星都绕着这个中心运动。靠近中心的行星受到的太阳引力很强，绕太阳运行的速度也很快。水星的平均轨道半径约为5 800万千米，其公转速度接近50千米每秒。但是随着与太阳系中心的距离越来越远，太阳引力场的影响就会减弱，因此距离更远的行星公转的速度也更慢。海王星的平均轨道半径约为45亿千米，其公转速度只有5.4千米每秒。

　　旋涡星系则要稍微复杂一些。星系中心处的恒星密度确实是整个星系里最大的，如果我们接受科学家的假设，即这里还存在超大质量黑洞的话，就可以得出这样的结论：星系中心处的引力（时空曲率）也是最大的。但是在离星系中心相当远的地方同样也有很多的恒星绕着中心公转，而每一颗恒星都会使引力场增强。所以，如果把整个星系的引力场强度与相对于中心距离的关系绘制成图的话，它不会像太阳系的图那样在正中心处有一个很尖锐的峰值，而是更像一条钟形的曲线：在靠近中心处下降得较为缓慢，随着与中心距离的增加，下降速度逐渐加快。这样的结果就是，公转运动的曲线图（横坐标为轨道半径，纵坐标为公转速度）将会在离星系中心很近的地方上升到一个峰值，之后随着与中心距离的增加而下降。但是当我们对与星系中心距离不同的恒星的公转速度进行测量时，却发现实际测得的曲线与之前的期望完全不同。公转速度并没有随着距离的增加而下降，而是几乎不变，甚至还会随着距离的增加而缓慢增加。

　　1934年，瑞士天文学家弗里茨·茨维基（Fritz Zwicky）首次发现了这种效应，不过他当时观测的对象是星系团，而不是单个星系。距离中心越远的天体反而公转速度越快，这就意味着这里的引力一定比我们根据可见恒星的质量推测出的引力要强得多。茨维基的结论是，根据观测到的公转速度来推测，星系团有多达90%的质量都"消失"了，或者说是不可见的。他称之为"短缺质量"。

1975年，美国天文学家薇拉·鲁宾（Vera Rubin）和她的同事肯特·福特（Kent Ford）对单个星系中的恒星公转速度进行了测量，他们观测到了与弗里茨在星系团上观测到的同样的效应——在星系边缘处，恒星的公转速度比基于可见恒星的质量推测出的公转速度要高得多。实际测量得到的公转速度曲线图只能这样解释：每个星系都位于由某种不可见的物质组成的"光晕"中心，这种光晕如今被称为"暗物质"。

暗物质的本质至今仍然成谜，但它起到了非常重要的作用。科学家们认为，在大爆炸发生几亿年之后第一批恒星和星系形成的过程中，可见物质在巨大的暗物质晕中心的聚集必定起了不可或缺的作用。但我们还完全不知道暗物质到底是什么，因此科学家还有很多工作要做。

在20世纪90年代初期，还有另外一个迟迟未解的问题萦绕在宇宙学家们的心头。我们在第7章中说过，尽管地球引力引起了时空的弯曲，但是在局部的视角下，时空还是平直的，我们日常学习的还是欧氏几何。我们对于宇宙的观测结果也是这样，除了黑洞、星系以及单个的恒星和行星等因素造成的时空弯曲之外，整个宇宙中的时空大致上都是平直的。宇宙学家们意识到，只有时空的膨胀与时空中的质能达到完美的平衡时，才有可能出现平直的时空。

在一类宇宙中会存在着高密度的质能，这些质能将会使宇宙的膨胀减缓，并最终使之逆转，导致宇宙的坍缩。这样的宇宙中的时空是正向弯曲的，就像球的表面一样，在这样的表面上，三角形的内角和大了180°。这样的宇宙被称为"闭宇宙"。

而另一类宇宙所包含的质能则不足以阻止它永远地膨胀下去，因此这里的时空是负向弯曲的，就像马鞍的表面一样。这类宇宙被称为"开宇宙"。而我们所生活的宇宙在其膨胀与质能之间保持着完美的平衡，因此其时空才会是平直的。

那么维持平直的时空所需要的质能是多少呢？我们可以代入目前已知的一些宇宙学参数来估算我们的宇宙所需要的临界平均密度的数值，其计算结果大约是8.6×10^{-30}克每立方厘米。[6]

我们换一个角度来考察一下这个数值，它大约相当于在伦敦圣保罗大教堂这么大的空间中存在700万个质子。[7]

这个数字看起来好像挺大，但是同一体积空气中的质子和中子总数大约是9.6×10^{32}个。显然，物质的分布在宇宙中的某些地方比其他大多数地方密集得多。

但问题正在于此。宇宙学家在宇宙中找到的所有质能都不足以维持时空平直，甚至加上暗物质也不够。20世纪90年代初，已观测到的（以及据此推测出的暗物质）宇宙总质量大约只有所需质量的30%（相当于圣保罗大教堂中只有200万个质子）。如果这就是宇宙中的全部质能，那么我们所处的宇宙应该是开宇宙，时空也应该会有负向的弯曲。这是怎么回事？

可供选择的解释并不多。一些天体物理学家意识到，爱因斯坦之前人为加入的那一项，可能真的在和宇宙相关的方程式中扮演了重要的角色。质能密度占30%，和宇宙学常数相关的真空能密度占70%，这可能是唯一一种可以解释我们宇宙为何是平直的的办法。于是，真空能有了一个更加广为人知的名称——"暗能量"。

质能（可见光、暗物质、暗能量等）密度不同，对宇宙不同历史时期的膨胀速度也有不同的预测。所以，如果我们能确定宇宙实际的膨胀过程，我们就能确定每一种物质的密度。乍一看，这是一种极为困难的方式，但是由于光速是有限的，因此当我们观察宇宙中非常遥远的地方发生的事件时，我们所看到的就是它们在很多很多年前刚刚发出光时的样子。换句话说，观察遥远的事件就是在回顾宇宙的历史。

例如，来自太阳的光向我们展示了太阳在大约 8 分钟（也就是光从太阳跨越 1.5 亿千米到达地球所花费的时间）前的样子，来自仙女星系的光向我们展示了它在 250 万年前的情况。因此，观察数十亿光年外的星系就可以了解到宇宙在数十亿年前是如何膨胀的。

但是最遥远的星系同样也是最黯淡的，因此很难测量出它们距离我们到底多远。除非这些星系中的某颗恒星发生超新星爆炸，这样，整个星系都会在很短的一段时间内闪耀起来，像是黑暗中的灯塔，我们才得以测量。

1998 年，两个独立的天文学家小组报告了由某颗超新星照亮的遥远星系的红移测量结果。这两个小组分别是美国天文学家索尔·珀尔马特（Saul Perlmutter）领导的超新星宇宙学项目（SCP），位于加利福尼亚州旧金山附近的劳伦斯伯克利国家实验室，以及生于美国、持有澳大利亚和美国双重国籍的天文学家布赖恩·施密特（Brian Schmidt）和美国天文学家尼古拉斯·桑泽夫（Nicholas Suntzeff）组织的高红移超新星搜索小组，位于智利的托洛洛山美洲际天文台。这两个小组报告的结果表明，与当时主流的预测相反，我们宇宙中的时空实际上是在**加速**膨胀。

能解释这种现象的只有暗能量了，并且由于暗能量起到的作用相当于宇宙学常数，爱因斯坦提出的这一项不再只是人为捏造的结果了。

现在，学界终于对于大爆炸宇宙学的其中一个版本达成了共识，它有很多不同的名称，比如"协调"模型、"大爆炸宇宙学标准模型"或是 Λ–CDM 模型，其中 Λ 代表宇宙学常数 Λ，CDM 则代表冷暗物质（cold dark matter）。该模型基于一种时空度规，它为爱因斯坦的场方程提供了一个精确解，并描述了一个均匀的、不断膨胀的宇宙。这一时空度规被称为弗里德曼–勒梅特–罗伯逊–沃克（FLRW）度规，以苏联数学家亚历山大·弗里德曼（Alexander Friedmann）、乔治·勒梅特、美国物理学家霍华德·罗伯逊（Howard Robertson）以及英国理论物理学家阿瑟·沃克（Arthur Walker）的名字命名。

Λ–CDM 模型中含有 6 个参数，物理学家可以调整这些参数的值，以确保该模型与观测结果（如宇宙背景辐射的温度变化、超新星的红移等）相一致。其中的 3 个参数分别是宇宙的年龄、暗物质的密度以及可见物质（如气体云、恒星、行星等）的密度，而其他的几个参数，如暗能量的密度，都可以从这些参数推导出来。

这些参数可以在一定的精度下确定。对普朗克卫星所获数据的分析结果于 2015 年 2 月发表，该分析显示宇宙发端于 138 亿年前。暗能量约占宇宙能量密度的 69.1%，暗物质则占 26.0%。而可见物质，也就是我们过去认为的"整个宇宙"，仅占 4.9%。这意味着，到目前为止，宇宙的演化在很大程度上是由暗能量引起的反引力以及（大部分由）暗物质引起的引力之间的相互拉扯决定的。[8] 可见物质只是一路被带着走而已。

至此，在对宇宙的科学探索历程中，我们已经抵达了一个非常有趣的时刻。我们有了一个基于爱因斯坦广义相对论的模型，它把现代宇宙学、天文学和天体物理学的观测结果都纳入其中，这是它的优点。然而，该模型也揭示出，我们对宇宙在很大程度上仍是无知的。

虽然我们可以测量暗物质的引力效应，也知道我们所生活的宇宙中离不开它的存在，但是我们还是不知道它到底是什么。虽然我们观察到了宇宙在加速膨胀，但是我们还是无法解释清楚暗能量为何存在，以及它到底是什么。换句话说，已知宇宙中95%以上的东西都没有得到真正的解释。

我们了解到的五件事

1. 通过一些简化的假设，爱因斯坦能够把他的广义相对论应用于整个宇宙。他发现自己需要在方程中增加一个项，令其包含"宇宙学常数"。
2. 对遥远星系的观测结果表明，大多数星系正在以与距离成正比的速度远离我们（哈勃定律）。宇宙正在膨胀，从时间上回推可以得知，宇宙发端于"大爆炸"。
3. 只有假设存在某种未知形式的不可见物质，即"暗物质"，才能解释星系和星系团的公转运动曲线图。
4. 对宇宙膨胀的历史进行仔细的测量之后可以得知，"空旷"的空间实际上含有能量，这就是"暗能量"，它相当于爱因斯坦所说的宇宙学常数。暗能量解释了时空为什么是平直的。
5. 精确的测量（比如对宇宙背景辐射的微小温度变化的测量）支持了一种大爆炸宇宙论模型。在这一模型中，暗能量占宇宙总质能的69%，暗物质占26%，而普通的可见物质仅占5%。宇宙中的绝大多数物质都是不可见的。

波动与粒子

波可以变成粒子，粒子也可以变成波。波会"坍缩"，上帝会掷骰子。粒子通过"缀饰"获得质量。

第9章

不顾一切的尝试

　　爱因斯坦的狭义相对论和广义相对论代表了人类智力的最高成就。它们的威力极其强大，直至今天，科学家和工程师还在利用它们解决各种问题，这些问题有的深奥难懂，有的平凡普通，涉及我们日常生活中的方方面面。但是相对论的许多最直观的效应都远远超出了我们的日常经验。我们永远不可能以接近极限速度 c 的速度运动，我们也无法感知由地球引起的局部时空弯曲（尽管我们感受得到由此产生的重力），我们同样无法伸手去触摸暗物质，尽管它们一定就在我们周围。至于暗能量，也就是"空旷"空间的能量，尽管它们是真实存在的，却也极其稀薄，无法探测。

　　我们之所以认为狭义相对论和广义相对论是可信的，是因为我们可以通过对那些远离日常生活经验的事物（如合并的黑洞、几十亿光年外的超新星等）进行科学观察和测量。然而，正如我们在第二部分中看到的，这些理论反而使得我们对质量本质的理解更加混乱，进而搅乱了我们对于物质本身的理解。

也许是时候把目光从宇宙的大尺度结构上移开，以古希腊原子论者的探索精神，更加仔细地观察宇宙基本组分（好吧，我们只能看得见其中的4.9%）的小尺度结构了。但是请做好心理准备，因为最终得出的结论将会更加令人震惊。

让我们把时间拨回1900年12月。虽然我们在第4章中已经提到，自牛顿时代以来，物质由原子构成的观点已经积累起了一定的声势，但在19世纪末20世纪初，还有许多物理学家仍然固执己见，不认可原子的存在。如今生活在"原子时代"的我们可能很难理解为什么那些当时能力出众的科学家会对原子理论如此难以接受，但是不要忘了，在1900年，几乎还没有证据能够证明原子的存在。

德国物理学家马克斯·普朗克就是其中之一，他并没有被原子理论说服，甚至在某种意义上属于保守分子，宣称原子理论是"科学进步的危险敌人"。[1]他坚持认为，物质是连续的，而不是原子组成的，并且认为原子理论最终无疑会被抛弃："……物质连续的假设会最终胜利。"[2]

普朗克是经典热力学的大师，而这门学科是由他的劲敌、奥地利物理学家路德维希·玻尔兹曼推广开来的。玻尔兹曼认为，如果物质确实由原子构成，那么像热能和熵（衡量物理系统无序程度的量）这样的热力学量，就是对数以亿计的单个原子或分子的性质和行为进行统计平均的结果。举一个日常生活中常见的例子：水壶中的水的温度代表了所有分子的随机运动（和动能）的统计平均值。给水加热就是增加了它们运动的速度，从而使水温上升。

但是统计方法也有缺点，它们处理的是可能性而不是确定性。当时，经典热力学研究已经表明，一些热力学变量会确定无疑地遵循某些定律，其中最为著名的就是热力学第二定律。在一个不受外界影响的封闭系统内，无论发生何种自发变化，该系统内部的熵总会增加，这就像是在你家客厅的电视柜里面，电视机、机顶盒、DVD播放器、音箱、游戏机等等所有电器的数据线最后都会缠到一起。混乱将统治一切，这是无法逃脱的命运。

我们在第3章中举了一个掉落的杯子的例子，它掉到地上之后摔碎了（因而熵值增加），这一行为遵循热力学第二定律。但是玻尔兹曼的统计方法表明，这种行为并不确定，它只是这种系统会出现的可能性最大的结果。破碎的杯子也有可能会自发地重新组装成一个崭新的杯子，减少其熵值（这会让在场的所有人大吃一惊）。尽管从统计数据来看，这种可能性微乎其微，但是我们并不能将其完全排除。

普朗克无法接受这种说法，他需要找到一种方法来证明玻尔兹曼提出的统计的方法是错误的，于是在1897年，他选择了所谓"黑体"辐射的性质作为论述的基础。任意物体被加热到高温时都会发光，我们把这个物体称为"红热的"或是"白热的"。升高物体的温度也会增强其发出的光的强度，并使其频率升高（也就是波长变短）。在一个物体温度逐渐升高的过程中，它首先会发出红光，然后会依次变成橘黄色、亮黄色，最终变成明亮的白色。

理论物理学家采用了一种基于"黑体"概念的模型，在一定程度上简化了这一理论。"黑体"是一种完全不会反射光的物体，它能够完美地吸收并发射外来的光辐射，因此，其发出辐射的强度完全取决于其包含的能量。

物理学家在实验室中可以用一种特定的腔体来研究黑体辐射特性，这是一种由陶瓷和铂制成的空容器，其壁几乎可以吸收所有辐射。这种空腔可以被加热，我们可以通过一个小孔观察其释放或是捕获的辐射，这有点儿像是观察工业炉内发光的情况。这种腔体不仅能用于检验理论原理，德国标准局在对电灯进行评级时也需要参考空腔辐射的实验结果。

黑体辐射问题似乎是一个可靠的选择。1900年10月，普朗克综合奥地利物理学家威廉·维恩（Wilhelm Wien）先前的工作和一些新的实验结果，推导出了"辐射定律"，揭示了辐射密度随频率和温度的变化规律，与当时物理学家得到的所有数据都吻合。这条定律十分简洁优美，但实际上只是一条为拟合数据而产生的数学公式而已，普朗克需要做的是为它找到深层的理论诠释。

这一定律中出现了两个基本物理常数，一个与温度有关，另一个与辐射频率有关。前者是k（或称k_B），被称为玻尔兹曼常数；后者则是普朗克常数h。

普朗克尝试了许多不同的方法，想从基本原理出发推导出辐射定律，但他发现自己最终不得不采用了一种与自己的对手玻尔兹曼所采用的统计学方法极为相似的表达方式。数学推导将普朗克引向了他极不情愿前往的方向，但他最终也只能在绝望之中选择屈服。

虽然普朗克采用的方法与玻尔兹曼略有不同，但他也发现，黑体辐射的发射和吸收过程就像它们是由离散的"原子"组成的一样，他将其称为"能量子"（quanta）。此外，他还发现每个能量子的辐射能量和辐射频率之间有这样的关系：$E = h\nu$（ν是希腊字母，发音为"纽"，表示辐射频率）。虽然我们可能对这个方程式不太熟悉，但它和爱因斯坦的$E = mc^2$一样意义重大。

随着普朗克的研究越发深入，他逐渐心甘情愿、满腔热情地接受了原子论的观点。1900年12月14日，普朗克在德国物理学会每两周一次的例会上提出了他对于辐射定律的全新推导。这一天标志着量子革命的开始。

普朗克使用的是 种统计学方法，并没有深入思考它的物理意义。假设原子和分子是真实存在的（当时的普朗克已经愿意接受这一观念了），而他同时又认为辐射能量本身是连续的，可以不间断地来回流动，于是他对于 $E = hv$ 提出了一种解释：这反映的是物质的"量子化"——物质呈现出离散的块状，而它们吸收和释放的辐射能量是连续的。

但是还有另一种可能的解释，即 $E = hv$ 可能意味着辐射能量本身就是量子化的。有没有可能包括光在内的辐射也都是一小块一小块的呢？

爱因斯坦对普朗克的推导持谨慎态度，他认为这是一种投机取巧的做法，实际上并不尽如人意。到1905年时，关于原子和分子存在的证据越来越多，物质由微粒构成的观点已居主导地位，而这也是爱因斯坦在关于布朗运动的论文中所提出的观点。但是，将物质的微粒模型和根据麦克斯韦的电磁理论得出的基于连续波的辐射模型联系起来，真的有意义吗？

爱因斯坦迈出了非常大胆的一步。他在于"奇迹年"（也就是1905年）发表的另一篇论文中提出，$E = hv$ 的物理意义应当是电磁辐射中本身就包含"能量子"，[3] 这就是爱因斯坦著名的"光量子假说"。在牛顿提出光粒子假说的200年之后，爱因斯坦准备回归到光的原子论中。

但他也并不打算完全放弃波动理论，因为有太多的实验证据可以证明光的波动特性，如光的衍射和干涉，而且它们只能用波动模型来解释。另外，可不要忘了，$E = hv$ 这一等式将能量和频率联系了起来，而频率可不是传统意义上"原子"的属性。

爱因斯坦设想，这两种截然不同，甚至相互矛盾的描述，最终可能会在一种混合理论中得到调和。他相信，我们所看到的以及解释为波的行为，实际上是许多单个的光量子在时间上的平均值，是一种统计学特性。

然而，与在物理学界得到广泛支持的狭义相对论不同的是，爱因斯坦的光量子假说颇有些孤立无援的意思，大多数物理学家（包括普朗克在内）一开始都明确地对其提出了反对。但是这一假说并非纯粹的空想臆测，爱因斯坦运用它解释了一些与光电效应这一现象有关的令人费解的特征，并且他的断言也在美国物理学家罗伯特·密立根（Robert Millikan）1915年所做的实验中得到了证实，爱因斯坦也因此获得1921年的诺贝尔物理学奖。光量子（即"光的粒子"）的概念最后终于被人们接受，美国化学家吉尔伯特·刘易斯（Gilbert Lewis）于1926年将其命名为光子（photon）。现在，我们可以把几条关键的线索连接到一起了。

1897年，汤姆孙发现了带负电荷的电子，这意味着在此前长达2 000多年的时间里一直被认为是不可分割的原子其实具有某种内部结构。[①]1909年，卢瑟福又揭开了更多的秘密，他在曼彻斯特与助手汉斯·盖革（Hans Geiger）和欧内斯特·马斯登（Ernest Marsden）一起，证明了原子的大部分质量都集中在一个小小的中心核上，较轻的电子绕着这个核旋转，就像行星环绕着太阳一样。根据这个模型来看，原子的内部基本上是空的。卢瑟福的行星模型作为原子内部结构的可视化图像，直至今天仍然令人信服。

1917年，卢瑟福又和他的同事发现了带正电荷的质子。现在科学家已经了解到，氢原子就是由中心的作为原子核的一个质子和一个环绕着它的电子组成的。

行星模型看上去很有道理，但在当时也被认为是完全不可能成立

---

① 严格来说，我们今天所说的原子已经不是古希腊人所定义的"原子"了。

的。与太阳和行星不同的是，电子和原子核都携带电荷。人们从麦克斯韦的理论和无数的实验中得知，在电磁场中运动的电荷会向外辐射能量，这也是广播和电视工作的原理。当那些像行星一样的电子失去能量时，它们会减速，这样一来这些电子就无法抵抗带正电的原子核作用于它们的吸引力。这种模型的原子本质上是不稳定的，它们会在一亿分之一秒之内坍塌。

还有一个问题。物质对辐射的吸收和发射可以追溯到它们原子的性质，更具体地说，是追溯到这些原子中电子的性质。当我们加热某种物质（比如水壶中的水）的时候，我们会发现热能是以一种看似连续的方式传递到水中的。[①]水的温度会逐渐升高，而不是突然从40℃跳到70℃。就算辐射能量是一小块一小块地转移的，我们也会认为它是平稳、连续地转移到物质原子内部的电子上去的。可以想象，当辐射频率增加时，电子就会开始"吸收"能量，直到达到某一阈值之后，电子的能量达到饱和并开始向外释放。

但事实并非如此。正如第8章中提到的，人们发现原子只会吸收或发射某些非常离散的频率的光，并形成一道只有几条"线"组成的光谱。我们都知道太阳光经过棱镜之后会变成一道彩虹一样的光谱，但是如果我们仔细地观察太阳光谱，就会发现这条从红色到紫色的彩带实际上被许多细小的黑线截断了，这些线条出现的位置就是太阳外层的原子所吸收的光的频率。

单个原子（如氢原子）谱线的频率看似是随机的，然而事实并非如此。1885年，瑞士数学家约翰·雅各布·巴耳末（Johann Jakob

---

① 事实上，水壶中水分子的动能同样也是量子化的。只是其能量等级的变化间隔太小，以至于能量的传递在我们看来似乎是连续的。

Balmer）研究了一系列氢原子发射谱线的测量结果，发现它们遵循一种相当简单的规律，与1、2、3这样的整数相关。这一发现非同小可，原子的吸收和发射光谱为科学家研究原子的内部结构提供了一扇窗口，科学家透过这扇窗口发现了一种令人迷惑的规律性。

1888年，瑞典物理学家约翰内斯·里德伯（Johannes Rydberg）推广了巴耳末公式，在公式中原有的整数之外引入了一个经验常数（被称为里德伯常量）。[4]巴耳末公式和里德伯公式本身都是纯粹的经验公式，也就是说，它们是直接从数据中推导得出的数学模型，但是没有人知道如何将这些整数与原子的内部结构联系起来。

地球绕太阳公转的轨道基本上是固定的，其轨道半径约为1.5亿千米，公转周期（绕太阳一周的时间）略大于365天。1913年，丹麦物理学家尼尔斯·玻尔对电子的轨道产生了兴趣，他想知道，有没有可能电子围绕中心质子的公转轨道也像地球轨道一样是固定的，只是这样的轨道不止一个，而是有好几个，其能量都不相同。

在这种情况下，电子在吸收光以后，就会离开一个轨道，转移到另一个能量更高、离原子核更远的轨道上；反之，当电子回到能量较低的内层轨道上时，它会发出光，其频率由两个轨道之间的能量差决定。这一能量差被记为ΔE，其中的希腊字母Δ（发音为“德尔塔”）常用于表示“差异”，于是我们就可以运用普朗克发现的关系来计算这一辐射的频率：$v = \Delta E / h$。

玻尔发现，只需要人为假设一个“量子”条件，即引入标记每个电子轨道特征的整数n，[5]就足以推导出推广后的巴耳末公式，并且表明里德伯常量实际上是由其他基本物理常数组合而成的，这些常数包括电子的质量和电荷、普朗克常数以及光速。玻尔也通过已有的实验测量结果计算出了氢原子的里德伯常数，其结果与测量值相差6%，应完全在实验允许的误差范围之内。

这是将量子原理强塞进经典概念中的又一个例子，但不管怎样这都是具有重大意义的一步。用于表征电子轨道的整数被称为量子数，而在不同轨道之间发生的转移或"转变"则被称为量子跃迁。

玻尔的理论和实验之间的一致性显然不只是个巧合，但是这一理论却引发了更多的问题。之前我们提到过，从物理学的角度来看，电子围绕中心质子运动这一模型不可能成立，我们暂且将之搁置一旁，稍后再来解决。与之类似的一个问题是，如果要避免原子坍塌，那么电子在轨道之间的"跃迁"就必须是瞬间发生的。鉴于电子发射的辐射频率与发生跃迁的两条轨道之间的能量差有着严格的对应关系（$\Delta E = h\nu$），那么从某种程度上说，电子一定得提前"预知"它会跳跃到哪一条轨道上。

但是还别高兴得太早，我们要意识到，玻尔可是为了把量子条件强行添加进来才引进了量子数 n，但是他并没有解释量子数从何而来。直到十年后，答案才浮出水面。

接下来，我们需要运用狭义相对论来考察光子的质量。爱因斯坦的质能方程 $E = mc^2$ 毫无疑问能够适用于有质量的物体，但是我们要怎么将它应用到光子上呢？我们知道相对论质量 $m = \gamma m_0$，而无数次的测量结果则表明光子的静止质量是零，即 $m_0 = 0$。但是光子的运动速度是光速，也就是说其洛伦兹因子 γ 无穷大。无穷大与 0 相乘的结果是什么？这可真是难住我了。

奇怪的是，我们确切地知道无质量的光子确实携带能量。我们还知道辐射具有动量，因为我们可以通过辐射压的形式对其进行测量。举个例子，太阳核心处发生的核聚变反应释放的辐射压平衡了太阳自身的引力，从而能够防止太阳自身的坍塌。

对相对论能量的表达式略加修改，就可以让这些结论互相一致。[6]静止质量为零的光子所具有的能量等于它的动能，即 $E = pc$，其中 p 是线动量。但这看起来好像有点儿不太对劲儿，动能的表达式难道不应该是 $\frac{1}{2}mv^2$ 吗？但这实际上只是在速度 v 远小于光速时的近似值。[7]

我们同样不能将线动量看作是质量与速度的乘积（这也是速度 v 远小于 c 时的近似值），这样一来我们就不用考虑光子的相对论质量了。总之，我们会在第 10 章中看到，我们所熟悉的经典的动量概念在量子力学中会呈现出一种完全不同的面貌。

法国物理学家路易·德布罗意公爵（他是第五代布罗意公爵维克多的小儿子）将两个伟大的方程式结合到了一起。$E = pc$ 来自狭义相对论，$E = hv$ 来自普朗克的辐射定律和爱因斯坦的光量子假说。既然它们都是光子能量的表达式，那么将它们结合到一起又有何不可呢？

这就是德布罗意在 1923 年所做的事。他在 pc 和 hv 之间加上了一个等号，并且由于波的频率等于它的速度除以波长（我们用 λ 表示），于是他得到了德布罗意关系：$\lambda = h/p$，辐射的波长与其线动量成反比。

德布罗意关系的等式左边是波的特性——波长，右边则是粒子的特性——动量。这就表明，从某种奇怪的意义上说，光子既是波又是粒子。这本身已经是一个相当了不起的结论了，但是德布罗意的进一步推导更加令人惊叹。他思考的是，这种奇特的性质有没有可能是普遍存在的：如果电子也能表现得像波一样呢？[8]

当然，这是一个很反直觉的观点，有质量的物体具有波的性质，这好像不符合我们的日常经验。但是我们日常生活中接触的物体质量相对较大，因此动量也很大，而普朗克常数的值非常非常小（大约是 6.62×10^{-34} 焦耳秒），因此，根据德布罗意关系计算一个高速移动中的网球的波长，就会得到一个极小的数值，这么短的波长人们是万万感知不到的。[9]

长久以来，德布罗意对于室内乐也很有兴趣，这帮助他取得了重大的突破。我们听到的那些由弦乐器或是管乐器发出的音符是一种所谓的驻波，这类波的振动模式会自动适应弦或管的长度。只要改变振动的弦或管的长度，驻波的波形就可以千变万化，只需要遵循一个条件：波在弦的两端或管的封闭处的振幅必须为零（它们被"固定"了）。实验结果表明，弦或管的长度必须等于半波长的整数倍，即 $\frac{1}{2}\lambda$ 的 n 倍，n 的取值为整数（1、2、3，等等），参见图10。

假设弦或管的长度为 l，那么波长最长的驻波的波长就是其两倍，即 $l = \frac{1}{2}\lambda$ ($n = 1$)，这样的一个波的中间没有"波节"（振幅为零的点）存在。下一道波的波长等于 l，即 $l = \lambda$ ($n = 2$)，在两端之间有一个波节。这个波首先上升到波峰，然后回落到零（波节），接着下降到波谷，最后再上升到零。而当 $l = \frac{3}{2}\lambda$ ($n = 3$)时，就会有一个半的波长和两个波节，以此类推。

德布罗意发现，如果建立这样一个模型：一个"电子波"被限制在围绕原子核的圆形轨道上，就可以很自然地推导出之前由玻尔引入的量子数 n。他推断，玻尔所提出的稳定的电子轨道可能代表驻波，就像产生音符的弦和管中的驻波一样。因此同样地，要使圆形轨道中产生驻波，电子的波长就必须和轨道周长完美匹配。

虽然这些观点很有启发性，但它们只不过是理论概念之间的松散联系。德布罗意并没有提出一个电子的波动理论，以让量子数自然而然地产生，也没有对量子跃迁做出解释。

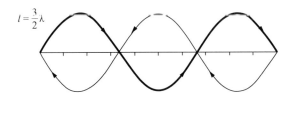

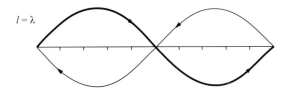

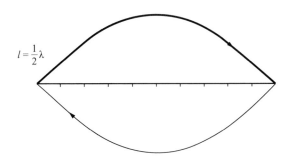

图 10 驻波波形示例，其特征是在弦或管的末端振幅为零。图像中的箭头标示了波"前进"的方向，但确定各项参数之后的波形图看起来就好像是静止的

原子的存在现在已经被接受了，并且我们还发现原子具有内部结构，其中有一个位于中心的原子核以及围绕其运行的电子，但是原子内部的结构实在相当令人费解。古希腊原子论者认为，物质不能无止境地分裂下去，直至虚无。2 500 年之后，科学家对物质不断地进行分割，并且不断地发现越来越小的粒子，正如古希腊人所预想的那样。

但是，现在科学家还没发现什么不可分割的东西，却发现了粒子也可以是波。这到底意味着什么呢？

我们了解到的五件事

1. 普朗克原本只是想寻找某种能够用于反驳原子论者的描述，却发现自己别无选择，只能采用统计学方法，并将能量量子化，如此一来就得到了 $E = hv$。

2. 爱因斯坦在普朗克的基础上更进一步。他认为，之所以会有量子化现象，是因为辐射本身以"一小块一小块"的形式出现，它是由离散的光量子（我们今天称之为光子）组成的。

3. 玻尔运用普朗克的量子思想，建立起了一个可以解释氢原子光谱的原子结构模型。这一模型的奇怪之处在于它包含了一些整数（量子数），以及电子在不同原子轨道之间的瞬间跳跃（量子跃迁）。

4. 德布罗意把两个简单的方程式，即分别来源于狭义相对论和量子理论的光子能量表达式结合了起来，由此推导出了德布罗意关系：$\lambda = h/p$。如此一来，他就在波的性质（波长）和粒子的性质（线动量）之间建立起了联系。粒子也可以是波。

5. 德布罗意还认为，玻尔理论中之所以会包含量子数，可能是因为"电子波"在围绕着原子核旋转时需要以此形成驻波。

第 10 章

波动方程

一个物体既可以是波，又可以是粒子，现在我们将这种性质称为波粒二象性。物理学家在竭尽全力地想要找到解释这一现象的方法的过程中，也开启了一个对于新理论的想象力空前活跃的时代。在短短的几年内，人们对物质原子本质的理解将会被彻底颠覆。

到目前为止，实验在物理学的发展中一直居于主导地位。在玻尔于 1913 年取得突破性进展之后，人们对于原子光谱更进一步的研究揭示了一些惊人的事实。氢原子吸收线和发射线的规律可以通过引入量子数 n 来解释，但是如果我们更仔细地观察，我们就会发现原本看起来好像只是一条对应于明确频率（波长）的谱线，其实是两条间隔很小的谱线。如果将原子置于低强度的电场或磁场中，有些谱线会分离得更远一些。一个量子数已经不够用了，于是物理学家在 n 的基础上又加

上了 k（也就是我们现在所使用的角量子数 l），[①] 后来又增加了磁量子数 m。

为了避免混淆，我们将 n 重新命名为主量子数，正如玻尔所发现的，它与原子内电子轨道的总能量密切相关。物理学家意识到，这几个新提出的量子数对不同电子轨道的几何形状及其对电场和磁场的反应施加了限制。量子数之间相互联系，比如 n 的值会限制 l 的取值范围，而 l 的值也会限制 m 的取值范围，这些联系告诉了我们原子光谱中将出现哪些谱线，哪些谱线是"禁止出现"的，这样一来就会产生一个颇为复杂的"选择定则"系统。[1]但是，没有人知道这些数值上的关系从何而来。

尽管已经取得了显而易见的成功，但关于原子的量子理论仍旧羽翼未丰，在各种问题和质疑之下摇摇欲坠。我们可以用这一临时性的理论体系来解释最为简单的原子，也就是氢原子的光谱，但是稍微复杂一点点的氦原子光谱就不再适用。还有一些其他类型的原子，如钠和稀土元素（如镧、铈）的光谱在磁场中会呈现出一种"异常"的分裂。问题接连不断地涌现。

物理学家越来越清楚地意识到，随意地将量子规则硬塞进一个经典理论框架中以形成量子理论是行不通的，我们需要一套全新的"量子力学"。

1925 年 6 月，年轻的德国理论物理学家维尔纳·海森堡取得了突破性进展。当时他正在哥廷根大学师从著名物理学家马克斯·玻恩

---

① 这里的"角"指的是方位角，是一种在球面坐标系中所使用的角度。例如，为了定位一颗恒星，我们可以在它和地球上的观测者之间画一条假想的线，然后将这条线投射到某个基准平面（也就是地平面，如果在海上的话就是海平面）上，这时从观测者指向这颗恒星投影在基准平面上的点的方向与某个参考方向（如正北）之间的夹角就是方位角。

（Max Born）攻读博士学位，但是由于患上了花粉症，海森堡离开了哥廷根，前往德国北部海岸附近的黑尔戈兰岛疗养。

海森堡选择了一种经验主义的方法，决定将注意力集中在可以观察到的现象之上，而不是那些只能靠猜测的事情。他认为原子光谱中蕴含了原子的秘密，可以通过单个谱线的频率和强度（即亮度）来揭示。海森堡断定，我们应该建立一套崭新的有关原子的量子力学，只处理那些可观测的量，而不是那些服从某些任意指定的量子规则的不可观测的电子"轨道"。

在黑尔戈兰岛上的这段时间里，远离世俗喧嚣的海森堡专心致志地钻研自己的理论，并迅速取得了进展。他构建了一个相当抽象的模型，其中包含可能有无穷多个项，它们组成了一张有横行和纵列的表格，其中的每一项都可以用振幅和频率来表征，并且可以通过两个轨道之间的量子跃迁来识别。根据这个表格，他可以计算出量子跃迁时所产生的谱线强度，也就是所有可能发生的中间跃迁的振幅的乘积之和。

这个过程看起来很简单，但是海森堡意识到其中可能存在一个悖论。在传统的算术运算中，两个数 x 和 y 相乘的结果（即 xy）显然与它们相乘的顺序无关，因为 x 乘以 y 的结果和 y 乘以 x 是完全一样的，这种运算中的 x 和 y 就被我们称为是可对易的。

但是海森堡的表格并不遵循这个简单的规则，乘法的结果取决于中间项相乘的顺序。他从未见过这样的结果，也无法确定这是否正确。

海森堡回到哥廷根之后立马与玻恩分享了他的成果和忧虑。玻恩意识到，这种古怪的现象会出现在矩阵乘法中，这是数学的一个分支，它并不是处理单个数字（如 x 和 y）的运算，而是处理由数字组成的矩形阵列之间的运算。于是玻恩和他的学生帕斯夸尔·约当（Pascual Jordan）一起，把海森堡的理论改写为矩阵乘法的形式，这种表述形式的量子力学就是我们如今所说的矩阵力学。

1926年1月，奥地利物理学家沃尔夫冈·泡利和英国物理学家保罗·狄拉克各自独立地运用矩阵力学推导出了解释氢原子发射光谱关键特征（如巴耳末公式）的方法。无论矩阵力学中的矩阵从何而来，有何意义，它们都显然为我们提供了一个机会一窥物理学的基础。

但是，并不是所有人都接受矩阵力学。因为矩阵力学在数学上过于复杂，缺乏直观性，年纪比较大的物理学家对其望而却步。因此，在38岁的奥地利物理学家埃尔温·薛定谔紧跟在海森堡、泡利和狄拉克（都是二十出头的天才物理学家①）之后，发表了一个看起来完全不同的理论时，他们都松了一口气。这就是波动力学。

1925年11月，爱因斯坦在某篇论文中随手写下的一句话让薛定谔对德布罗意的博士论文产生了兴趣，于是他拿到了论文的副本。几天后，薛定谔举办了一场关于德布罗意研究成果的研讨会，到场参会的有许多来自苏黎世大学和苏黎世联邦理工学院（其前身是爱因斯坦的母校苏黎世理工学院）的教授。听众里有一位年轻的瑞士学生，名叫费利克斯·布洛赫。布洛赫后来回忆了薛定谔的演讲以及荷兰物理学家彼得·德拜对其的评价，说德拜曾建议薛定谔，要正确地处理有关波的问题，一定要先有一个波动方程。[2]

1925年，薛定谔带着他关于德布罗意论文的笔记，前往阿尔卑斯山的一座别墅中庆祝圣诞节。而在1926年1月8日返程的时候，薛定谔已经完成了波动力学的理论构建。

---

① 在1925年年底时，泡利25岁，海森堡24岁，狄拉克23岁。

我们可以从薛定谔当时的笔记中看到他的推理过程。他从经典波动方程入手（这是德拜给出的建议），也就是用波函数的形式来表示任意一个波。这是一种随空间和时间变化的函数，我们通常用符号 ψ（希腊字母，读音为"普西"）来表示。

波有许多种不同的形式，不过我们最为熟悉的还是简单的正弦波。[3]薛定谔在经典波动方程中利用德布罗意关系（即 $\lambda = h/p$）替换了波长 λ，并令 $v = E/h$，以此引入了一些量子的性质。

由此生成的波动方程实际上更有一种削足适履的意思，它把传统意义上的波和粒子以相当混乱的方式融合到了一起。由于它假设（非相对论条件下的）动量 p 可以被看作质量和速度的乘积，所以这一方程相当于直接把牛顿对于质量的定义生拉硬拽了进来。如果不是薛定谔向大家解释了这个波动方程有很强的实用价值，恐怕也不会有什么人关注它。

就像爱因斯坦在研究广义相对论时一样，薛定谔发现自己对数学运算也有些力不从心。于是，他就向同事、德国数学家赫尔曼·外尔（Hermann Weyl）寻求帮助。在外尔的帮助下，薛定谔发现，只要限定中心质子周围的三维电子波函数的条件，就可以很自然地求解出一系列具有特定形式的波动方程解。

德布罗意曾推测，量子数 n 可能来自电子在质子周围形成的驻波，这是一个很准确的直觉。薛定谔现在则证明了，一个完整的三维波动描述与全部三个量子数 n、l 和 m 均相关，这些量子数自然而然地出现，就像振动的弦上自然而然地出现整数个节点一样。[4]薛定谔还证明了不同波函数解的能量由 n^2 决定，从而以另一种方式推导出了巴耳末公式。一切都精确无误，即使以今天的视角来看，这些推导过程都非常漂亮。

薛定谔得出的结论是惊人的。氢原子中的电子可以用波函数来描述，能量不同的波函数形状并不是任意的，受到电子的量子性质的限制，也就是由 n、m 和 l 的取值决定。

显然，现在把电子轨道还称作"轨道"已经有些不太恰当了，因此，如果仍然保留这个名称，我们就需要拓展"轨道"一词的含义（参见图 11），这些轨道就本质而言是分布在整个空间中的。对于能量最低的电子轨道，$n = 1$，$l = 0$，这一轨道在原子核周围形成一个球体。

s轨道：$n = 1$，2，3，...；$l = 0$；$m = 0$

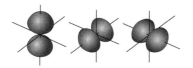

p轨道：$n = 2$，3，4 ...；$l = 1$；$m = -1$，0，+1

d轨道：$n = 3$，4，5 ...；$l = 2$；$m = -2$，-1，0，+1，+2

图 11　原子轨道，以氢原子中的电子为例。这些轨道代表了量子数 n，l 和 m 取不同组合时薛定谔方程的解。s轨道对应了 $l = 0$，$m = 0$ 的解，是一个球形。p轨道分为3种，分别对应 $l = 1$，$m = -1$，0和+1的解，呈哑铃形。轨道的形状随着电子能量的增加也会变得越来越复杂，如图中的d轨道有5种，分别对应 $l = 1$，$m = -2$，-1，0，+1和+2的解

那么，我们要在这个轨道中的什么地方找到电子的质量所在呢？它会不会也以某种奇特的方式"涂抹"在原子核周围的空间中呢？但这好像又是不可能的事情，因为电子明明是基本粒子啊！

玻恩提出了一种解释，这一解释至今仍然被写在教科书中。他认为，波函数代表的应当是从原子核处测量的在原子内部特定位置"发现"电子的概率。我们可以用波函数构造一个概率"分布"函数，即"概率云"。[①]对于氢原子能量最低的轨道，这个函数在距离原子核 5.29×10^{-11} 米（即约 0.053 纳米）处达到峰值，这个距离与玻尔于 1913 年根据原始的原子理论计算出的电子轨道半径（我们称之为玻尔半径，可以根据一组基本物理学常数计算出来）一致。但是概率分布函数告诉我们，只是我们在这个距离上发现电子的概率最大，理论上其实在云中的任意位置都可以找到电子（参见图 12）。那么它到底在哪里呢？

电子的概念在本质上发生了巨大的变化。它不再只是一个"粒子"，而是变成了一个幽灵般的东西，它可能在轨道中的任意一处。而无论在何处，它一定都以某种方式携带全部的质量和电荷。

还有一个区别：在薛定谔的波动方程中，用于表示动能的一项不再是经典力学中我们熟悉的 $\frac{1}{2}mv^2$ 了，而是被一个数学"算符"所代替。[5]我们可以将数学算符简单地看作是对一个函数执行的某项操作，比如乘、除、开平方根、求微分，等等。

正如两个矩阵相乘的结果取决于相乘的顺序一样，两个算符运算的结果也取决于运算的顺序。如果我们先对一个函数做一次乘法运算再开平方根，其结果与先开根再相乘的结果不同。[6]换句话说，算符的

① 说实话，我也没太弄懂这是怎么一回事。

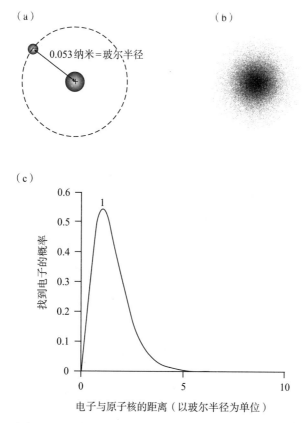

（a）

0.053纳米＝玻尔半径

（b）

（c）

找到电子的概率

0.6

0.5

0.4

0.3

0.2

0.1

0

1

0   5   10

电子与原子核的距离（以玻尔半径为单位）

图12　（a）卢瑟福–玻尔的"行星"模型中的氢原子，其中一个带负电荷的电子在围绕着原子核（由一个带正电荷的质子组成）的轨道上运行。（b）量子力学中的电子"轨道"，在这一轨道中不同的位置，电子被"发现"的概率是不同的，能量最低的轨道是球形的。现在电子可以在这个轨道上的任意位置被发现，但在之前的行星模型所预测的半径上被发现的可能性最高

运算与矩阵乘法一样是不可对易的。

　　薛定谔进一步证明了波动力学和矩阵力学是完全等价的，能够得到完全相同的结果——它们只是用两种不同的数学"语言"描述了量子力学。一边是薛定谔如此漂亮的三维电子轨道，另一边是海森堡抽象至极的数表，难怪当时的物理学界毫不犹豫地倒向了波动力学的描述。

不过海森堡的工作还没有全部完成。矩阵力学和波动力学都表明，位置 x 乘以动量 p 和动量 p 乘以位置 x 的结果是不同的，这种相当奇怪的性质必定有其物理意义。1927 年，海森堡意识到，这种性质的背后，是一个惊人的结论：同时测量粒子的位置和动量时，会有一种内在的不确定性。

在这里的"不确定性"指的只是观测的精度。例如，如果我精确地将距离 x 测量为 1.5 米，那么不确定性（Δx）就是 0；而如果我们对 x 的测量结果为 1~2 米，其平均值为 1.5 米，不确定性 Δx 就是 0.5 米。海森堡提出，如果位置的不确定性是 Δx，动量的不确定性是 Δp，那么二者乘积 $\Delta x \Delta p$ 的数值必定大于普朗克常数 h。[①]这就是著名的海森堡不确定性原理。

在牛顿的经典力学中从没出现过这样的原理。在经典力学的描述中，我们测量物体位置和动量的精度在理论上是没有限制的，只是测量仪器的精度有限罢了。我们假定，经典物体（比如一个网球）本身就有一个精确的位置，并以精确的速度和动量运动。

海森堡的基本假定是，在量子尺度上进行测量时，我们会遇到一个根本的精度极限。他认为，我们在进行测量时一定会对研究对象产生本质上的影响，而且这种影响是不可预测的。无论测量技术能够达到多高的精确度，在量子层面上都会显得太过"笨拙"。这就是说，对于哪些物理量在理论上是可测量的，量子力学施加了一种限制。

但是玻尔完全不同意海森堡得出的结论。在海森堡研究不确定性原理的细节时，玻尔开始思考波粒二象性的本质，并且得出了一个意义深远（至少他自己坚信如此）且截然不同的结论。两个人之间爆发

---

① 现在我们取的数值是 $\Delta x \Delta p \geqslant \dfrac{h}{4\pi}$。

了激烈的争论。[7]

玻尔觉得电子的波动性和粒子性之间的矛盾，很大程度上只是表面上的，而非本质的。我们之所以要借助经典的波和粒子的概念来描述实验的结果，是因为作为生活在经典世界中的人类，我们在日常生活中只能接触到并熟悉这些概念。经典世界就是由粒子和波组成的。

无论电子的"真实"性质是怎样的，它表现出的行为都会因为我们所选择的实验手段的不同而发生变化。我们今天从某个实验中得出电子是波的结论，明天可能就会从另一个实验中总结出电子是粒子。这些实验的结果是互不相容的，这就意味着我们可以研究有关电子波动性的问题，也可以研究有关电子粒子性的问题，但我们无法问出"电子到底是什么"这个问题。

玻尔认为，这些看上去有天壤之别、互不相容的结果其实并不矛盾，而是互补的。当他听说了海森堡的不确定性原理时，玻尔意识到这个极限并不是海森堡所说的对于"哪些量是可测量的"的根本限制，而是对"哪些事物是可知的"的根本限制。

在海森堡略显粗糙的论证中，量子波–粒子本身具有精确的位置和动量，只要我们能够设计出更加精准的实验方法，理论上是可以对其进行精确测量的。然而玻尔却认为，不确定性原理和我们的智慧、能力并没有什么关联，它与量子层面的现实本质息息相关，实验设计得再精确也无济于事，因为这样的实验在本质上就是不可设想的。

假设我们能够以某种方式"圈定"一个波–粒子，把它捆起来，固定在某个特定的、界限明确的空间区域中，就像把山坡上乱跑的牛羊圈到围栏里一样，我们就可以尽可能精确地测量这个波–粒子的位置。从理论上讲，这可以通过叠加大量频率不同的波来实现。波能够以粒子做不到的方式叠加在一起，我们通过仔细的甄选，就可以产生

这样 一个波：它在空间中的某处振幅很大，但是在其他的地方振幅很小。这样我们就得到了一个高度精确的固定位置 x，其不确定度 Δx 非常小。

那这样一道波的动量是多少呢？由德布罗意关系可以得到 $v = pv/h$，在这里我们把波长替换成了频率（$v = v\lambda$），其中 v 是波的传播速度。[8] 我们刚刚为了得到一个非常精确的位置，叠加了许多不同频率的波，因此频率的取值范围，即 Δv 非常大，因此 Δp 也会非常大。也就是说，我们可以以极高的精度测量位置，但付出的代价就是放大了动量的不确定性。

反之亦然。假设我们现在测量的是一个单一频率的波–粒子，那么频率的精度自然会非常高，于是我们就得到了高度精确的动量（Δp 非常小）。但是这样一来我们就没法把它限制在某个固定的位置了，我们为了得到极高精度的动量而牺牲了位置的精度。

玻尔和海森堡之间的激烈辩论还在继续，于是泡利于1927年6月初前往哥本哈根，担任了一位公正的裁判。在泡利的帮助下，玻尔和海森堡解决了他们之间的分歧，平息了争端。但这并不意味着他们钻进了同一条战壕，玻尔和海森堡只是形成了一个相当不稳定的联盟。他们的观点被称为量子力学的哥本哈根诠释。

薛定谔的波动方程无疑是一项伟大的成就，但这还不是终点。虽然它成功解释了许多现象，但它并不符合狭义相对论的要求。事实上，薛定谔自己也发现，他的方程在相对论条件下会产生与实验不符的结果。在这一问题解决之前，这个理论都不能说是完善的。

除此之外，还有另一个难题。玻尔证明了原子中的电子能级数正比于 n^2。也就是 $n = 1$ 的情况包含 1 个能级，$n = 2$ 的情况包含 4 个能级，$n = 3$ 的情况包含 9 个能级，以此类推。n 相同时之所以会有不同能级，是因为l和m的取值不同，它们具有的能量从理论上讲是完全相同的，除非原子位于电场或磁场中。

顺着化学元素周期表的顺序，我们逐步增加原子核中的质子数，从氢到氦再到锂，以此类推。为了保持电中性，原子中所包含的电子数必须也随着质子数一同增加。我们可以假设每次只在每个能级上，也就是每个轨道上增加一个电子。对于氢原子（含有一个质子），我们往里面放入一个电子，填满$n = 1$的轨道；对于氦原子（含有两个质子），我们往里面放入两个电子，一个在$n = 1$的轨道上，另一个在$n = 2$的轨道上。

但是这样做的话，我们得不到元素周期表中所体现的元素排列模式。氦是一种"惰性气体"，这意味着它是一种相对不活泼的元素，不容易与别的元素发生反应。但在"外围"的高能量轨道上有电子来回徘徊的原子更容易受到攻击，并且会倾向于积极地参与化学反应。所以，在$n = 2$的轨道上拥有一个电子的氦原子应该会更加活泼才对。

事实上，元素周期表中展现的规律与这样的假设是一致的：每个能级（或轨道）可以容纳两个电子而不是一个，所以每个原子可以容纳$2n^2$个电子。在氦原子中，两个电子都在$n = 1$的轨道上，从而"封死"了这条轨道，使原子不再能够参加反应，因此就会体现为"惰性"。[9]用行星模型类比的话，虽然我们地球的轨道上只有这一颗行星围绕着太阳，但是在原子的内部，似乎每条轨道上最多可以存在两个"地球"。

泡利认为，这意味着电子拥有第四个量子数。n、l和m取值相同的电子要共存于同一个轨道，那么二者就必然还有一个取值不同的量子数。这就是泡利不相容原理。

那么第四个量子数是什么呢？这个问题并不是毫无头绪的。早先就曾有一些物理学家提出，电子可能表现出一种类似于"自转"的性质，就像地球绕着太阳公转的同时也会自转一样。狄拉克于1927年指出，如果电子有两个"自旋"方向，那么每个轨道为什么能有两个电子共存或许就能够解释了（参见图13）。这两个电子的自旋方向必须相反才能互相"匹配"，同一条轨道最多只能容纳两个自旋成对的电子。

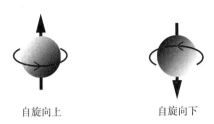

自旋向上　　　　　　　　　　　自旋向下

图13　1927年，狄拉克把量子力学和爱因斯坦的狭义相对论结合起来，创造了一个完全"相对论性"的量子理论。电子的自旋性质从天而降，我们可以将其想象成带负电荷的电子绕轴自转，产生了一个小的局部磁场。如今，我们只把自旋理解为两种可能取向：自旋向上和自旋向下

　　尽管对自旋的解释很深奥难懂，但是我们可以从实验中得知，电子可以在磁场中分成自旋方向不同的两类排列，我们可以将自旋想象为"向上"和"向下"。我们用 s 来表示自旋量子数，那么它将只能取一个正值，即 $s = 1/2$。在磁场中，磁自旋量子数 m_s 的取值将会有两个，+1/2（向上）和–1/2（向下）。现在我们要把原本的量子数 m 改记为 m_l 以避免混淆，那么现在用于定义原子内电子状态的四个量子数就是 n，l，m_l，m_s。

　　自旋为半整数的量子粒子被称为费米子，以意大利物理学家恩里科·费米的名字命名。我们可以任意想象"自旋"这个词的含义，但有一点需要注意：我们知道地球绕地轴旋转一周之后就会回到原本的

状态（这一过程花费的时间就是地球上的一天），但是费米子需要绕轴旋转两周才能回到起始状态。试着这样想，我们制作一条莫比乌斯带——将一条纸带扭转一周，再把它的两端粘接起来，使它连续无缝（参见图14）。莫比乌斯带没有正反面的区分，它只有一面。假设现在你要沿着这条纸带走路，你会发现需要走两圈才能回到起点。举这个例子是用来表明，在经典世界中寻找量子世界的类比非常困难。

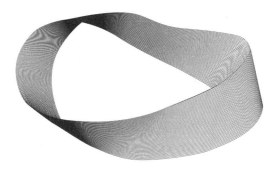

图14　从莫比乌斯带上的任意一点出发，我们会发现需要走上两圈才能回到起点

　　但是薛定谔的波动方程中并没有出现电子自旋，自旋到底从何而来呢？狄拉克在1927年年底给出了答案。为了使波动方程符合狭义相对论的要求，狄拉克把波函数表示成4个函数形成的2×2矩阵，而不是薛定谔那样只用一个函数。需要注意的是，他并没有因此误闯矩阵力学的大门，这些函数仍然是波动力学的波函数，只是组合成了矩阵的形式。

　　这就是最终的答案了。四个解中有两个分别对应于电子自旋的两个方向，并且在数学上也能很自然地求解出来，不过另外两个解却带来了难题。它们有什么意义呢？狄拉克希望得到一个简单的答案，他仍然在追逐哲学家的梦想。1930年，狄拉克提出，它们表示的可能是质子。

我们了解到的五件事

1. 尽管玻尔的原子理论一开始取得了一些成功，但是随着实验揭示出了量子数的概念，需要有一套更为详尽的规则来解释原子光谱的意义，该理论显得越来越捉襟见肘。我们需要一套新的量子力学理论。

2. 海森堡于 1925 年提供了一种方案，一开始使用的是一套复杂的"数表"，后改用矩阵来描述。矩阵力学早期获得了一些人的支持，但从未真正被主流物理学界接受。

3. 与矩阵力学相反，薛定谔的波动力学从直观上看更加简单，它用三维"驻波"的方式来解释量子数，还给出了相当漂亮的电子轨道图。它很快成为物理学家们更乐意接受的量子力学理论。

4. 海森堡意识到，位置和动量的不可对易性（在波动力学和矩阵力学中都出现了）这种奇特的性质，导致我们对它们的测量结果存在固有的不确定性。玻尔对此的解释是，这意味着波动性和粒子性的描述在某种意义上是互补的。波–粒子可以表现出这种性质或者那种性质，但是不能同时表现出两种性质。

5. 薛定谔的波动方程不符合狭义相对论的要求。狄拉克提出的完全相对论性的波动方程解释了与电子自旋对应的第四个量子数的意义，但是这些方程的解却比所需要的多出了一倍。狄拉克推测，多出来的解描述的是质子。

第 11 章

唯一的谜团

没过多久，狄拉克的希望就落空了，他的提议遭到了来自各方的严厉批评。如果如他所说，方程多出来的解代表质子，那么电子和质子的质量应该是相等的，但是人们已经知道，二者的质量有很大的差别，质子比电子重了近 2 000 倍。

狄拉克最终在 1931 年承认，相对论性波动方程的另外两个解描述的一定是与电子质量相同的粒子。他继续推测，这可能预示着一种带正电的电子的存在："一种新的粒子，目前还没在实验中发现，与电子具有相同的质量和相反的电荷。"[1]美国物理学家卡尔·安德森（Carl Anderson）在 1932 年至 1933 年的宇宙射线实验中发现了这种粒子存在的证据，并将其命名为正电子（positron）。狄拉克实际上预言了反物质的存在，其粒子属性与原本的物质完全相同，但是带的电荷相反。

还不止这些。1932 年 2 月，英国物理学家詹姆斯·查德威克（James Chadwick）公布了有关放射性铍释放的"辐射"性质的实验结果。由于这种辐射不受电场的影响，物理学家最初认为它是一种伽马辐射（高能光子）。但查德威克证明它是由一束电中性粒子组成的，这种粒子的质量与质子差不多。他发现的粒子就是中子，物理学家很快发现，比氢原子核重的原子核都由质子和中子组成。

虽然我们现在所说的"原子"已经被证明具有内部结构（因此实际上是"可分割的"），但它们的组成成分仍然可以被认为是"基本"的粒子。它们仍然可以被看作最终的、不可分割的物质"小块"，就像古希腊原子论者所设想的那样。不过像电子这样的粒子碰巧有一些早期哲学家所没有预想到的特性：它带有一个单位的负电荷，还具有一种被称为自旋的性质，就像（但又不像）一个小小的陀螺。

但是他们却预测对了一件事：电子具有质量。我们可以在由粒子数据组维护的在线目录中查到其数值。粒子数据组是一个由大约170名物理学家组成的国际合作组织，定期检查有关基本粒子的数据，并为相关从业人员编撰一本年度"圣经"。[2]

我们在这个在线目录上可以查到电子的质量是 9.109×10^{-31} 千克。其实物理学家就像我们普通人一样（一定要相信我这句话），他们早已厌倦了用10的多少次方来表示各种庞大的数字，如果能用更简单的表达方式那当然是更好了。在这种情况下，他们把电子质量和能量联系了起来（通过 $m = E/c^2$），将其写成 $0.511 \text{ MeV}/c^2$ 的形式，其中 MeV 代表百万电子伏特，单位中的 "$/c^2$" 则时时刻刻提醒着我们要注意这一表示方法与爱因斯坦质能方程之间的联系，并且表明这是一个质量单位。[①]

① 我在本书中将会坚持使用这样的表示方法，但是应该注意的是物理学家自己通常不这么写，而是把分母中的 c^2 略去，直接写成 0.511 MeV，他们默认所有这些单位都除以了 c^2。

我们现在做一个有趣的实验。假设我们生成一束电子（就像老式电视机里的电子管一样），让其穿过挖了两条狭缝的圆盘，这两条狭缝间隔极小，并且尺寸与电子的波长大致处于同一数量级（电子波长可由德布罗意关系 $\lambda = h/p$ 求得）。我们会看到什么现象呢？

在粒子性的描述中，我们会预测电子束中的每个电子会通过这两条狭缝中的一条。如果把探测器（比如一个荧光屏）放在狭缝的另一侧，那么我们就会看到两个亮点，代表着穿过狭缝的电子正在持续不断地撞击屏幕。这两个亮点的中心处都是最亮的，这是大多数电子直接穿过狭缝之后击中的地方；离中心越远的地方亮度越低，这是一些途中受到撞击发生散射的电子击中的地方。

但是在波动性的描述之下，我们会看到另一种结果。电子束就像一束光一样穿过这两条狭缝，并且在每条狭缝处发生衍射，最终形成明暗条纹交替的干涉图样，就像我们在第10章中所说的那样。

我们可以通过两种方式来解释这种干涉现象。我们可以假设，电子的波动性是统计平均的结果——每个电子都是作为独立的基本粒子穿过了两条狭缝之一，只是有某种未知机制影响了每一个电子，使它们整体呈现出波动性。这是爱因斯坦本人比较偏向的解释。

或者，我们可以假设电子的波动性是一种固有的性质。每个电子都会以某种方式表现为一个在空间中分布的波，同时穿过两个狭缝并相互干涉。第二种解释听起来相当荒谬，但是大量实验证据表明，这就是事实。

假设我们对电子束的强度加以限制，使得任意时刻只有一个电子通过狭缝，又会发生什么呢？每个电子最终都会在荧光屏上产生一个亮点，表明"一个电子击中了这里"。当有越来越多的电子穿过狭缝之后（当然还是保持每次只有一个电子），我们就会在屏幕上看到看起来像是随机散布的点。随着越来越多的电子通过狭缝，我们可以看出大量的点聚集、重叠并融合，形成一种图案。最终，它们形成了明暗条纹交替的干涉图样。

这类电子实验科学家已经在实验室中做过了（如图 15 所示），其结论是毋庸置疑的。每个电子都会同时通过两个狭缝，波函数在另一侧形成了相长干涉的高振幅波峰和波谷，和相消干涉的零振幅区域。高振幅的波峰和波谷代表能够"发现"电子的高概率区域，零振幅则意味着找到电子的概率为零。

当电子波函数到达荧光屏时，从理论上讲我们有可能在这个荧光屏的任意位置找到电子，但是接下来发生的事情就很奇怪了。与屏幕的相互作用以某种方式导致了波函数的"坍缩"，由此产生的点的位置是由与波函数振幅相关的概率分布决定的。[①]概率较高的区域比较亮，概率较低的地方则更暗。注意，波函数只给出了每个电子最终到达某一点的概率，但是不能准确地告诉我们每个电子将到达的具体位置。

但这看起来让人难以置信。为什么我们不能直接追踪电子穿过狭缝时的情景呢？这样，我们必然就会看到电子作为一个单独的物质小块穿过了两条狭缝之一，而当我们在实验中这么做的时候，我们确实观测到了电子的粒子性。道理很简单，如果我们沿着电子路径探测它的去向，必然会在电子接触屏幕之前与它发生相互作用，使波函数过

---

① 应该指出的是，这只是一个假设。我们实际上并不知道，从荧光屏检测到电子到我们对其进行观察的这段时间里，坍缩发生于何处。这就是著名的"薛定谔的猫"这一悖论的基础。一些物理学家提出，只有当我们的意识接触到波函数时，它才会发生坍缩；还有人认为，坍缩实际上根本不会发生，但是宇宙会"分裂"成多个平行的版本，在不同的宇宙中就会产生不同的结果。

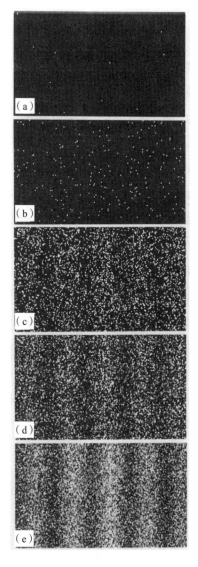

图15　我们可以通过记录电子撞击胶片的位置来观察电子一次一个地通过双缝装置时的情况，每个白点都表示在这个位置探测到了一个电子。图（a）到图（e）分别显示了10、100、3 000、20 000和70 000个电子被探测到时的图像。随着探测到的电子数越来越多，干涉图样也变得越来越明显

早坍缩，这样就不可能会发生干涉现象了。

我们面临着一个选择。如果放弃这种沿着电子的路径找到它的做法，就会面对电子的波动性；而当我们探究波动行为从何而来时，电子的粒子性就又冒出来了。二者之间既相辅相成，又相互排斥，就像玻尔所说的那样，电子无法同时表现出这两种性质。

爱因斯坦对这样的现象很不满意。波函数的坍缩以及它对于概率的依赖似乎打破了因果之间的微妙平衡，但是因果律对于我们来说又是一个不容置疑的事实（也符合我们的日常生活经验）。在经典物理学所描述的世界中，如果做了这件事，那件事就会发生，只要有原因，就百分之百地会出现一个对应的结果。但是在量子物理所描述的世界中，有了原因之后，其对应的结果只会以一个概率发生，这个概率只能从波函数中推导出来（概率可能会远远低于100%）。

爱因斯坦执拗地不愿意相信，他宣称"上帝不掷骰子"。[3]

他特别关注波函数坍缩的问题。如果一个电子被认为是由分布在某个空间区域中的波函数来描述的，那么坍缩发生之前它在哪里呢？在进行测量之前，电子的质量（和能量）理论上可以说是"无处不在"的，那么在坍缩的一刹那发生了什么呢？电子的质量在坍缩之后就转变为局域状态——它在"这里"，而不会存在于别的地方。电子是如何从"无处不在"瞬间变成"在这里"的？

爱因斯坦称之为"幽灵般的超距作用"。[①]他确信这违背了狭义相对论中的一个关键假设：任何物体、信号或是物理作用都无法以超越

---

① 因为我们不知道波函数坍缩时确切发生了什么，所以还没有足够有力的依据宣称这可能涉及对粒子的任何物理作用。爱因斯坦所暗示的可能是，就像牛顿的万有引力产生的超距作用问题可以由广义相对论来解释一样，我们需要某种对量子理论的进一步扩展才能解决眼下的问题。

光速的速度传播。

在20世纪20年代末到30年代初这段时间里，爱因斯坦用一系列更具创造性的思想实验挑战了玻尔的观点。这些实验旨在揭露爱因斯坦所认为的量子理论的基本缺陷——它的不一致性和不完备性。

玻尔坚守立场。他迎难而上，一次又一次巧妙地捍卫了哥本哈根诠释，甚至有一次还用了爱因斯坦自己的广义相对论来对付他。但是，在爱因斯坦的攻势下，玻尔的辩解越来越依赖于一个笨拙的借口：测量行为会对系统产生不可避免的本质性影响，一如当年他批判的海森堡的观点。爱因斯坦认识到，他需要找到一种不需要直接依赖于测量的方法，从而完全击败玻尔。

1935年，爱因斯坦与两位年轻的理论物理学家鲍里斯·波多尔斯基（Boris Podolsky）和内森·罗森（Nathan Rosen）一起设计了这一终极挑战。这样一个物理系统：有两个电子被发射出来，我们可以认为系统的物理性质限制了这两个电子的自旋方向相反，一个自旋向上，另一个自旋向下。①当然，我们不知道它们各自的自旋方向，只有对其中一个进行测量时我们才能确切地知道哪一个电子是自旋向上的那个。

我们给这两个电子分别编号为A和B。假设电子A向左边发射，电子B向右边发射。我们把测量仪器放在左边，测定了电子A的自旋方向是向上的，这就意味着，尽管我们还没有对电子B进行测量，但它的自旋方向一定向下，因为这是由系统的物理性质决定的。到目前为止，一切都没有问题。

那么，在粒子性的描述中，我们可以假设电子的自旋（无论什么

---

① 这只是最初的爱因斯坦–波多尔斯基–罗森思想实验的一个变体，但其本质上与原实验是相同的。

方向）在它们产生的那一刻就被固定下来了。两个电子带着不同的自
旋相互远离，这有点儿像追踪穿过狭缝时的电子的轨迹。电子A可能
自旋向上，也有可能自旋向下；电子B可能自旋向下，也有可能自旋
向上。但是对电子A的测量可以告诉我们它一直以来的自旋方向，并
且可以让我们据此推测电子B一直以来的自旋方向。在这一过程中，
不会出现什么问题。

不过量子力学看待这两个电子的方式完全不同，这倒也不足为
奇。它们的物理性质在量子理论中实际上是用同一个波函数来描述
的，处于这种状态下的两个电子被称为处于"纠缠态"。我们可以通
过波函数的振幅计算出所有可能出现的测量结果：A自旋向上，B自
旋向下；或是A自旋向下，B自旋向上。

我们本来不知道会得到什么样的结果，直到完成对电子A的测量
的那一刻，波函数坍缩了。两个组合中的任意一个（如A自旋向上，
B自旋向下）的可能性变成"真实"的，而另一个组合则"消失"了。
但是在进行测量之前，每个电子的自旋性质都是"未定义"的，它们
处于各种可能出现的随机组合的叠加态。

问题来了。虽然我们所进行的测量只能在实验室中完成，但是理
论上我们可以等到电子B横穿整个宇宙之后再对电子A进行测量。这
是不是意味着波函数的坍缩一定会同样穿越整个宇宙影响到如此遥远
的电子B的自旋性质呢？这同样也是在一瞬间发生的吗？爱因斯坦、
波多尔斯基和罗森（我们以后将他们三人简称为EPR）写道："对现
实的任何合理的定义都不允许这种情况发生。"[4]

EPR认为，无论量子理论怎么说，我们都有理由相信，在对电子
A进行测量时，它绝对无法影响宇宙另一端的电子B。我们对电子A
的所做的操作无法影响电子B的自旋和行为，因此也不会影响可能对

B进行的后续测量结果。这样一来，我们就无法解释为什么电子B的自旋状态会突然发生变化，从"未知"变成自旋向下。

所以看起来好像粒子性的描述更可靠一些——测量电子A的自旋并不会影响电子B的状态，电子B的自旋方向必定是从一开始就固定不变的。由于量子理论无法解释电子的自旋状态是如何在它们产生的那一刻被确定的，因此EPR得出结论，量子力学是不完备的。

玻尔并不接受这一结论，他认为波动性和粒子性的互补本质并不能被抛弃。抛开眼前的问题不谈，我们必须承认自然规律就是这样的：我们所能处理的只有可以测量的东西，而什么东西是可以测量的呢？这又取决于我们对实验的设计。

EPR的思想实验使得玻尔放弃了关于测量手段的辩解，正如爱因斯坦所希望的那样。但是玻尔也别无选择了，只能采取了一个看起来更加怪异的观点：量子波–粒子的性质和行为可能会被我们在任意远的距离处选择进行实验的方式所影响，这种说法简直是耸人听闻。

当时的物理学家要么全盘接受玻尔的观点，要么对两方的观点都保持漠不关心的态度。但是在20世纪30年代末，事实一再证明量子理论是一个威力很大的理论体系，任何关于它对于现实世界的解释意味着什么的担忧都被人们选择性忽视了。尽管爱因斯坦始终对其抱有怀疑，但是争论已经没有之前激烈了。

不过爱尔兰理论物理学家约翰·贝尔（John Bell）可没打算善罢甘休。如果要试图消除EPR思想实验中提及的"幽灵般的超距作用"，就必须引入所谓的"隐变量"。这是量子系统中的一种假想性质，根据定义，我们无法直接测量它（所以叫"隐"变量），但是它们却控制着那些可以测量的性质。在EPR实验中，如果某种形式的隐变量控制着两个电子的自旋状态，使得它们在电子产生的那一刻就固定下来，那么我们就无须引入波函数的坍缩了。没有了瞬间发生的改变，也就没有了幽灵般的超距作用。

贝尔发现，如果这样的隐变量确实存在，那么在某些EPR类型的实验中，隐变量理论预测的结果与量子理论的预测就会不一致。虽然无法具体地指出这些隐变量究竟是什么，但这并不重要。假设任何类型的隐变量存在，都会使这两个电子具有局域实在性——它们各自带着确定的性质作为独立的实体分开，并以这样的状态一直存在，直到其中的一个（或是两个）被探测到为止。但是量子理论则要求这两个电子都是"非局域性"的，可以用同一个波函数来描述。这个矛盾是贝尔定理的基础。[5]

贝尔设计了一个相对简单直接的检验方法。由局域隐变量理论预测的实验结果会受到"贝尔不等式"的约束——其结果范围无法超过某个最大限度。但是量子理论所预测的结果并没有受到这个约束，它们可能会超过这个最大值，因此违反了贝尔不等式。

贝尔在1966年发表了这一观点。这是一个非常巧合的时机，精密的激光技术、光学仪器以及灵敏的探测设备刚刚出现，于是在短短几年之内，第一批检验贝尔不等式的实验就开始了。所有检验贝尔不等式的实验中，最为著名的是法国物理学家阿兰·阿斯佩（Alain Aspect）和他的同事们在20世纪80年代初进行的，这一实验基于纠缠光子（而非电子）的产生和检测。结果证明，量子理论是正确的。[6]

凡事皆有例外，隐变量理论的支持者总是可以利用这些实验的漏洞，设计出更加复杂的隐变量理论。然而，实验物理学家们也设计出越来越巧妙的实验，逐一封堵了这些漏洞。今时今日，我们仍然不可避免地得出了这一结论：量子层面的现象是非局域性的，波动性的描述、波函数的坍缩以及幽灵般的超距作用，都避不开。

　　但是隐变量理论的支持者们所倡导的实在性并不一定是局域实在性，隐变量的影响也可以是非局域性的。这会有什么影响呢？局域隐变量理论（也就是贝尔曾考虑过的那种）会受到两条重要假设的约束。首先，我们假设，在隐变量的作用下，我们对于电子A的测量结果无论如何都不会影响到同时或者随后对远处的电子B进行测量的结果。

　　第二，我们假设，无论采用什么方式设置仪器对电子A进行测量，都不会影响对电子B的测量结果，而这是我们通常会不假思索认定的。正如英国物理学家安东尼·莱格特（Anthony Leggett）所说："……根据我们研究物理学的经验来看，实验仪器的设置对实验结果的影响，就跟实验室钥匙在口袋里的位置和墙上的时钟所显示的时间对实验结果的影响一样大。"[7]

　　我们可以尝试着设计一种非局域隐变量理论，在这一理论中，我们可以放松关于"设置"的假设（即上文第二条假设），但是维持与"结果"相关的假设（即上文第一条假设）。也就是说，测量结果将受到实验仪器设置的影响，因此就不得不接受某种具体形式未知的超距作用，在某种程度上是"幽灵般的"。放松这一条假设意味着波函数的行为在某种程度上是由实验仪器的设置方式决定的——它能够"感知"即将发生的事，并做好相应的准备。于是，测量结果至少在某种程度上是预先注定的，我们就由此摆脱了波函数的坍缩以及量子固有的"随机性"。

　　这可以归结为一个相当简单的问题：像电子这样的量子波–粒子是否具有某种在我们进行测量之前就已经具备的性质？事物的"表象"与"自在之物"之间有什么相似之处吗？

　　莱格特对于哥本哈根诠释也相当怀疑，并于2003年得出了自己的结论。莱格特定义了一类被他称为"加密"非局域隐变量理论的理论。他发现，保持结果假设不变但是放松设置假设的做法仍然不足以展现量子理论的所有预测结果。于是就像贝尔在1966年所做的一样，莱格特也推导出了一个相对更加简单的不等式，可以直接通过实验进行检验。

2006年，维也纳大学和量子光学与量子信息研究所的物理学家进行了实验，结果相当明确。[8]格拉斯哥和斯特拉斯克莱德大学的一个研究小组使用不同量子态的光进行了实验，并于2010年公布了更为明确的结果：量子力学是对的。[9]

对莱格特不等式的实验检验表明，我们必须同时抛弃结果和设置两条假设。用来测量电子A的实验设计及其测量结果都会影响到远处电子B的性质和行为。看来，无论付出多大的努力，或是强行附加某些不合理的假设，我们都无法避免波函数的坍缩。

必须承认，我们赋予电子这样的量子粒子的那些性质，如质量、能量、频率、自旋、位置等，只有在通过观察和测量而以某种方式"投射"到我们经验现实中时才有现实意义。它们从某种程度上说是第二性质，而不是第一性质。我们再也不能假设我们所测量到的属性（即"表象"）一定能够反映或是代表粒子的真实属性（即"自在之物"）。

这一切问题的核心，就是著名美国物理学家理查德·费曼宣称的量子理论的"唯一的谜团"。像电子这样的基本粒子，在某些情况下会表现为在空间中沿着固定路径运动的单个局域性粒子，要么"在这里"，要么"在那里"。但是在另一种情况下，它们又会表现得像是非局域性的波，散布在空间中，似乎能够越过非常遥远的距离影响其他的粒子，它们既"在这里"又"在那里"。

这些现在已经是无懈可击的事实了，但是仍有一个问题悬而未决：我们要去哪里寻找电子的质量呢？

我们了解到的五件事

1. 单个电子会表现出波的干涉效应，如果我们去探测它，我们就会发现它是带有质量的单个的基本粒子，这个过程意味着波函数的"坍缩"——可能发现电子的位置瞬间从"任何地方"变成"这里"。

2. 为了挑战量子理论的哥本哈根诠释，爱因斯坦、波多尔斯基和罗森（EPR）设计了一个涉及纠缠粒子对的复杂的思想实验。在这个实验中，波函数的坍缩可能会越过非常遥远的距离而发生。他们认为："对现实的任何合理的定义都不允许这种情况发生。"

3. 1966年，贝尔进一步阐述了EPR思想实验，并提出了一个简单的定理。使用局域隐变量"修正"后的量子理论会将实验结果限定在贝尔不等式所规定的范围之内。不包含隐变量的量子理论则不会有这样的约束——它预测的结果违反了贝尔不等式，这为我们提供了一个检验的方式。

4. 迄今为止所有的实验都确定无疑地支持着量子理论。现实是非局域性的。

5. 莱格特设计了另一个不等式以及更为精细的检验方式。实验结果表明，一个远处的量子波–粒子的性质和行为，是由我们的实验设计以及对与之纠缠的粒子的测量结果所决定的。我们不能假设"表象"一定能够反映或是代表"自在之物"。

第 12 章

裸质量和缀饰质量

将电子描述为一种波不仅十分费解，还引出了许多非常困难但又相当实际的问题，我们不得不再一次发问，如果电子是一种波，那么这种波位于何处呢？量子波显然不像经典物理中"普通"的波一样，它们不似池塘表面的涟漪。尽管薛定谔的波动力学取得了显而易见的成功，但是人们很快就意识到，即使是这种描述也只是说明了事实的一部分而已。

薛定谔波动力学的理论架构是基于能量或线动量等物理性质被"量子化"的思想而产生的。当我们增加或是减少量子（如原子中的电子）时，我们必然会增加或减少系统的能量或动量。从目前来看，这一切都没什么大问题，但在这种思想下的理论不可能走得太远。这种形式的量子力学可以完美地描述在物理过程中保持完整的量子粒子，但它无法处理粒子被创造或毁灭的情况。换句话说，有很多物理问题是它无法处理的。

完全相对论性量子力学的版本也有许多问题，它的解中包含负能量和更糟糕的负概率。20世纪20年代末，一些物理学家意识到，他们需要找到一种基于量子场概念的替代理论。

在这种理论体系的描述中，被"量子化"的是量子场。量子的增加或减少等同于向场里增加或从中减少量子粒子，也就是创造或毁灭粒子。[①]可以这么说，传统的量子力学描述的是单个粒子的不同量子态，就像原子中的电子一样；而量子场论描述的是含有不同数量量子粒子的场的状态。

我不知道"量子场"在你的印象中是什么样的，你可能会觉得这是一种二维网格，一直延伸到天际，就像文森特·凡·高画中的麦田一样。你甚至可能会把量子场中的"涟漪"想象成在微风之下轻轻摇晃着的麦苗，并且可以通过麦穗的摆动来确定它们传播到了哪里。但是量子场是三维的，你可以构想一种电子在空间中均匀分布的网络或是晶格。理论上，我们可以用"点粒子"（粒子的所有质量都集中于一个无穷小的点上）来模拟这样的结构，并且假定只有相邻的粒子才会有相互作用。现在，让我们更进一步，把这些点之间的距离缩小到零，或者是把镜头拉远，让它们之间的距离看起来好像缩小到可以忽略的程度。这样，我们就得到了一个三维的、连续的"电子场"，即电子的量子场。

在这种描述中，场的概念比它们的"量子"要更为基本。量子粒子成了场的特征涨落、干扰或是激发等现象。显然，光子必定是电磁场的量子，它会随着带电粒子发生相互作用而产生和毁灭。如此一来，量子场论一定能够描述电子场（其量子为电子）和电磁场（其量

---

① 对量子场的描述又被称为"二次量子化"，采用这个名字的理由显而易见。

子为光子）之间的相互作用。

显然，第一步是试着在麦克斯韦的经典电磁场理论中引入量子的性质和行为。如果尝试的结果能够满足狭义相对论的要求，那么我们将会得到量子版本的电动力学，即量子电动力学（QED）。

海森堡和泡利在1929年提出了这种量子场论的一个版本，但是其中包含着巨大的问题。麦克斯韦方程组是有精确解的，这意味着只需要用常规（但有些抽象）的数学方法求解麦克斯韦方程组，就能得到描述电、磁性质和行为的解析表达式。也就是说，这些性质和行为可以用一种相对直接的方式从方程的解中计算出来。然而，早期的量子电动力学并没有这么简单，它并没有精确解。

理论物理学家别无选择，只能求助于近似。当面对一个不可解的数学问题时，一个行之有效的方法是将其近似成一个有精确解的数学问题，然后加上一系列"微扰项"——这个词可以直接从字面意义上理解，就是对简单解进行"细微的扰动"后得出的项。这些增加的项形成一个幂级数，其内容是一些相关量（如能量）的幂（平方、立方、四次方等）。

对于量子电动力学来说，我们可以从一个能精确求解的、不涉及电子和电磁场之间相互作用的量子场论表达式开始。理论上，我们每增加一个微扰项，其修正作用应该会越来越小，同时得到的结果也会越来越接近实际结果。[1]最终结果的准确性取决于计算中包含多少个微扰项（以及理论物理学家们的耐心）。

不过要注意，我在上面用了"理论上"和"应该"这两个词，海森堡和泡利正是在这里遇到了问题。级数中的二阶项（平方项）本来应该只会在相互作用为零的情况的基础上提供一个小小的修正，然而实际上这个修正项却会迅速扩大到无穷大。这没有任何物理意义——无穷是一种数学上的抽象，在自然界中并不存在。

这个问题可以追溯到电子的"自能"。无穷大是电子与自身产生的电磁场相互作用后的结果，这是一个疾风骤雨般不断地吸收和发射光子的过程。显然，电子实际上所具有的能量并不是无穷大的，自然规律显然已经找到了一些办法来限制这样的相互作用。但是在早期的量子电动力学理论中，人们并没有找到什么好办法在数学表达式中体现这种限制。只要这个问题不解决，量子电动力学理论就不可能取得什么进展。

在20世纪30年代初，量子场论似乎走入了死胡同。但是一些物理学家意识到，如果可以解决上述问题，这个理论就将为我们提供一种迥异于以往的方式，来理解粒子之间的力是如何发生作用的。设想两个电子相互"弹开"（其专业术语是"散射"）的场景。我们知道同性电荷会相互排斥，就像两块N极相互靠近的磁铁那样，那么当两个电子在时间和空间上相互靠近时，它们就会感受到由各自所带的负电荷所产生的相互排斥的静电力。

但这种斥力是怎么产生的？我们可以推测，每一个移动的电子都会产生一个电磁场，在这两个电磁场重叠的空间里，我们可以感受到它们相互间的斥力，就像我们在两个同极相对的磁铁之间的空间中所感受到的斥力一样。但是在量子领域中，场和粒子相关联，因此相互作用的场也和"相互作用的粒子"相关。1932年，德国物理学家汉斯·贝特和恩里科·费米提出，这种斥力的产生是两个电子之间交换光子的结果（参见图16）。[1]

---

[1] 这也意味着，当我们试图让两块磁铁的同一极贴合到一起时，我们所感受到的阻力也是由看不见的光子在它们之间来回传递造成的。

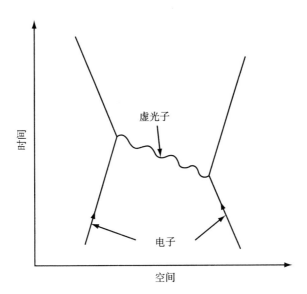

图16　费曼图表现了用量子电动力学描述的两个电子之间的相互作用。两个带负电荷的电子之间产生斥力，与它们在最接近的点上交换了一个虚光子有关。"虚"光子之所以被称为"虚"，是因为它在这一相互作用的过程中不可见

　　交换的光子将一个电子的动量传递到另一个电子上，从而使两个电子的动量都发生了改变，其结果是发生反冲：两个电子的速度和运动方向发生改变，相互分开。

　　交换的光子是一个"虚"光子，因为它是直接在两个电子之间传递的，我们实际上看不到它从一个电子中转移到另一个电子中的过程。根据这一解释，光子不仅仅是光的量子粒子，同时也是电磁力的"载体"。

　　还有一件事要补充介绍一下。物质粒子（如质子、中子和电子）都是费米子，其自旋量子数为半整数（$s = 1/2$），遵循泡利不相容原理。但是负责在物质粒子之间传递力的粒子则不同，它们都是玻色子，以印度物理学家萨特延德拉·纳特·玻色（Satyendra Nath Bose）

的名字命名，其自旋量子数为整数。比方说，光子的自旋量子数 $s = 1$。

玻色子不受泡利不相容原理的限制：它们可以拥有相同的量子数，并且可以"凝聚"成单一的量子态。激光就是由这种"玻色凝聚"产生的，但是用电子束来实现类似的凝聚（即制造出一束"电子激光"）是不可能的，泡利不相容原理禁止这样的事情发生。

尽管量子电动力学为我们描绘了一幅美好的图景，并解释了物质粒子和传递力的粒子的区别，但是量子场论的问题不解决，我们还是无法取得进展。更糟糕的是，在随后15年左右的时间里，由于世界大战带来的混乱和原子武器的研制，这一理论陷入了停滞。

终于，1947年6月，漫漫长夜后的一丝曙光悄然浮现。一场小型的邀请制会议在纽约州靠近长岛末端人迹罕至的谢尔特岛上的一家小旅馆中召开，在这场会议中，理论物理学家们接触到了两个乍一看只会让问题变得更糟的实验结果。

哥伦比亚大学的物理学家威利斯·兰姆（Willis Lamb）是原子弹之父J. 罗伯特·奥本海默的学生，他介绍了自己在氢原子光谱方面新得到的令人不安的实验结果。他主要研究的是两个能级的行为，这两个能级的主量子数相同，均为 $n = 2$，但是方位角量子数 l 分别为0和1，它们对应着不同形状的电子轨道。$l = 0$ 的轨道在原子核的周围形成球体，而 $l = 1$ 的轨道则呈哑铃状对称分布在原子核的两端。

在狄拉克的相对论性量子理论中，不同轨道的能量仅依赖于 n（在玻尔和薛定谔的理论中也是如此）。尽管形状不同，但是在没有外部电场或磁场的情况下，这些轨道的能量应该是完全相同的，在原子光谱中只会产生一条谱线。

但是，通过与研究生罗伯特·雷瑟福德（Robert Retherford）的合作，兰姆发现，这两个轨道其实产生了两条谱线，只是两者之间的能量差值非常小，这种现象被称为兰姆位移。现在，聚集在谢尔特岛上的物理学家听到了兰姆最新实验结果的全部细节。

在他之后，出生于加利西亚的物理学家伊西多·拉比（Isidor Rabi）又报告了一项实验结果，这是由他在哥伦比亚大学的学生约翰·内夫（John Nafe）、爱德华·纳尔逊（Edward Nelson）以及同事波利卡普·库施（Polykarp Kusch）和H. M. 福利（H. M. Foley）进行的关于电子"g因子"测量的实验。g因子是一个基本的物理量，决定着电子与磁场之间相互作用的程度，根据狄拉克的理论，g因子的值应该正好等于2。但是在拉比的报告中，根据精准的测量，g因子的值实际上比2稍微大一点点，差不多是2.002 44。

奥本海默确信，狄拉克预测的值与实际测量值之间的微小差异与量子电动力学有关。这个差异尽管很小，但是完全不可以忽略，当然，这个差异也不是无穷大。

会议的第二天，有人给出了找到最终解决办法的线索。荷兰理论物理学家亨德里克·克喇末（Hendrik Kramers）做了一个简短的演讲，总结了自己近期在经典电子理论方面的工作，并概述了一种在电磁场中考虑电子质量的新方法。他假设，电子的自能（在量子电动力学中困扰我们的二阶微扰项）可以被看作电子质量中额外的部分，我们在实验中测量到的质量也包括这一部分。换句话说，我们测量到的电子质量实际上包含了它的固有质量加上电子与其自身产生的电磁场相互作用所产生的"电磁质量"。

物理学家采用了一些新的术语来描述上述这些概念。一个被从电磁场中剥离出来的电子是一个"裸"电子，其质量被称为"裸质量"。由于电子永远不可能独立于电磁场存在，所以这只是一个假想中的量。物理学家面对的在实验中测量到的质量则被称为观测质量，又称

"缀饰质量"，即电子在电磁场中具有的质量。

会议结束后，贝特返回到纽约，又坐上了前往斯克内克塔迪的火车，他在那里兼职担任通用电气的研究顾问。和许多同时代的人一样，他此前也对兰姆位移进行了深入的思考，会议期间的讨论促使他开始着手计算。哪怕是坐在火车上，他也没有停止对方程式进行探索。

现有的量子电动力学理论预测的兰姆位移为无穷大，这是电子与自身电磁场相互作用的结果。贝特听从了克喇末的建议，用电磁质量效应确定了那个棘手的扰动项，他的推理是这样的：氢原子中特定能级的电子具有一定的自能，这一自能对应于电子的电磁质量（暂且忽略由量子电动力学得出的无穷大的结果），电子的总能量是由它所占据的特定轨道提供的能量加上自能决定的，电子的总质量则是与轨道相关的裸质量再加上电磁质量。

对于一个完全脱离氢原子的自由电子来说，其总能量为动能加上自能，总质量为自由电子的裸质量加上电磁质量。在这两种情况下，电磁质量是相同的，那么我们可不可以通过相减来消除这一项呢？

从无穷大中减去无穷大，这听起来好像很荒谬，但是贝特发现，在非相对论性的量子电动力学中，这种相减尽管相当麻烦，却产生了一个非常好的结果。借助一些巧妙的猜测，他得以从理论中计算出氢原子两个能级的能量，从而估算出兰姆位移的大小。

他得到的结果比兰姆报告的实验测量值仅仅高出了4%。奥本海默的预测成真了，兰姆位移是由量子电动力学效应引起的。贝特猜测，在完全相对论性的量子电动力学中，这一"质量重正化"的过程将会完全消除我们所遇到的问题，并给出一个有物理学实际意义的答案。

　　那么，是什么导致了兰姆位移的产生呢？假设氢原子内部有一个电子，当它与自身的电磁场相互作用时，所有涉及吸收和发射虚光子的永无止息的活动都会导致其发生轻微的"摆动"，这增加了它在中心原子核周围的运动（轨道运动和自旋），使其概率云更为模糊弥散。电子占据的轨道距离原子越近，这种效应越明显。因此，与哑铃状轨道（$l = 1$）的能量相比，球形轨道（$l = 0$）的能量略高一些，因为平均而言，球形轨道上的电子在更多的时间里距离原子核更近。

　　要解释电子的g因子为什么会出现微小的差异，需要发展出完全相对论性的量子电动力学。这一理论最终由美国物理学家理查德·费曼和朱利安·施温格（Julian Schwinger）提出，日本物理学家朝永振一郎（Sin-Itiro Tomonaga）也独立地提出了这一理论。英国物理学家弗里曼·戴森（Freeman Dyson）随后证明，三人各自得出的不同的方法是等价的。

　　估算g因子需要从电子与磁体发射的虚光子之间的相互作用入手。如果我们只根据这一种相互作用来计算g因子，那么得到的结果将与狄拉克预测的值相同，即g因子取值刚好为2。

　　但是这个过程还可以通过其他方式发生。一个电子可以先发射一个虚光子，再将其吸收，这代表它与自身电磁场的相互作用。如果将这一过程考虑在内，我们就会得到一个略大于2的g因子。

　　我们可以更进一步，考虑包含两个虚光子的自相互作用，甚至更加复杂的过程，例如一个单一的虚光子自发地产生一个电子–正电子对，然后相互湮灭形成另一个光子，然后被吸收。各种可能发生的情况是无穷无尽的，不过越复杂的过程发生的概率就越低，对最终结果的修正也越小（参见图17）。

　　物理学家认识到，在研究量子场的微观世界时，改变我们的思维方式是很重要的。当然，在任何情况下能量都是守恒的，但这也不能阻止许多奇怪的事情发生。海森堡不确定性原理并不只限定位置和动量，它同样适用于其他被称为共轭性质的成对的物理性质，如能量和时间。就像位置和动量一样，ΔE 和 Δt 的乘积不能小于 $\frac{h}{4\pi}$，其中 ΔE 是能量的不确定性，Δt 是能量随时间变化率的不确定性。

现在，假设我们创造了一个完美的真空，与外部世界完全隔绝。先把我们对于暗能量的认识抛到一边，这就是一片干干净净的、什么都没有的真空。在量子场论和不确定性原理的语境下，这意味着什么？这意味着在这片真空中的电磁场（或是任何其他的场）能量为零，其能量变化率同样也是零。但是根据不确定性原理，我们无法同时精确地知晓电磁场的能量及其变化率，因此它们不可能同时为零。

不过，不确定性原理并没有明确禁止"借用"所需的能量来创造一个无中生有的虚光子或电子–正电子对，只要在符合不确定性原理要求的时间间隔里"归还"就行了。借来的能量越多，归还的期限就越紧。1958年，美国理论物理学家默里·盖尔曼（Murray Gell-Mann）提出了所谓的"极权主义原则"，即"所有不被禁止的都是强制性的"。[2]我们可以将其解释为，如果某件事没有被不确定性原理禁止，那么它就一定会发生。

由于不确定性原理的存在，真空场会经历随机的量子涨落，就像海面上永不停歇的惊涛骇浪。既然量子场的涨落等价于粒子，我们可以想象各种基本粒子在真空中不断地出现和消失。这么说可能会引起误解，让我们换一种说法。如果把量子场比作一个管弦乐队，那么随机的涨落就是不连贯和不和谐的音符发出的杂音，它们组合在一起形成了"噪声"，就好像管弦乐队正在调音一样，这些粒子都是"虚

（a）

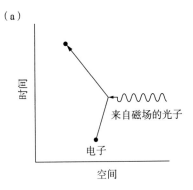

来自磁场的光子

电子

（b）

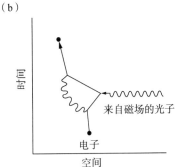

来自磁场的光子

电子

（c）

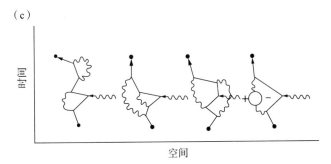

图 17　这几张费曼图表示了电子与来自磁场的光子之间的相互作用。图（a）考虑的是电子直接吸收了这个光子的情况，此时 g 因子取值刚好为 2，这与狄拉克理论所预测的取值相同；图（b）描述的是电子的自相互作用，即电子发射一个虚光子并再次吸收，考虑这种情况后，g 因子的值就会略有增加；图（c）描述了进一步的"高阶"过程，包括两个虚光子的发射和再吸收，以及发生可能性更小的电子-正电子对的自发产生和湮灭，这些过程会带来 g 因子取值的进一步小幅增长

粒子。但是偶尔也会出现一些纯粹的音符，这些是基本粒子场的基频振动。

不管是能量还是其变化率，它们的涨落平均都为零，但是在时空中的个别点上，涨落可能不是零。"空"的空间实际上是一片由量子场和虚粒子组成的混沌。①

怎么证明这是正确的呢？我们确实有一些证据，它被称为卡西米尔效应，由荷兰理论物理学家亨德里克·卡西米尔（Hendrik Casimir）于1948年提出。

让我们取两块小金属片或镜子，把它们并排放在真空中，相隔大约百万分之几米，不受任何外部电磁场的影响。它们之间没有任何力的作用，除了引力，但是在这个实验中引力的作用相对而言十分微弱，完全可以忽略。

不过，尽管没有力的作用，这两块小金属片也会被推得更近一点点。这是怎么回事？这是因为，两块金属片之间狭窄的空间形成了一个空腔，限制了可以持续存在的虚光子数量，②因此这里的虚光子密度低于其他地方。最终的结果是，它们会受到一种虚拟的辐射压——金属片外侧更高密度的虚光子将它们推向彼此。1996年，物理学家史蒂

---

① 这会不会是暗能量之谜的答案呢？如果真空中充满了虚粒子，这一定会导致其能量的增加吧？很遗憾，事实并非如此。由于不确定性原理"允许"能量涨落达到近乎无穷大，只要它们发生在无穷小的时间间隔内，那么根据量子场论所预测的真空能理论上应该是无限的。稍微保守一些的预测是基于一些相当武断的假设得出的，真空能量密度大约是 10^{105} 焦耳每立方厘米。回顾第8章的内容，"空旷"时空的能量密度是 8.6×10^{-30} 克每立方厘米，如果用质能方程 $E = mc^2$ 把它转换成能量密度，那就是 5.3×10^{-16} 焦耳每立方厘米，只有预测值的 10^{121} 分之一。哦，这可能是科学史上最糟糕的预测了。

② 这有点儿像是德布罗意所说的音符，只有驻波匹配于两个金属片间隔的虚光子才能留存下来。

夫·拉莫罗（Steven Lamoreaux）在洛斯阿拉莫斯国家实验室首次测量到了这种效应，他得出的结果与理论预测之间相差不到5%，并在随后的实验中将这一差距缩小至1%。

这种相互作用会影响电子g因子的大小。电子和所有"缀饰"的虚光子之间的相互作用增加了一部分电磁质量，但它们也会将这种质量中的一小部分带走。电子电荷的大小始终不变，这多少会影响缀饰电子与磁场相互作用的方式。

并不是所有人都对质量重正化感到满意（数学纯粹主义者狄拉克就认为它是"丑陋的"），但是完全相对论性量子电动力学的强大力量是不可否认的。由该理论计算出的电子g因子为2.002 319 304 76，而实验测量值是2.002 319 304 82。费曼写道："这种精确度相当于测量从洛杉矶到纽约之间3 000多英里的距离，误差比一根头发丝的宽度还小。"

是时候盘点一下我们到此为止所知的内容了。随着量子电动力学和与质量重正化相关的数学技巧的发展，我们对物质基本成分的理解又发生转变，物质的本质好像变得更难以捉摸了。粒子，也就是早期的希腊原子论者所钟爱的终极的、不可分割的"物质"，已经被量子场所取代。我们开始认为粒子只不过是这些场的特征性扰动，而物质已然沦为一种幽灵般的东西。

那么质量又是什么呢？我们在第11章提到过，电子的质量是0.511 MeV/c^2。曾经有一段时间，我们可能会倾向于用牛顿的方式来看待这个量，认为它就是电子中所含的物质的量，仅此而已。

但是现在我们知道，电子的质量是复合的。其组成部分之一是裸质量，假设一个电子可以从它自己产生的电磁场中分离出来，那么它拥有的质量就是裸质量。在此基础之上，还有一个电磁质量，它产生

于电子及其电磁场之间无数的相互作用（同时吸收并发射"缀饰"其
上的虚光子）所产生的能量。

我们了解到的五件事

1. 电子所表现出的互补的波动性和粒子性，促使物理学家发展出了麦克
   斯韦经典电动力学理论的量子版本，其结果就是量子电动力学，简称
   QED。
2. 早期量子电动力学的方程并没有精确解，于是物理学家使用微扰级数来
   求近似解，但他们很快发现了问题：级数的二阶项有无穷大。这是一个
   数学问题，大自然显然已经找到了避免这一问题发生的办法。
3. 兰姆位移和电子g因子（略大于2）的实验测量结果为解决问题指明了
   方向。电子的质量分为两部分，"裸质量"和"电磁质量"，后者是由电
   子与自己产生的电磁场相互作用而形成的，它将电子"缀饰"了起来。
   棘手的无穷大项是这种自相互作用的直接结果。
4. 贝特发现，通过一个被称为质量重正化的过程，用氢原子中被束缚的电
   子的方程式减去自由电子的方程式，就可以消除无穷大项。
5. 质量的概念又变得更加复杂了一些。电子的质量中有一部分来自缀饰它
   的虚光子的能量。

第四部分

场与力

基本粒子成为量子场的基本振动或涨落；
质子和中子由夸克组合而成，由胶子束
缚；质量成为一种行为而不是一种性质；
我们意识到，根本没有质量这回事，只有
量子场的能量。

第 13 章

大自然的对称性

　　尽管物理学家很难理解量子理论所告诉他们的关于物质世界本质的内容，但是该理论的基本正确性是不可否认的。直到今天，量子理论还在持续不断地做出人们难以理解的预测，但这些预测都能在实验中得到严格的证实。

　　但是我们在第9—12章中所讨论的量子理论主要是关于电子和电磁场的性质和行为。可以这么说，那些环绕着原子核的电子的行为如今支撑着物理学，以及几乎所有的化学和分子生物学的发展。然而，我们知道原子内部的结构远远不止这些，随着量子电动力学问题的圆满解决，物理学家的注意力不可避免地转向了原子核本身的结构。

　　量子电动力学非常成功，在物理学家看来，量子电动力学给他们提供了一种通用的方法，可以建立新的理论，解释原子内部其他力是如何发生作用的。到20世纪50年代初，人们认识到原子内部有三种力，其中电磁力使得带电的原子核与电子结合在一起，另外两种力则作用于原子核内的质子和中子。

第一种被称为弱核力，第二种被称为强核力，顾名思义，前者比后者要弱得多。弱核力出现在某些类型的放射性衰变中，如β衰变。β衰变涉及一个中子自发地转变成一个质子，同时喷射出一个快速移动的电子的过程。我们可以将这一过程记为：$n \rightarrow p^+ + e^-$，其中 n 代表一个中子，p^+ 代表一个带正电的质子，e^- 代表一个带负电的电子。

事实上，自由中子自身就具有放射性，而且不稳定，它的半衰期约为 610 秒（略大于 10 分钟），这意味着在这段时间里，某一初始数量的中子里有一半会衰变为质子（或者说，每一个中子衰变的概率为50%）。但是中子和质子在原子核中结合在一起时就会稳定下来，所以大多数原子核都是没有放射性的。然而也有一些例外，如一个含有 19个质子和 21 个中子的钾同位素原子的原子核，其自身所具有的能量略大于它能稳定容纳的能量。它的半衰期约为 13 亿年，是所有动物（包括人类在内）体内天然核辐射最主要的来源。

电子参与了β衰变，这说明弱核力也能作用于电子（不过它与电磁力有很大不同）。因此我将把"核"这个字去掉，直接称其为"弱力"。其实关于这个力还有个小插曲。如果仔细比较发生β衰变之前的粒子和发生β衰变之后产生的粒子的能量，我们会发现二者之间有一个小小的差值。1930 年，泡利提出，一定还有另一种不带电的粒子和电子一起被抛出，同时带走了一部分能量。这种神秘的粒子被称为中微子（neutrino，来源于意大利语，意为"小而中性的东西"），发现于1956 年。和光子一样，中微子是电中性的，并且在很长一段时间里被认为是无质量的。不过现在人们认为中微子具有非常小的质量。

所以，为了保证能量守恒，我们将前面描述衰变的表达式改写为：$n \rightarrow p^+ + e^- + \bar{\nu}$，其中 $\bar{\nu}$ 代表一个反中微子，即中微子的反粒子。

至此，如果量子电动力学是量子场论的一种特殊形式，那么对于20世纪50年代初的理论物理学家来说，一个需要研究的关键问题就是：我们要发展一个什么样的量子场论来描述作用于质子和中子的强力和弱力？

理论物理学家争先恐后地寻找相关线索，他们找到了可以说是整个物理学中最为伟大的发现之一。它为我们揭示了质能守恒定律、线动量守恒定律、角动量守恒定律[①]（以及其他许多我们后面会介绍的定律）等极其重要的守恒定律与自然界基本对称性之间的深层联系。

1915年，德国数学家埃米·诺特（Emmy Noether）推导出，守恒定律的起源可以追溯到与某些所谓的连续对称性相关的物理系统的行为。现在，我们倾向于用旋转或是镜面反射来考虑对称性，在这种情况下，对称变换相当于将物体绕着对称中心或对称轴旋转，或是像镜面反射一样翻转某个物体。

如果一个物体经过这样的变换之后看起来与之前一样，那么我们就称它是对称的。如扑克牌中的方片符号◆就具有对称性，我们将其绕长轴（上下两个顶点的连线）旋转180°，或是以长轴为对称轴左右翻转，得到的图像都是一样的。

这是两种不连续对称变换的例子，它涉及从一个视角到另一个视角的瞬间"翻转"，例如从上到下或是从左到右。但是与守恒定律相关的对称变换是非常不同的，它们包含连续的变化，比如让一个正圆以其圆心为中心开始旋转，无论旋转的角度是多少，它的形状看起来都不会发生变化，我们的结论是，圆在围绕圆心的连续旋转变换下对

---

① 角动量可以理解成转动的线动量。想想你小时候玩旋转木马时的经历，转动得越快，角动量就越大。

称。但是◆和正方形并不是这样的，它们并不具有连续对称性，正方形在90°的不连续旋转变换下对称，◆在180°的不连续旋转变换下对称（参见图18）。

诺特发现，物理系统能量的变化在时间的连续变化下是对称的。换句话说，我们现在用于描述系统能量的数学规律在不久之后还会与现在完全相同，即这些关系不随时间而改变，这与我们的经验直觉也相符：如果一条定律下一秒就会被打破，它也不会被我们称为定律了。我们认为，一条定律即使不是永恒成立的，至少在昨天、今天和明天应该是相同的。能量和时间之所以被认为是共轭的，就是因为它们之间的对称关系，它们的大小受到量子理论中的不确定性原理的限制。

描述线动量变化的定律对于位置的连续变化是对称的，也就是说，这一规律并不取决于系统的位置，在任何地方都一样，这也是为什么物体在空间中的位置和其线动量同样是共轭性质，也同样受到不确定性原理的限制。

至于角动量，它被定义为在圆周上的匀速运动，其方程对于旋转中心到运动点连线的角度的连续变化是对称的。后面这句话不用我说你也知道了，角动量与角度也是共轭性质，受到不确定性原理的限制。

一旦建立起这样的联系，我们就可以运用诺特定理的逻辑来进行一系列的推导了。假设有一个物理量看起来好像是守恒的，但是支配其行为的规律还没有被发现，那么这种规律（无论是什么）必定与某一特定的连续变化对称。如果我们能找到这种对称是什么，就能够很快地找出这一规律本身的数学形式。物理学家发现，诺特定理是一条找到新理论的捷径，灵活运用这一定理可以缩小搜索的范围，避免大

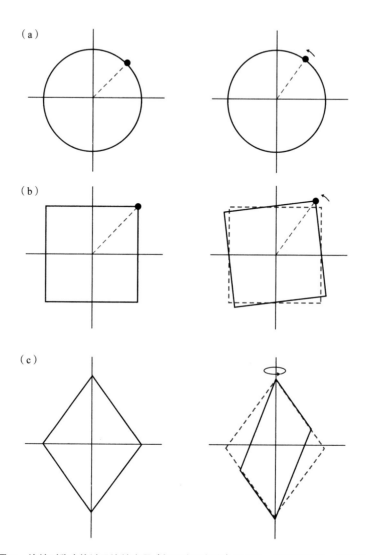

图18 连续对称变换涉及连续变量（如距离和角度）的微小、连续的变化。当我们把一个圆旋转一个小角度时，这个圆看起来是不变的，我们说它在这样的变换下对称，如图（a）；然而，正方形并不是这样，它只在90°的不连续旋转变换下对称，如图（b）；◆则在绕长轴的180°旋转变换下对称

量无用的推测。

　　量子电动力学中涉及的对称性由一种被称为U(1)的对称群来表示，这是含有1个复变元的幺正交换群，也被称为"圆群"。对称群有点儿像是记分牌，它可以表示对象能保持对称性的所有不同的变换。括号中的数字指的是与之相关的"维度"的数量，在这里是1。这不是我们所熟悉的时空的维度，而是抽象的数学维度，与不同变换的性质有关。这个符号代表什么并不重要，但是我们可以把U(1)看作等同于一个连续旋转的圆发生的转换。[1]这种对称性把电子和电磁场紧密地联系在一起，其直接的结果就是，电荷是守恒的。

　　在与光子的所有相互作用中，电子的电荷都保持不变，因此光子不会携带电荷。此外，电磁场的作用范围很广（不过相互作用的强度会随着距离的增大而减弱），这就意味着电磁力可以由电中性、无质量的粒子（也就是光子）携带，并以光速进行远距离传播。

　　对称群的维度虽然是一个抽象的概念，却有着重要的影响，这些影响反映在我们物理世界中粒子和力的性质和行为上。目前这个阶段，我们只需要知道，一个U(1)量子场论描述的是一种由"力粒子"（光子）携带的力，作用于带电的物质粒子，如质子和电子。

　　这对于电磁学来说相当完美，但是强力和弱力既会作用于带正电的质子，也会作用于电中性的中子。在β衰变中，中子会转变为带正电的质子，因此尽管从总体上说电荷被发射出去的电子平衡了，但是受弱力作用的粒子的电荷并不守恒。

　　很明显，强力和弱力必定是非常短距离的力——它们似乎只能在原子核的范围内起作用，大约是飞米（10^{-15}米）的尺度，这与电磁力形成了鲜明的对比。1935年，日本物理学家汤川秀树（Hideki Yukawa）提出，短程力的载体应当是"重"粒子，它们会在物质粒子之间以比光慢得多的速度缓慢地移动。[2]汤川进一步做出预测，强力载体的质量应该在 100 MeV/c^2 左右。[3]

对弱力感兴趣的物理学家不少（后文将会介绍对弱力的研究），但是强力似乎才是物理学中理解原子核的关键。物理学家开始考虑用量子场论来描述强力，他们提出了疑问：在强力的相互作用中守恒的物理性质是什么？

这个答案并不好找。质子和中子的质量非常相近，根据粒子数据组提供的数据，前者质量为 938.3 MeV/c^2，后者则是 939.6 MeV/c^2，仅相差 0.14%。因此在中子于 1932 年被发现时，人们将其看作是由质子和电子组成的复合体也就不足为奇了。

正因如此，海森堡最初设想这种力由电子携带，从而发展出了一种关于强力的理论。在他的设想下，质子和中子通过交换电子在原子核内相互作用并结合在一起，在这一过程中质子会转变为中子，中子会转变为质子。同样的道理，两个中子之间的相互作用包括两个电子的交换，你给我一个，我给你一个。

这表明，原子核内的质子和中子会不断地变换身份，在两者之间来回反复。我们甚至可以把质子和中子看作是同一种粒子的两种不同的"状态"，就像是一枚硬币的两面。

海森堡引入了一个与电子自旋类似的新的量子数来区分这两种状态，他称之为"同位旋"（isospin）。像电子自旋一样，他赋予了同位旋一个固定值，$I = 1/2$。这意味着有同位旋的核子能够"指向"两个不同的方向，即 +1/2 和 −1/2。海森堡给质子指定了一个方向，给中子指定了另一个方向，这样一来，中子转化为质子就相当于同位旋的"旋转"。

这是一个相当粗糙的模型，但是海森堡得以通过它将非相对论性量子力学应用于原子核上。在发表于1932年的一系列论文中，他阐述了许多核物理的观测结果，例如同位素和 α 粒子（氦原子核，由两个质子和两个中子组成）的相对稳定性。但是以电子为载体的模型有着相当大的限制——它禁止质子之间发生任何形式的相互作用。很快就有实验表明，质子和质子之间力的强度与质子和中子之间的力相当。

海森堡的理论没能经受住考验，但是他提出的同位旋概念还有一定作用，于是被保留了下来。现在，这种量子数的起源还是相当模糊（尽管我们称之为同位"旋"，但它并不意味着质子或中子会像陀螺一样自转）。今天我们可以把同位旋追溯到构成粒子的夸克的种类和数量（更多相关信息参见第15章）。

让我们回到正题。1953年，中国物理学家杨振宁和美国物理学家罗伯特·米尔斯（Robert Mills）在寻找强相互作用中的守恒量时，把目光锁定在同位旋身上。随后他们就开始寻找与之对应的对称群，以此构造量子场论。

很明显，U(1)并不符合要求，因为它只有一个维度，并且只能描述含有一种力粒子的场。而质子和中子之间的相互作用至少需要三种力粒子，一个带正电荷（代表中子转变为质子），一个带负电荷（代表质子转变为中子），一个电中性（代表质子和质子以及中子和中子之间的相互作用）。

他们推导出的结果是SU(2)这一对称群，即含有2个复变元的特殊酉变换群。请不要被这个奇怪的符号吓住。值得注意的是，在此基础上建立的量子场论是具有对称性的。它引入了一个新的量子场，类似于量子电动力学中的电磁场，杨振宁和米尔斯称之为"B场"。

一般来说，SU(n)具有（$n^2 - 1$）个维度，在量子场论中，维度的

数量决定了该理论所拥有的不同种类力的载体的数量。因此，根据
SU(2) 量子场的预测，应当有（$2^2 - 1$）种，也就是3种不同的力粒子
负责在原子核中传递质子与中子之间的作用力，类似于量子电动力学
中的光子。因此，SU(2) 符合我们的要求。杨振宁和米尔斯将带电的
力粒子记为 B^+ 和 B^-，电中性的则记为 B^0。物理学家后来发现，这些载
体粒子不仅会与质子和中子相互作用，它们相互之间也会发生作用。

问题这就来了。在量子电动力学中取得成功的质量重正化方法
无法应用于新理论。更糟糕的是，微扰级数中的相互作用项为零，表
明这三种力粒子都应该是无质量的，就像光子一样。但是这与汤川提
出的短程力的载体应当是重粒子相矛盾，没有质量的载体是没有意
义的。

1954年2月23日，在普林斯顿大学的一次研讨会上，杨振宁被性
情乖戾的泡利一再发难。"这个B场的质量是多少？"泡利问道。杨振
宁无法回答这个问题，泡利却不依不饶，杨振宁只能回答道："这是
一个非常复杂的问题，我们已经就此进行了仔细的研究，但是还没有
结论。"泡利批评道："这不是一个充分的借口。"[4]

这是一个无法回避的问题，没有质量，杨-米尔斯场中力的载体
就不符合物理上的预期。但是如果它们真的是无质量的，那么强力的
作用将会远远超出原子核的范围，其载体粒子应该会像光子一样无处
不在，但是它们并没有被观测到。之前的重正化方法也行不通。他们
在1954年10月发表了一篇论文，描述了自己的研究成果，但这时他
们还没有进一步的进展。杨振宁和米尔斯知道力的载体不可能是无质
量的，却不知道它们的质量从何而来。[5]在一筹莫展的情况下，他们把
注意力转向了别处。

让我们停下来稍做思考。在这一时期，物理学家普遍采用的表述

很能说明问题。前文提到，在量子场论中，场就是物体，而粒子只是场的基本涨落或扰动。泡利要求杨振宁和米尔斯给出 B 场的质量，所以，一个分布在空间和时间中的场的基本扰动与质量有关。

从物理学的角度，我们能否理解"量子场的质量"这样的概念并不重要。不过只要各种各样的量子场论对自然规律的描述仍然准确，那我们就必须要学会接受这类描述。在量子场论中，方程中与质量相关的项（显然我们会称之为"质量项"）随场的平方而变化，并且质量项中也包含一个系数的平方。如果这个系数代表质量 m，那么质量项可以表示为 $m^2\phi^2$，其中 ϕ（希腊字母，读音为"斐"）代表量子场。[6] 泡利之所以抓着 B 场的质量不放，是因为他知道杨振宁的方程中没有质量项，他知道杨振宁无法给出一个令人满意的答案。

这只是问题的一部分。一个自旋量子数为 s 的粒子在磁场中通常有（$2s + 1$）种对齐方式（或称"指向"），对应于（$2s + 1$）种不同的自旋量子数 m_s 的取值。回想一下，电子是费米子，其自旋 $s = 1/2$，因此它的 m_s 就有 $2 \times 1/2 + 1 = 2$ 种取值（即 +1/2 和 –1/2），分别对应于自旋向上和自旋向下的状态。

那么光子呢？光子是自旋量子数 $s = 1$ 的玻色子，所以就会有 $2 \times 1 + 1 = 3$ 种可能的自旋方向（3 种 m_s 的取值），对吗？

为了回答这个问题，我们得学会装傻，忘掉所有有关光子的知识，假装它们实际上是辐射能量的微小的球形粒子或是原子，就像牛顿曾经设想的那样。我们还需要忘记光子只能以光速运动，假装我们能够将它们从静止加速到光速。那么我们会得到什么结果呢？

我们可以从爱因斯坦的狭义相对论中得知，当一个物体的速度增加时，从静止观察者的角度来看，时间会延缓，长度会缩短。当我们加速一个球形的光子时，我们会发现它沿着运动方向的直径会收缩，这个粒子变得越来越扁。越接近光速，这个粒子就越扁，那么达到光速之后呢?

回顾一下第5章的内容，相对论条件下的长度是l_0/γ，其中l_0是"固有长度"（在这个例子中，指的就是粒子静止时的直径），γ则是$1/\sqrt{1-v^2/c^2}$。那么当粒子的速度v达到c时，γ变成无穷大，l变成0。在观察者的视角下，粒子被完全压扁，没有厚度。

当然，光子只会以光速传播，前面这一大段的内容在物理上是不现实的。但是我们仍然能从中推理出，光子从某种意义上说是"二维"的，是扁平的。无论它们是什么样的，狭义相对论都禁止它们在运动的方向上具有维度。

现在再回到光子自旋的问题。如果光子的$s=1$，我们可以得出这样的结论：光子的自旋可以指向3个不同的方向。但是根据我们刚刚推导出的结论，光子的自旋没有第3个方向可以指。以光速运动的光子只有两个维度，其中一个自旋方向（对应于m_s的其中一个可能的取值）被狭义相对论"禁止"了。

因此光子最多只可能有两个自旋方向，不会有第3个。它们对应于两种已知的圆偏振：左旋圆偏振（$m_s=+1$）和右旋圆偏振（$m_s=-1$）。可能你对于偏振这种性质不太熟悉，但是没关系。我们可以把左旋圆偏振和右旋圆偏振以某种叠加的方式组合到一起，这样就能得到垂直和水平的线偏振状态。"线偏振"这个词就常见得多了（但是仍需注意的是，线偏振也只有垂直和水平这两个方向，没有前后），宝丽来墨镜就采用了过滤水平偏振光的方式来减弱刺眼的反光。

因此，所有无质量的玻色子（如光子）都以光速运动，并且是"扁平的"，这意味着它们最多只能有两个自旋方向，而不是根据$s=1$计算得出的3个。但是如果如汤川秀树所说，短程力的载体是大质量粒子，那么就不会有这样的限制。重粒子无法以光速运动，因此它们是"三维"的。如果它们也是 $s=1$ 的玻色子，它们就会有 3 个自旋方向。

物理学家需要找到一种机制，能够以某种方式减慢杨-米尔斯场中无质量的力的载体的速度，从而使它们获得"厚度"，也就是第三个维度，使得粒子的自旋能够指向运动的方向。这一机制还需要在方程中产生与 $m^2\phi^2$ 相关的质量项，要怎么做呢？

我们了解到的五件事

1. 物理学家在寻找能够描述强力和弱力的量子场论时运用了诺特定理：守恒定律与自然界中的某些连续对称性有关。

2. 海森堡提出，质子和中子是同一个粒子的两种不同的量子态，其同位旋 $I=1/2$。质子和中子之间的相互转化相当于同位旋的"旋转"，例如从 $+1/2$ 变为 $-1/2$。海森堡的理论没经受住考验，但是同位旋的概念被保留了下来。

3. 在探索强力的量子场论的过程中，杨振宁和米尔斯将同位旋确定为守恒量，并把注意力聚焦在 SU(2) 对称群上。这就意味着要找到 3 种力的载体，他们将其命名为 B^+、B^- 和 B^0。

4. 但是杨振宁和米尔斯的理论所预测的力的载体应该是无质量的，并且会像光子一样以光速运动，这与实验结果以及质子和中子之间的力必须是短程力的要求完全不相符。泡利对此嗤之以鼻。

5. 物理学家需要找到一种能够减慢这种假想粒子速度的机制，这样它们就能够获得第三个维度（也就是第三个自旋方向），并产生 $m^2\phi^2$ 有关的"质量项"。

第 14 章

上帝粒子

杨振宁和米尔斯研究的是强力的量子场论,那么弱力呢?弱力与强力一样,都是短程力,这意味着它的载体一定也是有质量的粒子。

1941年,施温格提出,假设弱力是由一种力粒子携带的[①],其质量相当于质子质量的几百倍,那么它的传播范围将会非常有限。[1]与无质量的光子不同,有质量粒子的运动速度非常缓慢,显著低于光速。这种慢速运动的粒子所携带的力也会比电磁力弱得多。

施温格意识到,如果这样一个弱力载体的质量能够以某种方式被"关闭"(被切换到没有质量的状态),那么弱力就会具有与电磁力大小相当的传播范围和强度。这句话听起来就像数字算命一样离谱,但这也是第一次有人意识到,弱力和电磁力可以被统一为一体,即"电弱力"。[2]

---

① 现在,我们知道其实携带弱力的粒子有三种,后文会提到。

我们可以通过这样的思路来推理。尽管电磁力和弱力看起来差异颇大，但它们可以以某种奇怪的方式表现为相同的"电弱力"。它们之所以看起来相差很大，主要是因为弱力的载体身上发生了这样一件事：与光子不同，这种粒子以某种方式变成了"三维"的，它们的速度低于光速，并且拥有大量的质量。这限制了弱力的范围，并且使其强度远远低于电磁力。[①]

我们可以换一个角度来看这个问题。如果我们把时间倒回到宇宙大爆炸刚刚发生的时候，在这时周遭环境的能量和温度之下，自然界中的所有力（也包括由时空中的质能施加的引力在内）被认为是融为一体、难以区分的。引力首先分离出去，随后是强力。而在大爆炸发生之后大约一万亿分之一秒时，电弱力分裂成两种不同的力——弱力和电磁力。这样，四大基本作用力就齐全了。关键问题是，弱力的载体身上发生了什么，让它变得这么重？或者说，是什么在大爆炸发生之后大约一万亿分之一秒时导致了电弱力的分裂？

施温格在哈佛的研究生谢尔登·格拉肖（Sheldon Glashow）承担起了解答这一问题的任务。格拉肖基于SU(2)对称群（像杨振宁和米尔斯一样）发展了一种弱相互作用的量子场论。在这一理论中，弱力由三种粒子携带［前文提到，与SU(n)结构相关的力的载体有（$n^2 - 1$）种］，其中两种粒子带电，现在被我们称为W^+和W^-，还有一种不带电，被称为Z^0。

但是格拉肖现在遇到了和杨振宁和米尔斯一样的问题，这一量子场论认为的W粒子和Z粒子都是无质量的，就像光子一样。如果试图通过"手动"增加质量来凭空捏造一些方程，那么这一理论就无法重正化。

---

① 在质子和中子所处的飞米尺度上，弱力的强度大约只有电磁力的1000万分之一。

所以义是一样的问题，我们明知道弱力的载体一定是有质量的粒子，但是从理论推出的结果是无质量的。弱力载体的质量究竟从何而来呢？谜底在1964年至1971年的这7年间被逐渐揭开，答案与自发对称性破缺有关。

这个名字听起来挺宏大，但它其实是一种我们非常熟悉的日常现象。想象一下如果有人把玻璃瓶中水结冰的过程拍成一段延时摄影，我们会看到什么样的情景呢？在某个时刻，我们会看到第一批冰晶的形成，然后这些冰晶慢慢地扩展开来，直到整瓶水都变成冰。

液体中的水分子有一定的对称性，它们从不同的方向（上、下、左、右、前、后）上看起来都大致相似，都在构成液体的松散网络中随机运动，如图19（a）所示。但是冰是一种晶格，一种由六角形原子环平铺（或称"镶嵌"）而成的规则阵列。从不同方向上观察这一结构，会看到不同的情景：如果从左边或者从右边观察，我们可以看到一条由晶格结构形成的"走廊"，但往上看的话会看到一个"天花板"，往下看也会看到"地板"，如图19（b）所示。

尽管晶体是一种更有规则、重复出现的结构，但在三维空间中，固态水分子的组织方式并不像液态水中那样对称——我们从不同的方向观察会得到不同的结果。因此，将水冻结的过程"打破"了液体较高的对称性。

不过刚刚解释的只是自发对称性破缺是什么，而不是它发生的机制，现在我们要回过头来把刚刚那段延时摄影再仔细地看一遍。我们看到第一个冰晶在整瓶水中的某处（看起来是相当随机的一处）形成的，最大的可能是在内壁的周围，但这是为什么呢？我们可以看到，一旦有第一个冰晶形成，那么接下来就会有更多的晶体就会包裹上来，形成一个"核心"，并继续扩展，直到整个瓶子结满了冰。所以

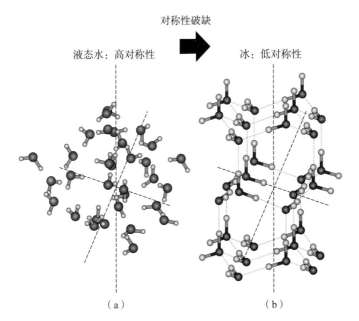

液态水：高对称性　　对称性破缺　　冰：低对称性

（a）　　　　　　　　　　　（b）

图19　液态水的结构是由相邻分子间的短程力控制的，但是在不同的方向上看起来并无不同，如图（a）所示；但冰是一种晶体结构，水分子排列成六边形，如图（b）所示，因此与液体相比，冰的整体对称性较低

我们要换一个思路提出问题：是什么导致了第一个冰晶凝结成核？

这里有一条线索。让我们用超纯水来重复这个实验，同时确保玻璃瓶的内壁非常光滑。现在慢慢地使玻璃瓶冷却下来，我们会发现，即使水的温度已经降低到冰点以下，还是没有形成任何冰晶。这样的水被称为过冷水。答案找到了，之前的那个玻璃瓶中之所以会有冰晶凝结成核，是由于水中含有杂质或是玻璃瓶内壁不均匀，所以在第二次实验中去除了水中的杂质以及内壁的不均匀性之后，就不会再形成冰晶。

我们得出的结论是，晶体需要"依附"在某些东西上才能完成结冰的过程。我们需要添加一些东西（即上述例子中的杂质和不均匀性）才能促使自发对称性破缺的发生。

这对解释量子场论遇到的问题有什么意义呢？其实，杨振宁和米尔斯以及格拉肖提出的SU(2)量子场论就像是一个装着超纯水的非常光滑的玻璃瓶，物理学家意识到，要打破对称性，就需要在量子场的"背景环境"中添加某种东西，这是一种原本缺失的成分。

从某种意义上来说，他们需要找到某种东西，可以让量子场中无质量的力的载体"依附"其上。这种成分需要能打破对称性，使各种作用力之间产生区别。现在也没什么多余的选择了，他们只好又引入了另外一种全新的量子场。

这一想法起源于20世纪60年代初，与超导材料的特性有关。美籍日裔物理学家南部阳一郎认识到，自发对称性破缺可以导致具有质量的粒子的产生。[3]

物理学家花了几年的时间才最终得出一种详尽的机制。南部阳一郎和英国理论物理学家杰弗里·戈德斯通（Jeffrey Goldstone）的论文以及美国物理学家菲利普·安德森（Philip Anderson）的评论中都对此有所提及。1964年，美国物理学家罗伯特·布鲁（Robert Brout）和比利时物理学家弗朗索瓦·恩格勒（François Englert）、英国爱丁堡大学物理学家彼得·希格斯（Peter Higgs）、美国物理学家杰拉尔德·古拉尔尼克（Gerald Guralnik）以及卡尔·哈根（Carl Hagen）和英国伦敦帝国理工学院物理学家汤姆·基布尔（Tom Kibble）这三组科学家分别独立地发表了一系列论文，详细地阐述了这一机制。从1972年开始，这一机制开始被人们普遍称为希格斯机制，新的量子场则被称为希格斯场。

需要再次强调的是，理论物理学家最为关心的问题是如何构造出正确的数学结构，他们并不怎么关心数学方程背后的物理意义（更不用说直观性了），他们很乐意把这个问题留给别人去解决。添加一个具有某些性质的背景希格斯场确实向量子场论方程中引入了新的项，这些新的项可以被解释为与 $m^2\phi^2$ 有关的质量项。这一机制从数学的角度上来看是没有问题的，现在需要做的是寻找它的物理意义，我们必须做出尝试。

添加一个背景希格斯场（无论它是什么），意味着它遍布于整个宇宙中，就像是现代版的以太（但它比麦克斯韦那些19世纪的物理学家所提出的以太要稀薄得多）。如果没有这个场存在，所有粒子（无论是物质粒子还是力粒子）都是默认的无质量的二维粒子，并且都会以光速运动。

毫无疑问，如果真的是这样，那就不会有质量了，也不会有物质实体的产生，不会有我们今天所熟悉的宇宙，不会有星系、恒星、行星、生命，更不会有人类。而现在我们知道了希格斯场的存在，无质量粒子与希格斯场相互作用产生了一系列效应，它们获得了第三个维度（变"厚"了），速度也慢了下来。其结果就是，粒子获得了质量（$m^2\phi^2$ 形式的质量项开始在方程中出现），参见图20。人们使用过各种各样的类比来"解释"这些效应，其中最流行的一种说法是，希格斯场就像是一团黏稠的糖浆，它会拖拽着粒子使其减速，而粒子对于加速度的抵抗就表现为惯性质量。这样的类比无法做到尽善尽美（希格斯自己更倾向于认为这一机制涉及一种扩散），但它们至少能够让我们有一些概念。

最重要的概念与质量的"起源"有关。从古希腊原子论者开始，人们就倾向于认为质量是物质的最终组成成分，是一种与生俱来的、不可分开的"第一"性质。伽利略和牛顿改进了这一概念，但并没有从根本上改变它。一个物体的惯性质量是它阻碍加速度的量度，我们本能地把惯性质量等同于这个物体所拥有的物质的量，它包含的"东

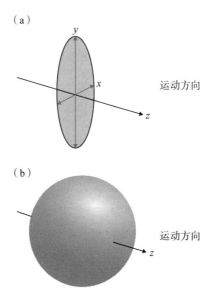

（a）

y

x

运动方向

z

（b）

运动方向

z

图20　图（a）中，一个无质量的玻色子以光速运动，只能够"指向"两个方向，在图中显示为左/右（x轴）和上/下（y轴），它不能"指向"运动的方向；图（b）中，在与希格斯场的相互作用中，粒子获得第三个维度——前/后（z轴），它有了"厚度"，速度减慢，场方程中开始出现$m^2\phi^2$形式的质量项

西"越多，就越难加速。

而如今，我们把一个本来没有质量的基本粒子的运动在与希格斯场的相互作用下"抵抗"运动的程度解释为粒子的惯性质量，质量的概念在一堆数学推导的过程中消失了，它已经成为一种第二性质，是无质量粒子和希格斯场相互作用的结果。

现在再回头看，我们会发现，在大爆炸发生后的一万亿分之一秒，宇宙的温度已经冷却到足以让希格斯场稳定在一个固定的值，这为打破电弱力的对称性提供了必要的前提。W粒子和Z粒子找到了可以"依附"的东西，它们获得了第三个维度，获得了质量，于是弱力从电磁力中分离出来。

尽管希格斯机制极具吸引力，但它并没有立即获得大家的支持。希格斯的论文在发表时甚至遇到了一些困难。1964 年 7 月，他把这篇论文寄给了欧洲杂志《物理快报》（*Physics Letters*），但是编辑以不适合发表为由拒稿了。希格斯火冒三丈，但一个简单的事实是，在 20 世纪 60 年代初，量子场论因为面临问题而无人问津，而希格斯这篇论文的内容正是关于如何解决这一问题的。[4]

希格斯对他的论文做了一些修改，并重新提交给《物理评论快报》（*Physical Review Letters*）杂志，这篇论文被送到南部阳一郎那里进行同行评议。南部阳一郎要求希格斯就他的论文与布鲁和恩格勒刚刚在同一杂志上发表的一篇类似文章之间的关系发表评论。希格斯没有注意到布鲁和恩格勒在同一问题上做出的工作，并在补充的脚注中承认了他们的工作。他还在正文中增加了最后一段，提醒人们注意另一种可能存在的大质量玻色子，即希格斯场的量子粒子。这就是我们今天所说的希格斯玻色子。

物理学家现在有了一种机制，但是还没有一个成熟的量子场论（当然更没有一个可以重正化的场论）。不过仅仅 3 年之后，他们就迈出了下一步。史蒂文·温伯格（Steven Weinberg）花了几年的时间研究强相互作用中自发对称性破缺的影响，后来他意识到自己的方法行不通。然而就在此时，他突然产生了另一个想法。[5]

温伯格一直以来都在尝试将希格斯机制应用于强力，试图给强力的载体赋予质量。但是他现在意识到，他一直试图应用于强力的数学结构，恰恰是解决弱力及其隐含的大质量力的载体的相关问题所需要的。他把正确的思路用在了错误的问题上——这就是弱力中大质量的力载体之谜的答案。[6]

但是，温伯格并没有把这种方法应用到质子和中子上（它们也会受到强力的作用），而是将其应用于诸如电子和中微子这一类不受强力影响的粒子上。温伯格后来坦承了如此选择的理由。几年前，默里·盖尔曼和乔治·茨威格（George Zweig）各自都曾犹豫不决地提出，质子和中子实际上都是复合粒子，它们由后来被称为夸克的物质组成（详见第15章）。如果将希格斯机制应用到作用于质子和中子上的弱力，就意味着要将夸克也纳入讨论之中，但是温伯格根本不确定夸克是否真的存在。[7]

温伯格于1967年11月发表了一篇论文，详细地阐述了一个统一的电弱理论。在这个理论中，希格斯机制的原理是这样的：在对称性被打破之前，电弱力由4种无质量粒子携带，为了方便起见，我们将它们称为 W^+、W^0、W^- 和 B^0 粒子。与背景希格斯场的相互作用使得 W^+ 和 W^- 粒子获得了第三维，从而减速，并获得质量。

W^0 和 B^0 粒子也获得了质量，但在量子力学中，电中性粒子都有形成叠加态并混合在一起的趋势。W^0 和 B^0 混合在一起之后形成了一个大质量的 Z^0 粒子和一个无质量的光子。我们把大质量的 W^+、W^- 和 Z^0 粒子与弱力联系起来，把无质量的光子和电磁力联系起来。

温伯格估算出了弱力载体大致的质量范围。他预测 W 粒子的质量应该是质子质量的85倍（约800亿电子伏特，或 $80\ \mathrm{GeV}/c^2$），Z^0 粒子的质量应该是质子质量的96倍（约 $90\ \mathrm{GeV}/c^2$）。

1964年，希格斯曾提到希格斯玻色子存在的可能性，但这个粒子与任何一种力都无关。温伯格发现他有必要在自己的电弱理论中引入一个有4个分量的希格斯场，这就意味着有4种基本场粒子（即4种希格斯玻色子）。这4种希格斯玻色子中的3种在相互作用中分别被 W^+、W^- 和 Z^0 粒子"吞噬"，这一过程为它们增加了第三维，并减慢了速度。

而第4种希格斯玻色子则以物理粒子的形式出现，它就是剩余下来的希格斯玻色了。

在英国，阿卜杜勒·萨拉姆（Abdus Salam）经汤姆·基布尔的介绍接触到了希格斯机制。他在早年间研究过电弱场理论，并且很快就发现了自发对称性破缺的可能性。当他看到温伯格论文的预印本时，他发现自己和温伯格各自独立地得出了完全相同的模型，但他决定在自己能够恰当地将质子和中子纳入描述中之后再发表自己的论文。温伯格和萨拉姆都认为电弱理论是可以重正化的，但当时他们都无法对此做出证明。

几年之后，这一点得到了证明。纯属巧合的是，1971年，荷兰理论物理学家马丁努斯·韦尔特曼（Martinus Veltman）和赫拉德·特霍夫特（Gerard 't Hooft）重新推导出了由温伯格首次提出的场论，而且他们现在也证明了该场论可以重正化。一开始特霍夫特想将这一理论应用于强力，但是当韦尔特曼向一位同事询问其他可能应用的方向时，这位同事的回答指向了温伯格于1967年发表的那篇论文。韦尔特曼和特霍夫特意识到，他们已经建立起了一个完全可重正化的电弱相互作用量子场论。

这对电子来说意味着什么？回顾一下第12章的内容，质量重正化意味着电子的质量分成两部分。它具有一个假想的"裸质量"，也就是如果将其从自身产生的电磁场中分离出来，它将具有的质量；它还具有一个"电磁质量"，这是由电子与自己的电磁场之间的相互作用产生的能量产生的，这种相互作用将电子包裹在一层虚光子中。

现在我们知道，就连"裸质量"都不是电子的固有性质，它来源于电子和希格斯场的相互作用。这些相互作用增加了第三个维度，并且使电子减速，产生了我们称之为质量的效应。

几年之后，高能粒子实验物理学的发展终于追上了理论物理学家的步伐。温伯格已经预测了弱力载体的质量，在他做出这些预测时还没有足够大的粒子对撞机能够观测到它们。但是在随后的几年时间里，美国和欧洲核子研究组织（位于瑞士日内瓦附近）都建造了新一代的粒子对撞机。1983年1月，欧洲核子研究组织宣布发现了W粒子，其质量为质子的85倍，与温伯格的预测值相同。随后，在同年的6月，Z^0粒子也被发现了，其质量大约是质子的101倍（根据最新数据，这一数值应是97倍）。[1]

当然，电弱理论还预测了希格斯玻色子的存在。鉴于通过希格斯机制预测的弱力载体质量如此准确，那么希格斯场（或是类似的什么东西）的存在似乎是"确信无疑的事"。然而，也有其他无须借助希格斯场的对称性破缺理论，并且电弱理论也存在着一些难以解决的问题。这些问题往往会播下怀疑的种子，并逐渐侵蚀理论物理学家的信心。当时还远远不能说希格斯机制已被证实。

希格斯机制自然而然地嵌入电弱理论中，并使之重正化，一切看起来都是那么完美。但是这一机制要求存在一种新的量子场，它将遍布于整个空间之中。所以，一切的问题归根结底就是：如果希格斯场真的存在，那么它的基本场粒子希格斯玻色子也应该存在。

所以下一步当然是寻找希格斯玻色子存在的证据，一场竞赛就此在芝加哥的费米实验室和日内瓦的欧洲核子研究组织之间展开。在1993年出版的一本书中，美国粒子物理学家利昂·莱德曼强调了（或许在你看来强调得有些过分）希格斯玻色子所起到的基本作用，并称之为"上帝粒子"（God Particle）。

---

[1] 前文提到，施温格在1941年假设弱力的力粒子质量是质子的"几百倍"，如此一来，他的预测与实测值也差了几倍。

他给出这个名字的原因有二："第一，出版者不让我们将其命名为'天杀的粒子'（Goddamn Particle），但是考虑到它恶毒的本性和消耗的经费，这个标题真是再恰当不过了。第二，这也与另外一本更为古老的书有关……"[8]

我们了解到的五件事

1. 1941年，朱利安·施温格认识到，如果设想弱力的载体是无质量的，那么弱力的强度和作用范围将会和电磁力相仿。这是统一这两种大自然基本力的第一条线索，弱力和电磁力结合在一起就形成了电弱力。

2. 但是在如今这个阶段，弱力和电磁力不再是统一的了——它们是两种差异很大的基本力，有着不同的强度和范围。这意味着弱力的载体一定发生了什么变化从而获得了质量。力的载体变得很重，这大大降低了弱力的强度和范围。

3. 但是有一种机制可以解释这一问题，它是由好几位理论物理学家独立开展工作后于1964年提出的，我们今天称之为希格斯机制。弱力的无质量载体通过与希格斯场相互作用减慢了速度，获得了第三个维度（其自旋可以指向第三个方向），并且在这一过程中获得了质量。1967年，温伯格预测两种弱力载体的质量分别大约是质子的85倍和96倍。

4. W粒子和Z粒子是弱力的载体，由欧洲核子研究组织于1983年发现。由粒子数据组运营的在线数据库中给出的W粒子质量为80.385 GeV/c^2（质子质量的85.7倍），Z^0粒子质量为91.188 GeV/c^2（质子质量的97.2倍）。

5. 但也有其他在不引入新的量子场的条件下也能解释W和Z粒子的质量的理论。如果要证明希格斯场确实存在，就必须找到它的基本场量子——希格斯玻色子存在的证据。寻找希格斯玻色子的竞赛开始了。

第 15 章

标准模型

20世纪60年代末到70年代末是高能粒子物理学的黄金时代。随着关于弱力和电磁力的统一量子场论的细节被一点点地揭示出来，强力的性质也逐渐明晰了起来。到1979年，后来被称为粒子物理标准模型的理论的所有组分均已就位。这一模型囊括了所有已知的基本粒子以及原子和原子核内部的作用力，只是其中一些较重粒子的存在尚未在实验中得以确认。

强力的神秘面纱被逐渐揭开。从20世纪30年代到60年代的这30年间，实验物理学家发现的粒子如"动物园"般繁杂。对当时的物理学家来说，一连串新粒子的发现简直让人眼花缭乱。除了质子、中子、电子和中微子之外，还有大量奇怪的新粒子，狄拉克的"哲学家之梦"成了一场噩梦。

1932年，美国物理学家卡尔·安德森在宇宙射线（来自外太空的高能粒子流，它们不断冲击着地球的上层大气）中发现了狄拉克预言的正电子。4 年后，他和另一位美国物理学家塞思·内德梅耶（Seth Neddermeyer）发现了另一种新粒子。起初，人们认为这种粒子是汤川所预言的强力的载体，因为它的质量和汤川预测的数值差不多。但是这种粒子的行为就像是电子一样，只是质量大约是普通电子的 200 倍。这种粒子有过很多个名字，我们现在称之为 μ 子。在它被发现的时候，它根本不符合当时已有的任何关于物质组成结构的理论或是看法。

1947 年，布里斯托大学的物理学家塞西尔·鲍威尔（Cecil Powell）带领团队在宇宙射线中发现了另外一种新粒子，其质量比 μ 子略大，是电子的 273 倍。但是与介子不同的是，这种粒子分为带正电、带负电和电中性三种，我们称之为 π 介子。它们就是汤川预言的粒子。

随着探测手段的不断发展，新粒子不断涌现。除了 π 介子以外，人们还发现了带正电和带负电的 K 介子以及电中性的 Λ 粒子。新的粒子名字迅猛增长。难怪费米在回答一位年轻物理学家的问题时说道："年轻人，如果我能把这些粒子的名字全都记住，那我就能转行当植物学家了。"[1]

K 介子和 Λ 粒子表现得尤为奇怪，它们不符合任何已知的量子规则。美国物理学家默里·盖尔曼只得提出，这些粒子受到某种迄今为止尚未发现的新的量子性质支配，套用弗兰西斯·培根说过的一句话："举凡最美之人，其部分比例，必有异于常人之处"[1][2]，他将这种性质命名为"奇异数"。[2]无论这是一种什么样的性质，粒子的"奇异数"在表现出这种奇特性质的强相互作用过程中都是守恒的。

在令人眼花缭乱的新粒子中，一定存在某种潜在的模式。物理学

---

① 摘自弗兰西斯·培根《论美》，王佐良译。——编者注
② 日本物理学家西岛和彦及中野董夫也在差不多同一时间提出了同样的想法，它们将奇异性称为"η 电荷"。

家现在需要找出一种结构赋予这个动物园秩序，把所有怪异而又奇妙的粒子之间的关系解释清楚，就像俄国化学家德米特里·门捷列夫用化学元素周期表把所有化学元素排列得井然有序一样。

现在，物理学家已经根据粒子各种各样的性质对它们进行了分类，主要分为两类。一类是强子（hadron，源自希腊语hadros，意为"厚的"或"沉重的"），另一种是轻子（lepton，源自希腊语leptos，意为"小的"）。强子受强力、弱力和电磁力的影响，而轻子只受弱力和电磁力的影响。

强子中有一类粒子被称为重子（baryon，源自希腊语barys，意为"重的"），它们都是较重的粒子，其成员有质子、中子、Λ粒子以及在20世纪50年代被发现的两个系列的粒子——分别被命名为Σ粒子和Ξ粒子；还有一类被称为介子（meson，源自希腊语mésos，意为"中间"），它们同样受强力作用，但是质量中等，其成员包括π介子和K介子等。轻子的成员则有电子、μ子、中微子等。重子和轻子都是费米子，自旋均为半整数。

在20世纪60世纪初，盖尔曼和以色列物理学家尤瓦尔·内曼（Yuval Ne'eman）提出，如果想要探明强子的模式，就只能假设它们并不是物质最基本的组成部分。历史重演了。经过几个世纪的科学研究，我们已经掌握了一些物质由原子构成的证据（当然，只是间接的证据），但这里所说的原子已经不是古希腊哲学或是机械哲学中最终的、不可分割的原子了。原子是可分的，它包含原子核和电子，而原子核又包含质子和中子。现在又有人提出，质子和中子同样是复合而成的，它们由其他更为基本的粒子组成。

物理学家逐渐意识到，我们可以在这些新的基本粒子的基础之上，构建起对物质的性质和组成的新认识。这些新的粒子将会和轻子

·起，成为新的"原子"，"动物园"中所有的动物——质子、中子、
π介子、K介子、Λ粒子、Σ粒子、Ξ粒子等粒子都是由这些新"原子"
组装起来的。

这一模式表明，一个质子或中子需要由两种新的基本粒子组成，
并且每个质子或中子都包含3个这种粒子。例如，如果我们将这两种
不同的新粒子记为A和B，那么质子和中子似乎是由AAB或是ABB
组成的。那么质子的电荷呢？是不是要假设这些新粒子中的一个带正
电荷（例如B^+）而另一个不带电呢？但是这样又无法组成电中性的
中子：AAB^+的组合可以给我们带来一个带正电的质子，然而AB^+B^+
并不能给我们带来电中性的中子。这种模式好像不符合实际情况。

这个问题正是由盖尔曼自己于1963年发现的。当时，他正和同事
罗伯特·瑟伯（Robert Serber）在位于纽约的哥伦比亚大学共进午餐。
瑟伯向他提议这一"两种三个"的方案，然而盖尔曼却对此不屑一
顾。"这真是个疯狂的想法，"他说，"我抓起了餐巾纸进行了一些必
要的计算，目的是向他表明，如果像他说的那样，那么这种粒子所带
的电荷就不是整数了，而是像$-1/3$和$+2/3$这样的分数，因为只有这样
才能得到质子的总电荷为$+1$，中子的总电荷为0。"[3]

电荷只可能以这种方式分布在两种粒子上。为了得到一个质子，
我们需要两个带电量为$+2/3$的粒子和一个带电量为$-1/3$的粒子；而带
电量为0的中子则需要一个带电量为$+2/3$的粒子和两个带电量为$-1/3$
的粒子。另外，为了解释"动物园"中的其他粒子，我们还需要第三
种粒子，其带电量同样为$-1/3$。

有关粒子带电量可以不是整数的想法此前并无先例，而且听起来
相当荒谬。盖尔曼特意选择了一个没有任何意义的词，将这种新粒子
称为"阔克"（quork），以此来突出其荒谬性。但是，尽管存在着这

些令人担忧的问题，但是这种组合的形式确实为粒子的模式提供了一个潜在的强有力的解释。并且，如果"阔克"会永远被束缚（即"禁闭"）在比它更大的强子内部，这也许就可以解释为什么我们在高能物理实验中从未发现过这种带分数电荷的粒子。

当盖尔曼还在纠结于这种想法时，他碰巧读到了詹姆斯·乔伊斯（James Joyce）的小说《芬尼根的守灵夜》中的一段："向麦克老大三呼夸克！"[4]其中"夸克"一词与他的"阔克"虽然不完全押韵，但读音十分接近，于是他就用"夸克"作为这种古怪粒子的新名字。[①]

这一模式需要3种夸克，盖尔曼将它们分别称为"上夸克"（u，带电量为+2/3）、"下夸克"（d，带电量为–1/3）以及"奇夸克"（s，更重一些的下夸克，带电量也是–1/3）。当时已知的所有重子都可以由这3种夸克以不同方式组合得到，而介子则是由夸克和反夸克组合得到的。

上、下、奇这些性质被描述为夸克的"味"（flavour），我们可以将其看作一种新的量子数。[②]当然，这并不是说夸克真的能被我们尝出味道来，最好的理解方式是把它当作一种类似于电荷的性质。夸克和轻子都带有电荷，电荷分为两类：正电和负电。而除了电荷之外，夸克还有味，而在当时夸克的味有3种：上、下、奇。但是我们现在知道，实际上夸克共有6味。

这样一来，质子就由两个上夸克和一个下夸克组成（uud），其

---

① 大约在同一时间，美国物理学家乔治·茨威格提出了一个与夸克完全等价的概念，他将其称为"艾斯"（ace）。然而，茨威格的这篇文章被杂志社拒稿。不过后来盖尔曼付出了相当大的努力，让茨威格对夸克理论的贡献也得到承认。

② 这似乎没有太大的意义，因为味是某种标签（"上""下"等），而不是一个数字（1，2，…）。我们可以通过假设一个上夸克的上量子数为1来让它看起来更像一个量子"数"，别的味以此类推。

总电荷相加之后是 +1；中子则是由一个上夸克和两个下夸克组成（udd），其总电荷为零。β 衰变现在可以理解为，中子内的一个下夸克转变为上夸克，于是中子变成质子，同时发射出一个 W^- 粒子。

　　顺带一提，在第 13 章中，海森堡曾试图基于质子和中子是同一粒子的不同"状态"的想法建立一种早期量子场论，我们现在可以看出，这个观点还真是不无道理。质子和中子确实是由相同的两种夸克（上夸克和下夸克）组成的，区别之处在于中子有两个下夸克而质子只有一个。

　　同位旋现在被定义为上夸克数减去下夸克数再除以 2。[①]因此中子的同位旋为 $\frac{1}{2} \times (1-2) = -\frac{1}{2}$。中子同位旋的"旋转"相当于将一个下夸克转变为上夸克，这样就得到了一个质子，其自旋为 $\frac{1}{2} \times (2-1) = +\frac{1}{2}$。

　　K 介子和 Λ 粒子之所以显得"奇怪"，是因为它们包含奇夸克。带正电的 K 介子由一个上夸克和一个反奇夸克组成，带负电的 K 介子则由一个奇夸克和一个反上夸克组成，而电中性的 K 介子是由下–反奇和奇–反下两种态叠加而成的（不要忘了，电中性的粒子有混合在一起的倾向）。Λ 粒子则是由上夸克、下夸克和奇夸克组成的重子，它就像是一个"更重的中子"，只是把中子内的一个下夸克替换成了奇夸克。

　　1970 年，人们发现了第 4 种夸克存在的迹象，它的带电量为 +2/3，可以看作是更重一些的上夸克，它被称为粲夸克，但是大多数物理学家还对它的存在持怀疑态度。到了 1974 年 11 月，情况发生了变化。当时，另一种被称为 J/ψ 介子的粒子同时被纽约布鲁克海文国家实验

---

① 真实的数值关系要比这个说明稍微复杂一些，同位旋等于 $\frac{1}{2} \times$［（上夸克数–反上夸克数）–（下夸克数–反下夸克数）］

室和位于加州的斯坦福直线加速器中心找到（这一事件被称为"十一月革命"）。此时人们发现，这种粒子是由一个粲夸克和一个反粲夸克组成的。[1]对粲夸克的怀疑瞬间烟消云散。

现在我们还知道了有一种中微子通常与电子为伴（因此又被称为电子中微子）。μ子中微子是在1962年被发现的，而在那段时间里，物质世界的基本构件似乎形成了两"代"物质粒子。上夸克、下夸克、电子和电子中微子形成了第一代，而奇夸克、粲夸克、μ子和μ子中微子形成了更重的第二代。

所以在1977年另一种更重的电子（被称为τ子）被发现时，人们倒是没怎么慌张，很快就确认了一定存在第三代物质粒子，这意味着还存在另外一对更重的夸克和一个τ子中微子。1977年8月，美国物理学家利昂·莱德曼在位于芝加哥的费米实验室中发现了底夸克存在的证据，他和他的同事们找到了由底夸克和反底夸克组成的 Y 介子。底夸克是第三代夸克中对应于下夸克和奇夸克的更重的版本，其带电量为−1/3。

顶夸克和τ子中微子的发现后来由费米实验室分别于1995年3月和2000年7月公布，它们与底夸克一起组成了更重的第三代粒子。尽管不能排除存在第四代、第五代甚至更多代粒子的可能性，但是从理论推导和实验结果来看，一些相当具有说服力的证据表明，粒子可能只有三代。

夸克模型是一个伟大的想法，但在当时提出这些粒子的设想的

---

[1]　这个粒子的名字挺怪，但这个名字只是表明，它是由两个不同的实验室几乎同时发现的。布鲁克海文实验室的物理学家称之为"J"，而斯坦福直线加速器中心的物理学家则称之为"ψ"。在随后争夺谁先做此项发现时，双方都不肯让步，于是我们只能将其命名为J/ψ介子。

时候，根本没有任何实验证据能够证明它们的存在。盖尔曼对于自己构想出的粒子居于何种地位相当谨慎，他曾认为，夸克以某种方式被"束缚"在更大的粒子内部，为了避免关于实在本质和永远看不到的粒子的哲学辩论，他把夸克当作一个"数学的"概念。

但是，斯坦福直线加速器中心于 1968 年进行的实验提供了强有力的证据，表明质子确实是一个包含某种点状成分的复合粒子。当时实验学家还不清楚这些成分是否的确是夸克，不过实验表明，它们非但没有被紧紧地束缚在质子内部，反而如同完全自由的状态一般四处乱逛。这似乎与夸克由于被束缚在中子和质子的内部并因此尚未被发现的观点相矛盾。如果它们可以自由地随处游荡，那为什么不从质子和中子里面出来呢？

这个问题的答案惊人地简单。我们本能地认为，自然界中的力是集中于一点的，通常是粒子或是"产生"力的物体的中心，离这一点越远，力的强度就越弱。最明显的例子是牛顿引力和电磁力，它们都是随着中心之间的距离 r 的增大以 $\frac{1}{r^2}$ 的关系减弱，如图 21（a）所示。[①] 只要火箭被抛到离地球中心足够远的地方，它就能逃脱地球的引力；我们把两块磁铁分开时，也能感受到它们之间拉力的减弱。

但是，普林斯顿大学的理论物理学家戴维·格罗斯（David Gross）和弗兰克·维尔切克（Frank Wilczek）以及哈佛大学的理论物理学家戴维·波利策（David Politzer）于 1973 年指出，强力并不遵循这种模式。正相反，它的作用就像是相邻的夸克被一根强力的弹簧连接在一起，如图 21（b）。当夸克互相靠近时，弹簧松弛，它们之间的力减

___

① 虽然可能看起来不太明显，但是 $\frac{1}{r^2}$ 这种关系与空间是三维的这一事实有关。

小。在质子或中子的内部，夸克被束缚在一起，但是互相之间又离得很近，所以能够看似自由地"随处游荡"。

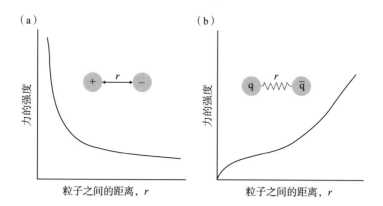

图21　两个带电粒子之间的电磁力随粒子的靠近而增强，如图（a）；但是把夸克连接在一起的色力不同，如图（b）。例如，在一个夸克和一个反夸克之间的距离降低到某一极限以下时，色力为零。随着夸克之间的距离逐渐增加，力的强度也随之增强

　　但是强力就像一只沉睡的老虎，试图把夸克分开就像拽住了老虎的尾巴。一旦强力觉醒[①]，我们就会感受到它完整的力量，它就像拉紧的弹簧一样，阻止着夸克更进一步的分离。强力的作用特征与牛顿引力和电磁力是相反的。

　　盖尔曼、德国理论物理学家哈拉尔德·弗里奇（Harald Fritzsch）和瑞士理论物理学家海因里希·洛伊特维勒（Heinrich Leutwyler）现在已经拥有了建立一个关于强力的量子场论的所有要素，但这个强力并不是杨振宁和米尔斯在20世纪50年代初关注的质子和中子间的强力，而是一种作用于质子和中子内部夸克之间的更强的力。

―――――――――――――――

① 《星球大战》系列电影的爱好者可能会对"原力觉醒"这个词非常熟悉。

物理学家们如今面临的问题与杨振宁和米尔斯遇到的一样：夸克之间这种更强的强力在相互作用过程中的守恒量是什么？对应着什么样的对称性？

杨振宁和米尔斯找到了同位旋守恒和对称群 SU(2)，但他们研究的是质子和中子之间的相互作用。首先被排除的是夸克的味，因为在质子或中子内总会有两个同味的夸克（质子内有两个上夸克，中子内有两个下夸克）。如果夸克同样是自旋为 –1/2 的费米子，那么这似乎是合理的，因为根据泡利不相容原理，质子或中子无法携带两个量子态相同的夸克。

现在，我们需要再找到一个新的量子数。盖尔曼和弗里奇在此之前确定了"色"（colour）的概念。[5]在他们的理论模型中，每个夸克拥有 3 种不同的"色荷"（红、绿、蓝）中的一种。重子是由 3 种颜色不同的夸克组成的，这样他们的总色荷才能均衡为零（或称"色中性"），我们称这样组合成的粒子是"白色"的。[①]例如，一个质子可能会由一个蓝色上夸克、一个红色上夸克和一个绿色下夸克组成，中子可能会由一个蓝色上夸克、一个红色下夸克和一个绿色下夸克组成。而像 π 介子和 K 介子这样的介子，则是由带某种色荷的夸克和与之反色荷的反夸克组成，因此总色荷同样为零，组成的粒子同样是"白色"的。

所以，在这些更强的强力的相互作用中，夸克的色荷是守恒的。色荷分为 3 种，这就意味着相关的量子场论必须建立在 SU(3) 这一对称群的基础之上，即含有 3 个复变元的特殊酉变换群。根据前文提到的（n^2-1）的关系，这种力需要 8 种载体。这些力的载体被称为胶子，它是将有色夸克"粘"在强子内部的粒子。

---

① 实际上用"无色"来形容更为准确。

我们现在可以弃用"更强的强力"这个拗口的称谓了，直接称之为"色力"即可。盖尔曼将这种量子场论命名为量子色动力学（QCD）。

且慢，根据之前的逻辑，这种在非常短的距离内起作用的力一定是由大质量粒子携带的。这是否意味着胶子的质量很大？其实并不。这种推论只适用于像弱力这种强度随距离的增加而减弱的短程力，但是我们刚刚已经看到了，色力的作用机制与之截然不同。胶子是一种无质量的粒子，就像光子，但与光子不同的是，它无法从原子核中"逃出"。与夸克一样，胶子也携带色荷，并且受到"限制"。

那么汤川关于强力应当由某种质量在 100 MeV/c^2 左右的粒子携带的预测呢？事实证明，他在部分程度上是正确的。尽管色力是将质子和中子内的夸克结合在一起的力，但是其作用却超出质子和中子的范围，在原子核内产生了一种"剩余"强力，这可以被当作原子核中质子和中子之间的将它们结合在一起的相互作用。由于剩余强力只作用于两种粒子，因此它只需要3种载体，也就是π介子，质量分别为 139.6 MeV/c^2（π^+ 和 π^-）和 135.0 MeV/c^2（π^0）。[1]

这样一来，粒子物理标准模型的所有内容就都齐全了。它由量子色动力学和电弱场论组成，电弱场论又因为希格斯机制被分割为两个部分，描述弱力（这一部分的内容又被称为量子味动力学，QFD）的 SU(2) 场论和量子电动力学的 U(1) 场论，其中囊括三代物质粒子、力粒子和希格斯玻色子。截至2000年，除了希格斯玻色子之外，所有涉及的粒子均已在实验中被发现。

---

[1]   "剩余"这个词需要着重强调，因为这不是一种自然界中的基本力。π介子的自旋量子数为0，因此它们不是"正儿八经"的力的载体（它们通常被称为"南部–戈德斯通玻色子"）。然而，剩余强力起到的作用是至关重要的，它可以通过π介子的交换将原子核内的质子和中子结合在一起。

　　人们曾希望于费米实验室的太伏质子加速器（Tevatron）来发现希格斯玻色子存在的迹象，但是没有成功。显然，他们的对撞机无法产生足够高的碰撞能量来产生令人信服的结果。1986年，美国的物理学家启动了一项雄心勃勃的计划——建造世界上最大的粒子对撞机，即超导超级对撞机。但是这个项目在1993年10月被美国国会叫停，国会认为他们耗费了20亿美元的资金，但是除了在得克萨斯州的大草原中挖出了一个巨大的洞之外，什么都没造出来。所有的希望都转到了一台将于一年后投入使用的新对撞机上，这就是欧洲核子研究组织建造的大型强子对撞机。

　　大型强子对撞机有两个主要的探测器，分别被称为超环面仪器（ATLAS）和紧凑μ子线圈（CMS），各有来自世界各地的大约3 000名物理学家参与合作。2010年3月30日，大型强子对撞机记录了第一次质子与质子的碰撞，其能量为7万亿电子伏特（7 TeV），这只是其设计碰撞能量的一半，但已经是地球上有史以来最高能量的粒子碰撞了。在接下来的两年时间里，它进行了一次又一次碰撞实验，能量也从7 TeV提高到8 TeV。随着碰撞数据的累积，物理学家们的激动之情也与日俱增，2012年7月4日，LHC宣布发现希格斯玻色子，其质量约为125 GeV/c^2（大约是质子的133倍）。我通过网络观看了在欧洲核子研究组织的主礼堂进行的发布会的直播。[1]

　　进一步的数据收集一直持续到2012年12月中旬。在2013年3月举办的一次会议上，两个探测器的实验结果都证实了新粒子的身份。这毫无疑问是一个希格斯玻色子。尽管物理学家有意采取了比较含糊的表述，宣称："……我们离确认它是哪一种希格斯玻色子还有很长

---

① 这件事在我的另一本书《希格斯："上帝粒子"的发明与发现》中有详细的叙述。

的路要走。"⁶但是这对诺贝尔奖委员会来说已经足够了，他们将2013
年的诺贝尔物理学奖授予了希格斯和恩格勒。①

　　物理学家越来越确信，这就是标准模型中的希格斯玻色子。一篇
发表于2015年9月的论文对这两个探测器的实验结果进行了总结和评
估，结果很明显，新发现的粒子与标准模型所预测的完全一致。⁷粒子
物理标准模型的搭建至此完成（参见图22）。

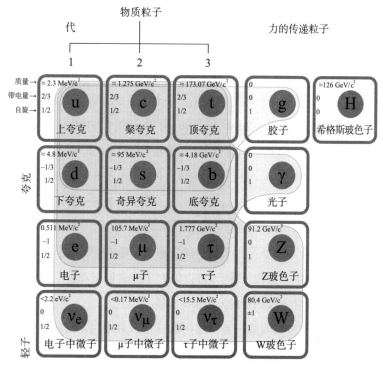

图22　粒子物理标准模型描述了三代物质粒子，以及它们之间由力粒子传递的三
种相互作用。物质粒子和力粒子的质量是由它们与希格斯场的相互作用决定的

---

①　很可惜，罗伯特·布鲁在长期患病后于2011年与世长辞，而诺贝尔奖不会颁发
　　给已故之人。

2015 年 12 月，大型强子对撞机在 13 TeV 的碰撞能量下，发现了一种超出标准模型的新粒子存在的迹象，其质量约为 750 GeV/c^2。这引起了巨大的轰动，理论物理学家们以每周 10 篇的速度争相就此发表论文。然而，大型强子对撞机在 2016 年收集到的进一步数据显示，这些"迹象"不过是一些误导性的统计波动。截至我撰写本书时，高能粒子物理学中还没有出现任何不能被纳入标准模型框架的观测或实验结果。

750 GeV/c^2 这一"线索"的消失让物理学家深感痛惜。考虑到希格斯玻色子的发现被证明是一个巨大的胜利，他们的这种态度似乎显得有些奇怪。事情是这样的，物理学家迫切需要从这样的实验中获得一些灵感，从而研究如何超越标准模型。

为什么要这么做？简单来说，标准模型充满了明显的漏洞。按照目前的情况，这一模型没有提供任何关于基本物质粒子和力粒子与希格斯场之间相互作用的强度的线索，因此我们不能通过它从"第一性原理"①来计算这些粒子的质量。希格斯机制告诉我们的是质量来自何处，但它并不能告诉我们会产生多少质量。粒子质量（也即它们与希格斯场相互作用的强度）必须由我们根据实验测量的结果"手动"记录。

标准模型中的所有粒子都有对应的反粒子，反粒子与其对应的粒子具有相同的质量，但电荷相反，如正电子和电子（电中性粒子的反粒子就是它们自身）。当粒子和反粒子发生碰撞时，它们会湮灭，同时产生高能光子（γ 射线）。但是，只要反粒子与粒子相互分离，它们就是非常稳定的。

———————————

① 第一性原理是一个哲学上的概念，指的是一个最基本的命题和假设，它无法被省略或是删除，也不能被违反。——译者注

欧洲核子研究组织已经制造出了由带负电荷的反质子和带正电荷的正电子组成的反氢原子，并且让它们维持了一段很短的时间以供研究。它们的物理性质与普通氢原子基本相同。

那么，为什么可观测宇宙是由物质而不是反物质（或者两者的混合物）构成的呢？如果在大爆炸后的前几分钟内产生了等量的物质和反物质（这看起来是相当合理的），为什么它们没有完全湮灭，只留下一个充满光但是没有物质的宇宙呢？一个令人激动的解释是，在早期宇宙演化的过程中，天平或是偶然或是必然地稍稍偏向了物质粒子，但是标准模型并没有给出解释为什么会发生这种情况的线索。

接下来就是暗物质之谜。我们在第8章中曾提到过，如果想要解释我们今天所看到的宇宙大尺度结构，那么就需要引入另一种形式的物质，它的引力可以被探测到，但是不会发出任何形式的电磁辐射。虽然我们看不见它，但是我们知道它就在那里。标准模型中的任何一种基本构件都不满足暗物质的要求，我们还是不知道它们究竟是什么。

最后，标准模型中也没有引力的位置，而这种力是我们描述大尺度物体所必需的。正如我们所见，爱因斯坦的广义相对论非常有效，但是粒子物理标准模型是由一系列量子场论建立起来的。现在，我们运用广义相对论来处理质能和弯曲时空的大尺度行为，运用量子场论来处理原子和亚原子粒子的色力、弱力和电磁相互作用。但是当我们试图把这两种理论体系结合到一起，创造出某种可以同时适用于上述两种情况的统一理论时，我们发现它们其实并不相容。

人们对于这种情况发生的原因有着许多不同的看法，但有一点很清楚，广义相对论和量子场论对待空间和时间的方式，就算不是相互矛盾，至少也是天差地别的。在广义相对论中，时空是主动的，它是物质和能量相互作用的结果；而在量子场论中，时空是被动的，它只是提供了一个背景，物质粒了和力粒子在这个背景中发生相互作用。40多年来，理论物理学家一直在努力寻找解决这一问题的方法，我们将在结语中对他们的成果进行简要的回顾，但是这方面的进展可以说是相当缓慢，科学界至今仍没有对前进的方向达成真正的共识。

　　显然我们还有很多事情要做。但是现在，我认为是时候解决大家打开这本书的时候所抱有的疑惑了。物质到底是什么？

我们了解到的五件事

1. 从20世纪60年代末到70年代初，物理学家致力于找到一种理论模型，以帮助他们理解在实验中发现的粒子"动物园"，其中有许多粒子表现出一些奇特和怪异的行为。

2. 质子和中子这样的强子可能是由更基本的夸克组成的复合粒子，这种想法最初被认为是非常荒谬的。这样的夸克必须具有像 +2/3 和 –1/3 这样非整数的电荷。

3. 质子和中子确实是复合粒子的实验证据是在 1968 年被发现的，当人们发现强力的作用机制与弱力和电磁力大为不同时，夸克的概念变得更容易让人接受了。

4. 我们现在知道，物质粒子可以分为三代，其中第一代由上夸克和下夸克（正是它们构成了质子和中子）、电子和电子中微子组成。到 2000 年为止，这三代粒子中的每一种均已在实验中被发现。2012 年，希格斯玻色子的发现为粒子物理标准模型添上了最后一块砖。

5. 但是，还有许多问题是标准模型无法解释的，比如物质粒子和力粒子与希格斯场（即粒子质量的来源）之间相互作用的强度。物理学家对于如何超越标准模型一筹莫展。

第 16 章

没有物质的质量

我们就快要找到答案了。在最后一章中，我打算讨论一下有关物质本质的关键问题，就从我们日常生活中非常熟悉的物质——水入手，不过我说的是水的一种特殊形式。想象一下，有一块边长略大于1英寸（约2.7厘米）的正立方体冰块放在你的手掌心里。天很冷，这个冰块有点儿滑。它几乎没什么重量，但是我们知道它的重量不是零。

我们直接把问题抛出来：这块冰是由用什么做的？还有第二个重要的问题：它的质量是怎么来的？

在古希腊哲学家看来，水是与土、气、火并列的四大元素之一。原子论者认为，物质实体不可能从虚无中诞生，也不可能被无穷无尽地分割，直到虚无。他们认为原子具有某些特定的性质，如大小、形状、位置和重量（即质量）。

因此，我们手中的冰块一定是由原子组成，而原子只能存在于被称为虚空的真空中。卢克莱修认为水的流动性意味着它含有"随时可以滚动"的小原了,而蜂蜜的黏性比水更强,它一定是由更粗糙、更大的原子组成的。[1]但是,当周围的环境被冷却时,粒子或原子的热量就会被释放出来,从而使得水冷却并冻结。[2]由此我们可以想象,当水冻结成冰时,它的球状小原子排列得越来越紧密,并最终形成了固体特有的规则排列。

培根、玻意耳、牛顿这些机械哲学家心目中的原子并不比这复杂多少。牛顿在《光学》的问题31中,推测力可能会在原子间起作用。但是,除了指出这些力可能以万有引力和电磁力这些为我们所熟知的形式存在之外,牛顿无法对这些力的确切性质加以阐述。

要了解冰是用什么做的,我们需要借鉴化学家的认识。在由炼金术士建立起的悠久传统之上,这些科学家区分了不同的化学元素,如氢、碳、氧。道尔顿和盖–吕萨克通过研究这些元素的相对重量和气体化合体积得出了这样的结论:不同的化学元素由不同重量的原子构成,这些原子按照一套规则互相组合,这套规则适用于所有原子。

当人们认识到氢气和氧气都是双原子气体,即H_2和O_2时,氢和氧如何结合在一起产生水的秘密就被揭开了:水是由两个氢原子和一个氧原子组成的化合物,H_2O。

这回答了我们第一个问题的一部分:冰块是由H_2O分子按照一定的规律排列而成的。现在我们可以开始回答第二个问题了。阿伏伽德罗定律指出,1摩尔化学物质中包含6×10^{23}个离散的"粒子",于是我们可以简单地把1摩尔物质的分子重量换算成克。氢气(H_2)的相对分子质量是2[①],也就是说每个氢原子的相对原子质量是1;氧气(O_2)的相对分子重量是32,也就是说每个氧原子的相对原子质量是16。因

① 例如,相对于氯化氢(HCl)中氢的质量。

此，水（H_2O）的相对分子质量为 $2 \times 1 + 16 = 18$。

很巧，我们手中的冰块约莫是18克重，这意味着它代表着1摩尔左右的水。[3]根据阿伏伽德罗定律，它含有 6×10^{23} 个水分子。这似乎为我们的第二个问题提供了明确的答案：冰的质量来源于 6×10^{23} 个 H_2O 分子中的氢原子和氧原子的质量。

当然，我们还可以更进一步。我们从汤姆孙、卢瑟福、玻尔以及20世纪初的许多物理学家那里了解到，所有的原子都包含一个较重的中心核，其周围环绕着较轻的电子。后来我们又知道了这个中心核是由质子和中子组成的，其中质子数决定了元素的化学性质：每个氢原子含有1个质子，每个氧原子含有8个质子（这个数字又被称为原子序数）。但是原子核的总质量或者说重量，是由原子核中质子和中子的总数决定的。

氢原子核的相对原子质量仍然是1（它的原子核由一个质子组成，没有中子），而氧最常见的同位素是——你猜怎么着？是16（8个质子和8个中子）。显然，质子和中子的总数和我在前面给出的相对原子质量的相同这件事绝非巧合。

如果我们忽略电子，那么就可以说，冰块的质量存在于它的氢原子和氧原子的原子核中所有的质子和中子中，而每个 H_2O 分子中包含10个质子和8个中子。所以，如果说手中的这个冰块包含 6×10^{23} 个分子，同时忽略质子质量和中子质量之间的微小差异，那么我们就可以得出这样的结论：这个冰块的质量是 6×10^{23} 个质子或中子质量的18倍，即质子或中子的质量的 1.08×10^{25} 倍。

到目前为止，一切都很顺利。在上述的计算中，没有任何一个原子论者或机械哲学家会提出异议。尽管我们现在对物质性质和结构的理解比他们那时要复杂得多，但是得出的结论基本上是一样的，"原子"被认为是"基本粒了"。忽略所有电子对于质量的微小贡献，我们在冰块的质量和它包含的质子和中子总数的质量之间建立起了联系，如图 23 所示。

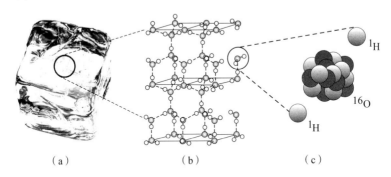

（a）　　　　　　　　（b）　　　　　　　　（c）

图 23　一个边长为 2.7 厘米的立方体冰块的重量大约是 18 克，如图（a）所示；它由一个包含超过 6×10^{23} 个水分子（H_2O）的晶格结构构成，如图（b）所示；每个氧原子含有 8 个质子和 8 个中子，每个氢原子含有 1 个质子，如图（c）所示。因此，这样的一个冰块中包含的质子和中子总数大约是 1.08×10^{25} 个

　　但是这还不算完。我们现在知道质子和中子也不是基本粒子，它们是由夸克组成的。一个质子包含两个上夸克和一个下夸克，一个中子包含两个下夸克和一个上夸克。将这些夸克结合在一起的色力是由无质量的胶子携带的。

　　好的，那就继续吧。我们只要重复一遍刚才的做法，将上下夸克的质量近似地看作相等，那么只需要乘以 3，也就是把 1.08×10^{25} 个质子和中子的质量变成 3.24×10^{25} 个上夸克和下夸克的质量，这样就能得到冰块的质量了，对吗？

　　这次不对了。这是我们关于原子的天真的先入之见第一次被打破。我们可以去粒子数据组的网站查阅一下上夸克和下夸克的质量，由于它们都很轻，我们无法对它们的质量进行精确的测量，所以只能给出一个范围，以下数字的单位均为 MeV/c^2。上夸克的质量大约是

2.3，其取值范围为1.8~3.0；下夸克稍微重一些，其质量大约是4.8，其取值范围为4.5~5.3。[1]作为参照，电子质量在相同单位下的测量值约为0.51。

接下来，令人震惊的事实来了。在相同的单位 MeV/c^2 下，质子的质量为938.3，中子的质量为939.6。两个上夸克和一个下夸克的总质量只有9.4，也就是质子质量的1%；两个下夸克和一个上夸克的总质量也只有11.9，这是中子质量的1.3%。质子和中子的质量中大约有99%都无法解释，这是怎么回事呢？

要回答这个问题，我们需要认识到我们正在研究的到底是什么。夸克并不是古希腊人或者机械哲学家所想象的那种独立的"粒子"，它们是量子波–粒子，是基本量子场的基本振动或涨落。上下夸克只比电子重几倍，而我们已经无数次在实验中验证了电子的波粒二象性。现在请做好准备，我们要开始遇到一些相当奇怪，甚至让人完全无法理解的现象了。

不要忘记前文提到的无质量的胶子、狭义相对论和 $E = mc^2$，还有"裸"和"缀饰"的区别，以及希格斯场在所有基本粒子质量的"起源"中扮演的角色。为了理解质子或中子内部的情况，我们需要求助于量子色动力学，即描述夸克间色力的量子场论。

夸克和胶子具有"色荷"，但这是个什么东西呢？我们无从得知。我们只知道它是属于夸克和胶子的一种性质，物理学家将其分为三种，分别是红色、绿色和蓝色。但是，就像从来没有人"见过"单独的夸克或胶子一样，大概也没人见过裸色荷。事实上，量子色动力

---

① 应当指出的是，这些都是非常粗略的估计，所以需要给出它们的取值范围。不过，尽管有着相当大的不确定性，我们也有相当大的把握认为下夸克比上夸克重。

学表明，如果单独的某种色荷可以暴露出来，它将拥有近乎无限的能量。亚里士多德曾有一句名言："大自然憎恶真空。"而今天我们可能会说："大自然憎恶裸色荷。"

那么，如果我们能以某种方式创造出一个带有裸色荷的单个夸克的话会怎么样呢？它的能量可能会冲破某一极限，使其足以从"空旷"的空间中召唤出虚胶子。正如电子通过自身产生的电磁场聚集了一层虚光子，暴露在外的夸克也会聚集一层虚胶子。但是与光子不同的是，胶子本身携带色荷，它们能够通过掩盖暴露的色荷来降低能量。我们可以这么想："裸奔"的夸克觉得有些羞耻，于是赶紧给自己披上了一层胶子。

然而这还没完。在能量足够高的条件下，不仅会有虚粒子产生（就像背景中嘶嘶作响的"噪声"），还会产生基本粒子。在手忙脚乱地掩盖着暴露的色荷的过程中，一个反夸克生成了，并且与裸夸克成对形成介子。一个夸克不可能在没有任何伴随物的情况下出现，它也确实不曾单独出现过。

问题还没有到此为止。为了完全掩盖住色荷，我们需要在同一时间把反夸克放在与夸克完全相同的位置上，但是海森堡不确定性原理不允许我们这样放置夸克和反夸克。前文提过，精确的位置意味着无穷大的动量，精确的能量变化率意味着无穷大的能量。大自然只好妥协，它无法完全掩盖色荷，不过它至少能够用反夸克和虚胶子稍微遮掩一下，使能量降低到可控的水平。

在质子和中子的内部也会发生这样的事。在它们"宿主"粒子的范围之内，三个夸克相对自由地随处游荡。但是它们仍然需要掩盖自己的色荷，或者至少将由暴露的色荷带来的能量降低一些。于是每个夸克都会产生大量的虚胶子，这些虚胶子在夸克之间来回传递，同时生成的还有许多夸克–反夸克对。物理学家有时会把组成质子或中子的3个夸克称为"价"夸克，因为这些质子或中子内部有足够的能量来形成一个夸克–反夸克对的"海洋"。价夸克并不是这些粒子中唯一的夸克。

这就意味着，质子和中子的能量很大程度上可以追溯到胶子的能量，以及在色场中生成的夸克–反夸克对海洋的能量。

我们是怎么知道这些的呢？我们必须承认，使用量子色动力学进行计算实际上相当困难。色力非常强，因此色力相互作用的能量非常高。并且胶子也携带色荷，可以说，所有组分之间都在发生相互作用。情况极为复杂，追踪所有可能产生的虚粒子和基本粒子的排列极其困难。

这意味着，虽然我们可以相对直接地写下量子色动力学的方程，但我们无法"在纸上"演算出结果（即没有解析解）。在量子电动力学中成功运用的重正化数学技巧在这里也不适用，因为相互作用的能量太高了，无法重正化。物理学家束手无策，只能借助计算机求解。

"精简版量子色动力学"（QCD-lite）取得了相当大的进展。这种版本的量子色动力学只考虑无质量胶子和上下夸克，并进一步假设夸克本身也是无质量的（"精简版"的意思完全可以从字面上来理解）。根据这些近似计算出的质子质量只比测量值轻10%。

在这里，我们先停下来想一想。在精简版的量子色动力学中，我们假设任何粒子都没有质量，然而据此得到的计算结果却达到了90%的准确度。这一结论可谓惊人：质子的大部分质量都来自组成它的夸克和胶子相互作用的能量。

这种计算方法推广开来后，一个被称为格点量子色动力学（lattice QCD）的新版本的理论又取得了进一步的进展。在这一版本中，代表夸克的量子场的大小只存在于三维格点（或者说晶格）的特定点上

（而不是像连续场那样在时空中连续存在），胶子场的大小是由晶格上相邻点之间的连接定义的。晶格点之间的间距约为飞米（10^{-15}米）的百分之几到十分之几，而间距越小，我们得到的结果就越接近于"连续"版本的量子色动力学。为了减少计算机的计算量，物理学家在越来越小的间距上进行计算，然后把结果外推到间距为零的情况下。

在格点量子色动力学中，我们可以放宽精简版量子色动力学中的近似条件，把更多代的夸克以及它们的质量纳入计算中。高精度的解是有可能得到的，但这需要付出极大的代价：最严格的格点量子色动力学计算需要动用世界上最大的超级计算机。

如果你觉得这还不够复杂，可以考虑一下这个问题：夸克还携带电荷，就像电子一样，夸克与自身产生的电磁场之间的相互作用也会贡献一部分质量。我们可以运用量子电动力学和重正化方法处理这一问题。

2008 年 11 月，一组物理学家公布了格点量子色动力学的计算结果，他们计算出的质子质量仅仅与测量值相差几个百分点。[4] 2015 年 3 月，另一组物理学家公布了结合格点量子色动力学和量子电动力学来计算质子和中子质量的微小差异的结果。[5] 如果假设质子携带的电荷是均匀分布的，那么我们可以得出这样的结论：就像电子一样，质子与自身电磁场的相互作用会给质子增加一个"电磁质量"，而这是中子所不可能拥有的。在不考虑任何其他影响的情况下，我们会据此推测质子一定比中子略重，但事实恰恰相反，中子实际上比质子稍重一些。

让我们更深入地探讨这一问题。我们在前面得出的结论是，两个下夸克加上一个上夸克（对应于中子）的质量大约是 11.9 MeV/c^2，两个上夸克加上一个下夸克（对应于质子）的质量大约是 9.4 MeV/c^2，两者之间相差 2.5 MeV/c^2，而这甚至比中子和质子实际的质量差还要大（大约是 1.3 MeV/c^2）。

我们可以猜猜看发生了什么。如果我们假设夸克-胶子和夸克-夸克相互作用的强度（以及能量）对于上夸克和下夸克相差不大的话，那么这些相互作用对于质子和中子质量的影响都是相同的。那么，质子和中子之间的质量之差应该就是上价夸克和下价夸克的质量之差，再加上质子的电磁质量抵消的部分。

你可能会觉得，质子和中子内部的量子场和力之间的这种相互较量挺有意思的，其实却也无关紧要。这么想可真是大错特错了。可以这么说，中子比质子略重这一事实，支撑了我们认为理所当然应该存在的物理世界中的大部分结构。换句话说，如果两者之间的质量差比现在小很多，那么质子就会失去稳定性，成为一种放射性粒子，它会变得很容易发生反向 β 衰变，通过发射一个 W⁺ 粒子和一个电子中微子而转变为中子；如果两者之间的质量差比现在大很多，那么在恒星中心形成氦原子核的质子聚变就会变得极为困难，几乎不可能发生，于是也就不可能形成更重的元素。

无论是哪种情况，宇宙都将变得与现在截然不同，我们也就不可能站在这里见证它的存在。

这些推理很漂亮，但是它也引出了最后一个问题。如果质子和中子的相对稳定性（正是因为这种稳定性，我们才能存在）取决于上夸克和下夸克之间质量的差异，那么这种差异来源于何处？为什么下夸克比上夸克重？

回顾第 14 章的内容，所有的基本粒子，包括物质粒子（如夸克和电子）在内，都是通过与希格斯场的相互作用而获得质量的。对于物质粒子（也就是费米子），这种相互作用被称为汤川相互作用，以日本理论物理学家汤川秀树的名字命名。原理是一样的：本应以光速运动的无质量"二维"粒子与希格斯场发生相互作用，"吸收"了一个希格斯玻色子，于是获得了第三个维度，并开始减速。这　相互作用还在场方程中产生了与 $m^2\phi^2$ 有关的质量项，即粒子"获得了质量"。

所以我们的最后一个问题变成了这样：为什么下夸克与希格斯场的相互作用（或说"耦合"）比上夸克更强？这正是我们目前已有认知的极限。希格斯机制是当前粒子物理标准模型的一个基本组成部分，而最近被发现的希格斯玻色子告诉我们，它很有可能是正确的。但是这一模型一直以来都无法解答有关希格斯场与不同物质粒子和力粒子相互作用的相对强度的问题。

或许，随着我们对希格斯玻色子的了解越来越深（现在我们已经知道了可以通过大型强子对撞机来制造它），我们会揭开越来越多有关它的秘密。但这都是未来的事了。

约翰·惠勒用"没有物质的质量"来描述引力波的叠加效应，这种叠加可以使能量集中并发生局域化，从而产生黑洞。如果这件事真的会发生，那就意味着一个黑洞，一种超高密度物质的最终表现形式，并不是产生于坍缩恒星中的物质，而是由时空中的波动产生。惠勒真正的意思是，引力有可能创造出黑洞（质量）。

但是惠勒的话放在这里更为合适。量子色动力学的奠基人之一弗兰克·维尔切克在于 2002 年的几篇论文[6]和 2003 年的麻省理工学院物理学年度论文集收录的论文[7]中将惠勒的话与关于精简版量子色动力学计算结果的讨论联系了起来。如果质子和中子的大部分质量来自这些粒子内部发生的相互作用的能量，那么这确实是"没有物质的质量"，这也意味着我们倾向于将质量归因于一种行为而不是一种属性。

这听起来是不是挺熟悉的？回想一下，在爱因斯坦于 1905 年发表的关于狭义相对论的那篇简短的附录中，他推导出的方程其实是 $m = E/c^2$，这真是伟大的洞见（$E = mc^2$ 则不是）。爱因斯坦很有先见之明，他写道："物体的质量是它所含能量的量度。"[8]事实正是如此。维尔切克在他的著作《存在之轻》中写道：

> 对于人这样的物体（其质量绝大多数来自它所包含的质子和中子）来说，答案非常清楚明确，这一物体的惯性中有95%来自其能量含量。[9]

在一个铀-235原子核裂变的过程中，它的质子和中子内部色场的一些能量被释放了出来，并且可能会带来爆炸的后果。在涉及4个质子聚变的质子-质子链中，两个上夸克转变为两个下夸克，形成了两个中子，并且从色场中释放出一些多余的能量。质量没有转化为能量，能量只是从一个量子场传递到了另一个量子场中。

这一认知将我们带向了何方？自从2 500年前古希腊原子论者开始思索物质本质以来，我们已经取得了长足的进步。但在大多数时间里，我们一直坚信物质是我们物理宇宙的基本组成部分。我们也坚信物质具有能量。而且，尽管物质可以被分解成微观的成分，但是我们长期以来还是认为这些更小的成分仍然可以被当作物质来认知——它们仍然具有质量这一基本性质。

而现代物理学告诉我们的则截然不同，并且与我们的直觉大相径庭。随着我们不断地深入研究，从物质到原子，从原子到亚原子粒子，从亚原子粒子再到量子场和力，现在我们已经完全看不到物质了，它失去了有形性。物质也失去了原本的首要地位，因为质量变成了第二性质，它只是无形的量子场相互作用的结果。我们将质量看作这些量子场的行为：它不是属于它们的某种性质，当然更不是固有性质。

尽管我们的物质世界中充满了坚硬而沉重的物质，但量子场的能量才是至高无上的。质量只是能量的物理表现，而不是相反。

　　这在概念上相当令人震惊，但也十分引人注目。宇宙最大的统一特征是量子场的能量，而不是坚硬的、不可穿透的原子。也许这并不是哲学家一直以来的梦想，但它的确是一个梦想。

我们了解到的五件事

1. 2 500 年来，我们取得了长足的进步。卢克莱修提出的"圆形"水原子概念被氢元素和氧元素的原子结合成的 H_2O 所代替。

2. 我们将一块水冰的质量追溯到它所含有的所有氢原子和氧原子的原子核，然后又追溯到这些原子核中所有质子和中子的质量，但是我们遇到了一个问题。我们现在知道质子和中子是由上夸克和下夸克组成的，但是这些基本粒子的总质量只占到它们所在的质子和中子质量的 1%。

3. 复杂的量子色动力学计算有助于解释这一问题。质子和中子的大部分质量来自发生在粒子内部的夸克和无质量胶子之间，以及夸克和其他夸克之间的相互作用。

4. 另外，夸克的质量来源于无质量粒子与希格斯场之间的相互作用。我们得出结论，质量是第二性质，这就是"没有物质的质量"这句话的含义：质量不是一种属性，而是一种行为。

5. 让我们赞美爱因斯坦伟大的洞见，他在 1905 年就说过，物体的质量是它所含能量的量度，$m = E/c^2$。

我们有形现实中的一切似乎都是由不可捉摸的幻象构成的，可以这么说，在整个科学史中，人类的认知还从来没有经历过如此颠覆性的改变。以色列物理学家、哲学家马克斯·雅默尔在《当代物理学和哲学中的质量概念》（*Concepts of Mass in Contemporary Physics and Philosophy*）一书中总结道："……尽管物理学家和哲学家付出了艰苦卓绝的努力，但是质量这一物理学中最基本的概念，却始终披着一层神秘的面纱。"[1]

可我们当然不能就此认命。虽然在短期内我们对物质的本质和质量的属性的解释很难变得更通俗易懂，但是我们可以合理地推断，目前我们对这些问题的理解仍有提升的空间。粒子物理标准模型确实是一项非凡的成就，但它也充满了漏洞。关于物质世界为何会呈现出今天我们所见的样子，仍然有很多事实是标准模型无法解释的。

那么接下来该怎么做呢？理论物理学家似乎别无选择，只能进行推测。在过去的40年中，他们提出了一些基于超对称以及超弦理论的假设，试图以此解决标准模型中的一些较为紧迫的问题。在阅读到第15章的时候，你有没有想过，为什么直到2012年7月希格斯玻色子被发现之前，都没有人讨论过它的质量？毕竟，温伯格早在欧洲核子研究组织发现 W 和 Z 玻色子 16 年之前的 1967 年就预测了它们的质量，但是为什么理论物理学家没有对希格斯玻色子做出同样的预测呢？

要用标准的量子理论方法计算希格斯玻色子的质量，就需要计算所谓粒子裸质量的辐射修正，从而使其重正化。但事实证明这种计算超出了理论物理学家的能力范围，因此在开始寻找希格斯玻色子之前，没有人知道它的质量应该是多少。

辐射修正需要考虑希格斯玻色子从一个位置移动到另一个位置时可能经历的所有不同的过程，其中也包括虚过程，也就是其他粒子及其反粒子成对地短暂出现又重新结合而湮灭的过程。而既然希格斯玻色子必须和其他粒子耦合，且耦合强度正比于粒子质量，因此涉及较重的粒子（如顶夸克）的虚过程可能会极大地增加希格斯玻色子的"缀饰"质量。

简而言之，希格斯玻色子的质量可能会激增到从物理上来看相当不现实的程度。显然，一定是发生了什么抵消了所有这些辐射修正的影响，将希格斯玻色子的质量"调整"到大约 125 GeV/c^2。

有一些相当明显的想法可能能够解释这一现象，美国物理学家斯蒂芬·马丁（Stephen Martin）于 2011 年解释道："想要系统性地消除（希格斯玻色子质量中）这种危险的增幅，只能使用一种"阴谋"，这种"阴谋"就是物理学家通常所说的对称性。"[2]

这种对称性被称为超对称。基于超对称的理论认为费米子和玻色子之间存在基本对称性，而这样的理论无法避免地会产生更多种类的粒子。对于每一个费米子来说，这一理论都预测了一个相应的超对称费米子（被称为超费米子），而它实际上是一种玻色子。因此，在这一理论下，标准模型中的每一个粒子应当都有一个超对称"伙伴"，电子的伙伴被称为标量电子（selectron），每一个夸克也会有一个对应的标量夸克（squark）。

　　同样地，标准模型中的每一个玻色子也都有一个相对应的超对称玻色子，被称为玻色微子，它实际上是一种费米子。光子、W粒子和Z粒子的伙伴分别是光微子、W微子和Z微子。超对称粒子（或称"超粒子"）会不会是暗物质的组成部分呢？一些理论物理学家相信是这样的。

　　现在，超对称仍然只是一种推测（或是假设），还没有任何实验数据的支撑，除了通过类似机制可以方便地解释希格斯玻色子质量的稳定性问题。当然，这种推测在物理学史上是有先例可循的，物质粒子和反物质粒子恰恰反映了自然界中的这种对称性。但是物质和反物质之间的对称是"精确"的，以电子和正电子为例，它们之间除了电荷不同之外，其他的行为几乎都是一样的，质量也完全相同，而超对称并非如此。如果超对称也是精确的，那么标量电子的分布至少也会像正电子一样普遍，应该会很好找。

　　但是至今为止物理学家仍然没有发现任何超对称粒子的存在，这就意味着超对称必然破缺，让超对称粒子的质量超出了历代粒子对撞机所能探测到的范围。可以这么说，我们目前还无法很好地从理论上解释超对称的原理，而且超对称理论中可调整的参数比物理学家试图修正的标准模型还要多得多。一些理论物理学家并没有通过常规的"预测"最轻粒子质量的方法来证明超对称的正确性，而是不断修正计算结果，试图让这些粒子的质量更重一些，以解释为什么迄今为止粒子对撞机还找不到它们。

　　从表面上看，将量子色动力学扩展到弦论完全顺理成章，甚至可以说是必然的。量子色动力学中难以进行数学处理的点粒子被排列在晶格中，并由胶子场连接在一起，而在弦论中，我们引入了"弦"的概念，即一维的能量丝。基本粒子可以被解释为这些弦的基本振动。

这似乎是现有量子场论的一个完美的延伸，但它伴随着一个沉重的代价。弦的振动需要远比三维空间多的维度，这就要求那些"隐藏"的维度必须紧紧地卷曲起来，使得它们无法被直接感知到。这些弦也必须是超对称的（因此被称为"超弦"），这样，超对称理论的那些问题也一个不少地带了进来。另外，把这些隐藏的维度卷曲起来的方式似乎至少有 10^{500} 种之多，而对于自然界在我们这个宇宙中到底采取了哪一种，我们毫无头绪，因此该理论做出可证实的预测的可能性几乎为零。

你可能会想知道，为什么即便如此也还是有很多理论物理学家在坚持这一理论。理论物理学家转行为哲学家的理查德·达维德（Richard Dawid）在出版于2013年的《弦论与科学方法》（*String Theory and the Scientific Method*）一书中总结了许多原因。其中最引人注目的一点是，人们出乎意料地发现，弦论描述了一个自旋量子数 s 等于2的无质量玻色子，而这正是人们认为（至少在量子场论中）携带引力的那种粒子。

人们一度认为弦论展现了一张宏伟的蓝图：它可以将引力也纳入其中，形成某种最终的"万物理论"。可惜，事情并没有朝这个方向发展下去（你可能已经从许多科普读物、期刊文章、广播和电视节目中获知了许多相关信息）。事实上，弦论并不是一个"理论"，它充其量不过是一个"框架"，或者说是一系列相互关联的假设。弦论学家在建立其结构之间的一致性方面取得了很大的进展，但是他们现在基本上已经不再认为它有可能成为万物理论。

然而，他们仍然对建立起一个量子引力理论抱有一些希望。弦论并不是唯一一条可能通向量子引力的路径（尽管很多弦论学家不这么认为）。我们可以将弦论看作一种运用基于弦的量子场论来研究引力的方法，而另一种方法则是从广义相对论入手，并试图将其"量子化"。圈量子引力（LQG）理论就是运用了这种方法解决量子引力问题的方案之一，许多理论物理学家都在这一领域贡献良多，其中最为突出的是李·斯莫林（Lee Smolin）和卡洛·罗韦利。

在弦量子引力中，引力是弦在经典时空"容器"中量子激发或振动的结果。在圈量子引力中，引力不是一种"力"，而是时空几何的量子本质的表现，我们可以直接将其理解成空间和时间的"原子"。原则上，它只需要4个时空维度，并且不需要超对称的存在。

在圈量子引力中，被量子化的是几。空间中的面积由基本量子的整数倍组成，而基本量子的大小大约是"普朗克长度"（即1.6×10^{-35}米，这是一个小到无法想象的数字）的平方。[3]体积的量子则与普朗克长度的立方有关。

斯莫林在出版于2000年的《通向量子引力的三条途径》一书中大胆提出："到2010年，顶多到2015年，我们就将搭建起量子引力理论基本框架。"[4]他在书中还提出，到21世纪末，我们就可以向中学生讲授量子引力理论了。

罗韦利在2012年的一项评估中表明，经过25年的理论研究，圈量子引力理论基本上已经实现了其早期的目标，甚至可以说是超额完成任务。许多与之相关的概念和数学问题已经得到了解决，我们最终得到的结果是一个一致的量子场论，其经典极限是广义相对论。

那么现在就只剩下一个棘手的问题了——圈量子引力理论能否经受得住考验。由于这一理论适用于"普朗克尺度"下的物理学，因此这必然是一种我们可能永远无法探其究竟的物理学。圈量子引力理论可能也能够通过一些实验数据来验证，例如宇宙暴胀开始之前的量子效应可能在宇宙微波背景辐射中留下些许踪迹。但这些细微的影响是否足以将圈量子引力理论与其他理论区分开来，还有待观察，正如罗韦利所说："……在我看来，量子引力的现状比25年前要好得多，而且我对其前景比以往更为乐观。"[5]

如果圈量子引力或是类似的什么东西最终被证明是一种可行的量子引力理论，那当然是一件值得庆贺的事情，但是我们不应对此抱有太大的幻想。从事圈量子引力研究的理论物理学家的目标是找到广义相对论的量子表述，但这并不能解决目前量子物理标准模型所遇到的问题（发展它的本意也并不是为了解决这一问题）。

圈量子引力的哲学基础是，我们还没有接近物理学的终点，并且我们最好也不要幻想着一步到位直接得到一个万物理论。我们最好一次只解决一个问题，而这已经够难的了。[6]

让我们用这最后一句话来暂停片刻，反思一下自古希腊原子论者以来长达2 500年的物理学史。不知道你们怎么想，但是在我看来，那些科学思维上的伟大变革不仅塑造了我们理解宇宙的方式，也给我们思考问题的视角带来了相当戏剧性的变化。每一次变革都深刻地改变了我们对"结构"的思考方式，改变了我们对由空间、时间、物质和能量等最基本的成分构成的物理实在的理解方式。

事实证明，这种观念上的改变具有非凡的力量。由此产生的洞察力使我们能够操纵现实中的事物，在很大程度上给我们带来了好处（当然肯定也不全都是好处）。但是能够处理与现实有关的事物并不意味着我们真正地了解了它。我们从宇宙结构的历史中了解到，诸如质量这样的概念，尽管我们对其完全熟悉，但却从未正确地理解它。

现代科学揭示，我们的经验现实有着极其丰富的结构，包含它们表现出的样子和被我们度量所得的样子。但是，如果认为这些非凡的成就能够让我们更接近于理解事物的本质，那可就太天真了。如果真要说现实的丰富结构带来了什么改变的话，它可能反倒让我们离真相更远了。借用哲学家伯纳德·德帕尼亚（Bernard d'Espagnat）的话来说，我们对物理实在的基本结构的理解"是一种'理想'，我们离这个理想还很遥远。的确，与过去相比，我们离它的距离更远了，比我们祖先在一个世纪以前所认为的还要远得多"。[7]

我觉得这真的很令人兴奋。19世纪末的物理学家认为他们已经解决了所有问题，[8] 现在我们了解的知识比他们更多了。虽然从那之后我们又了解了很多新的知识，但是我们也很清楚，还有很多事情是我们仍然不知道，也无法解释的。如果我们梦想着有一个目的地，到了那里我们就能够得到终极答案，那么我怀疑我们可能永远都无法抵达那里。但我也相信，在我们前往这个目的地的旅途中还有很多东西值得看，也有很多东西可以学习并享受其中。

词 汇 表

ATLAS
"A Toroidal LHC Apparatus"（超环面仪器）的首字母缩写，是欧洲核子研究组织大型强子对撞机用于寻找希格斯玻色子的两个主要的探测器合作组织之一。

CERN
法语"Conseil Européen pour la Recherche Nucléaire"（欧洲核子研究理事会）的首字母缩写，成立于1954年。后来，临时理事会被解散，该组织更名为欧洲核子研究组织，仍缩写为CERN。该机构位于日内瓦西北部的郊区，靠近瑞士与法国边境。

CMS
"Compact Muon Solenoid"（紧凑μ子线圈）的首字母缩写，是欧洲核子研究组织大型强子对撞机项目用于寻找希格斯玻色子的两个主要的探测器合作组织之一。

g因子
（g-factor）
基本粒子或是复合粒子的（量子化）角动量与其磁矩（粒子在磁场中的指向）的比例常数。电子实际上有3个g因子，其中一个与自旋相关，一个与原子中电子轨道运动的角动量相关，还有一个与自旋和轨道的角动量之和相关。狄拉克所提出的电子运动的相对论性量子论预测电子的g因子为2，国际科学技术数据委员会（CODATA）2010年给出的建议值是2.002 319 304 361 53。这两个数值之间的差异是量子电动力学效应造成的。

K介子
（kaon）

一组自旋为0的介子，由上夸克、下夸克、奇夸克及其各自对应的反夸克组成，其中包含 K^+（含有一个上夸克和一个反奇夸克）、K^-（含有一个奇夸克和一个反上夸克）和 K^0（下夸克–反奇夸克以及奇夸克–反下夸克的混合），其质量分别为 493.7 MeV/c^2（$K^\pm$）和 497.6 MeV/c^2（K^0）。

LHC

"Large Hadron Collider"（大型强子对撞机）的缩写，这是目前世界上能量最高的粒子对撞机，其质子–质子对撞能量的设计值为 14 TeV。大型强子对撞机周长 27 千米，位于日内瓦附近（瑞士与法国边境）的欧洲核子研究组织地下 175 米处。LHC 日常以 7~8 TeV 的质子对撞能量运行，并于 2012 年 7 月发现了希格斯玻色子。2015 年，经过两年的维护与升级，LHC 再次启动，并以 13 TeV 的对撞能量开始运行。

SU(2)对称群
[SU(2) symmetry group]

有 2 个复变元的特殊酉群。杨振宁和罗伯特·米尔斯一开始认为强核力的量子场论应该以这种对称群为基础，后来物理学家确定 SU(2) 群可以用于描述弱力，也可用来描述由 π 介子携带的质子和中子之间的剩余强力。

SU(3)对称群
[SU(3) symmetry group]

有 3 个复变元的特殊酉群。盖尔曼、哈拉尔德·弗里奇、海因里希·洛伊特维勒将其作为局域对称性，以之为基础建立了夸克和胶子间色力的量子场论。

U(1)对称群
[U(1) symmetry group]

有 1 个复变元的酉群。它与圆群是等价的（专业术语为"同构的"），圆群即所有模为 1 的复数（也就是复平面上的单位圆）所组成的乘法群。它也与 SO(2) 同构，这是一种特殊的正交群，描述的是在二维情况下旋转一个物体所涉及的对称变换。在量子电动力学中，U(1) 与电子波函数的相位对称性一致。

W粒子和Z粒子
（W, Z particles）

负责传递弱核力的基本粒子。W粒子是自旋为 1 的玻色子，带有一个单位的正电荷（W^+）或是一个单位的负电荷（W^-），质量为 80.4 GeV/c^2。Z^0 粒子同样是自旋为 1 的玻色子，电中性，质量为 91.2 GeV/c^2。W粒子和Z粒子通过希格斯机制获得质量。

β 放射性/β 衰变 （beta radioactivity/ decay）	由法国物理学家亨利·贝克勒耳（Henri Becquerel）于1896年首次发现，并由欧内斯特·卢瑟福于1899年命名。这种衰变是由弱相互作用引起的，其过程是中子的一个下夸克变为上夸克，使中子转变成质子，同时释放出一个W粒子。随后W粒子衰变为一个高速电子（即β粒子）和一个反电子中微子。
β 粒子 （beta particle）	发生β衰变时，由原子核释放出的高速电子。参见"β放射性/β衰变"。
Λ–CDM	"Λ–cold dark matter"（Λ–冷暗物质）的缩写，是一种宇宙模型，也被称为"协调模型"或是"大爆炸宇宙学标准模型"。Λ–CDM模型可以解释宇宙的大尺度结构、宇宙微波背景辐射、宇宙的加速膨胀以及各大元素（如氢、氦、锂、氧等）的分布。在这一模型中，暗能量（反映在宇宙学常数Λ的大小上）占宇宙总质能的69.1%，冷暗物质占29.0%，而剩下的4.9%就是包括星系、恒星、行星、气体、尘埃在内的可观测宇宙。
μ子 （muon）	第二代轻子之一，电荷为–1，自旋为1/2（费米子），质量为105.7 MeV/c^2，由卡尔·安德森和塞思·内德梅耶于1936年首次发现。
π介子 （pion）	一组自旋为0的介子，由上夸克和下夸克以及它们的反夸克组成，其中包含π^+（含有一个上夸克和一个反下夸克）、π^-（含有一个下夸克和一个反上夸克）和π^0（上夸克–反上夸克以及下夸克–反下夸克的混合），其质量分别为139.6 MeV/c^2（$\pi^\pm$）和135.0 MeV/c^2（π^0）。π介子可以被认为是把原子核中质子和中子束缚在一起的强核力的"载体"，它其实是质子和中子内束缚着夸克的色力向外"泄漏"的表现。这种粒子的存在最早由日本物理学家汤川秀树于1935年提出。
阿 （atto）	用于表示百亿亿分之一（10^{-18}）的前缀。1阿米（am）表示10^{-18}米，即1飞米（fm）的千分之一，也是激光干涉引力波天文台能够测量出的最小位移。质子的半径大约是850 am。

阿伏伽德罗常数 （Avogadro's constant）	通常用符号 N_A 表示，其定义为12克（也就是1摩尔）碳–12中的原子数，其数值为 6.022×10^{23} 个每摩尔。
阿伏伽德罗假设 / **阿伏伽德罗定律** （Avogadro's hypothesis/law）	同温同压下，相同体积的任何气体含有相同的粒子（分子或原子）数。这是因为在相同的温度和压强下，气体的体积与气体中所含物质的量成正比。当温度为273.15开尔文（0摄氏度）并且压强为101.325千帕斯卡（1标准大气压）时，1摩尔气体的体积约为22.4升，其中包含 6.022×10^{23} 个原子或分子。
暗物质 （dark matter）	1934年，瑞士天文学家弗里茨·茨维基观测到，位于后发座的后发星系团中存在星系质量异常的现象。他注意到，位于星系团边缘的星系的公转速度过快，大大超出了根据可见星系的总质量所预测的值，这意味着星系团的质量比这要大很多。根据观测到的公转速度来推测，星系团有多达90%的质量都"消失"了，或者说是有约90%的物质都是不可见的，这种看不见的物质就被称为"暗物质"。后续研究表明，暗物质很可能大多以"冷暗物质"的形式存在。参见"冷暗物质"。
暴胀 （inflation）	参见"宇宙暴胀"。
贝尔定理 / **贝尔不等式** （Bell's theorem/ inequality）	由约翰·贝尔于1966年提出。它对量子理论进行了最为简单的拓展，引入了控制量子的性质和行为的隐变量，解决了波函数的坍缩及其引发的"幽灵般的超距作用"问题。贝尔定理指出，任一局域隐变量理论的预测并不总是与量子理论的预测保持一致，贝尔不等式将此现象总结为，局域隐变量理论的预测结果有一个最大值。然而，在某些实验条件下，量子理论的预测值却能够超越这个极限。也就是说，贝尔不等式让我们能够通过直接的实验验证它成立与否。

波函数 （wavefunction）	量子力学把物质粒子（如电子）看作〝物质波″，为了从数学上描述这类"物质波"，物理学家提出了具有波动特性的方程。波动方程中的主角是振幅和相位随时间和空间变化的波函数。氢原子中电子的波函数围绕原子核形成了特定的三维图形，我们称之为轨道。埃尔温·薛定谔于1926年首次提出用物质波来描述量子力学的波动力学。
波函数的坍缩 （collapse of the wavefunction）	在大多数量子系统中，量子实体的波函数具有非局域性（量子实体可能存在于波函数边界内的任何位置），但是当我们对其进行测量时，其结果就会定位在某一个特定的位置。类似地，在量子测量中，每一次测量可能会得到不同的结果（自旋向上或者自旋向下等），那么我们就有必要借助波函数的叠加态，以描述这些结果，得到某一特定测量结果的概率与叠加态中对应的波函数振幅的平方相关。我们将上述两种方法得到的测量结果称为波函数或者波函数叠加态的"坍缩"。在波函数的坍缩中，许多可能出现的结果最终仅转化为一个结果，而所有其他的可能性都消失了。
波粒二象性 （wave-particle duality）	这是所有量子粒子都具有的基本特性。量子粒子既能表现出非局域的波动性（如衍射和干涉），又能表现出局域化的粒子性，这取决于用什么样的仪器对它们进行测量。路易·德布罗意于1923年首次提出，像电子这样的物质粒子也同样具有波粒二象性。
玻尔半径 （Bohr radius）	氢原子中的电子绕质子运动轨道的半径。玻尔在他于1913年提出的原子模型中，根据一系列基本物理常数（包括普朗克常数、光速、电子的质量和电荷）计算出了这条轨道与原子核（质子）的距离。在薛定谔的波动力学中，电子在其能量最低的轨道内呈球形"分布"，但是在与原子核的距离为玻尔半径（略大于0.052 9纳米）处出现的概率最高。

玻尔兹曼常数 （Boltzmann constant）	通常表示为 k 或者 k_B。这一常数在粒子的能量（E）与温度（T）之间建立起联系，即 $T = E/k_B$（或 $E = k_B T$）。不过，这一关系实际上是普朗克在推导辐射定律时最先提出的。甚至连刻在玻尔兹曼墓碑上的把熵（S）和概率（W）联系在一起的统计力学标志性公式 $S = k \ln W$ 也是由普朗克推导出来的，而不是玻尔兹曼本人。
玻色子 （boson）	以印度物理学家萨特延德拉·纳特·玻色的名字命名。玻色子的特征是自旋量子数为整数（即 1，2，……），因此不受泡利不相容原理的约束。玻色子包括光子、W 粒子、Z 粒子、胶子等，它们参与物质粒子之间力的传递，如光子传递电磁力，W 粒子和 Z 粒子传递弱相互作用力，胶子传递色力。自旋为零的粒子也被称为玻色子，但是它们不参与力的传递，例如 π 介子和希格斯玻色子。假想中存在的引力场的量子——引力子被认为是自旋为 2 的玻色子。
不确定性原理 （uncertainty principle）	由维尔纳·海森堡于 1927 年提出。不确定性原理指出，对于一对"共轭"量（如动量和位置、能量和能量随时间的变化率）来说，其测量精度有一个基本的极限。这个原理可以追溯到量子物体本质的波粒二象性。
不相容原理 （exclusion principle）	参见"泡利不相容原理"。
粲夸克 （charm quark）	第二代夸克之一，其电荷为 +2/3，自旋为 1/2（费米子），质量为 1.28 GeV/c^2。布鲁克海文国家实验室和美国国家加速器实验室（SLAC）于 1974 年 11 月同时独立发现了 J/ψ 介子（由粲夸克和反粲夸克构成的介子），以此发现了粲夸克。
超导 （superconductivity）	由海克·卡默林·昂内斯（Heik Kamerlingh Onnes）于 1911 年发现。在冷却到一定的临界温度以下之后，某些晶体材料会失去所有电阻成为超导体，电流可以在没有能量推动的条件下在超导导线中无限制地流动。超导是一种量子力学现象，可以用 BCS 机制来解释，该机制以约翰·巴丁（John Bardeen）、利昂·库珀（Leon Cooper）和约翰·施里弗（John Schrieffer）的名字命名。

大爆炸
（big bang）

在大约138亿年前宇宙初生时曾发生过一场"爆炸"，时空和物质随之产生，我们将其称为"大爆炸"。这个名字最初是由大爆炸宇宙论的反对者，物理学家弗雷德·霍伊尔出于讽刺而创造出的贬义词，然而在此之后，科学家们对于宇宙微波背景辐射（大爆炸发生之后约38万年后释放出的热辐射的冷却残余）的探测和绘图，成为宇宙大爆炸发生过的铁证。

大爆炸宇宙学
标准模型
（standard model,
of big bang
cosmology）

参见"Λ–CDM"。

德布罗意关系
（de Broglie
relation）

由路易·德布罗意于1923年推导得出。该等式在量子的波动性（波长 λ）和粒子性（线动量 p）之间建立了联系：$λ = h/p$，其中 h 为普朗克常数。对于我们日常生活中接触的宏观物体（如网球）来说，经德布罗意关系计算出的波长太短，无法观测。但是像电子这样的微观物体就会有可以测量的波长——通常是可见光的波长的 100 000 分之一。电子束也可以像可见光一样发生衍射和双缝干涉，电子显微镜正是运用了这一性质。电子显微镜通常被用于研究无机样品和生物样品的结构。

底夸克
（bottom quark）

有时也被称为"美"夸克，是第三代夸克之一，其电荷为 –1/3，自旋为 1/2（费米子），质量为 $4.18\ \text{GeV}/c^2$。底夸克是由费米实验室于1977年研究 Y 介子（由底夸克和反底夸克构成的介子）时发现的。

第二性质
（secondary
quality）

这一概念是由17世纪的古典现代哲学家和机械哲学家发展出来的，其中以英国哲学家约翰·洛克最为突出。第二性质来自物体在观察者的头脑中产生的感觉，颜色、味道、触觉、声音、气味等都是第二性质。参见"第一性质"。

第一性质 （primary quality）	这一概念是由 17 世纪的古典现代哲学家和机械哲学家发展出来的，其中以英国哲学家约翰·洛克最为突出。物体的第一性质是独立于观察之外而存在的，硬度、在空间中的延展性、运动方式和数量等都是第一性质。参见"第二性质"。
电磁力 （electromagnetic force）	几位实验物理学家和理论物理学家（其中最为著名的是英格兰物理学家迈克尔·法拉第和苏格兰理论物理学家詹姆斯·克拉克·麦克斯韦）的工作让我们认识到，电力和磁力是同一种基本力的不同组成部分。在原子内部让电子环绕着原子核运转，以及让原子结合到一起形成了各种各样分子物质的，都是电磁力。
电荷 （electric charge）	夸克和轻子（以及更常见的电子和质子）所具有的一种性质。电荷分为正负两种，正是因为有了电荷的流动，才有了电力和电力工业。
电弱力 （electro-weak force）	尽管电磁力和弱力在尺度上天差地别，但是它们都是曾经统一的电弱力的一部分。对宇宙早期演化的研究指出，在大爆炸之后的 10^{-36} 秒到 10^{-12} 秒，宇宙经历了一段"电弱时期"，在这段时间里电磁力和弱力是统一的电弱力。电磁力和弱相互作用力在统一场论中的结合最先由史蒂文·温伯格提出，阿卜杜勒·萨拉姆在 1967 至 1968 年间也独立提出了这一观点。
电子 （electron）	由英国物理学家约瑟夫·约翰·汤姆孙于 1897 年发现。电子是第一代轻子，其电荷为 –1，自旋为 1/2（费米子），质量为 0.51 MeV/c^2。
电子伏特 （electron volt，eV）	一个计量单位，简称电子伏，指的是带一个负电荷的电子经过 1 伏特的电势差的加速之后获得的能量。一个 100 瓦的灯泡消耗能量的速度大约是每秒 6 万亿亿（6×10^{20}）电子伏。

叠加态
（superposition）

在量子力学中，量子实体可以表现出粒子的行为，也可以表现出波的行为。但是波可以相互结合——它们能以"叠加态"的形式组合在一起，这种组合可以描述衍射和干涉效应。在量子测量中，我们有必要构建一种叠加态，其中包含了不同的波函数，这些波函数描述了可能出现的所有结果。叠加态中的每个波函数振幅的平方与该波函数对应的观测结果出现的概率有关。在进行测量的一瞬间，波函数"坍缩"，所有其他的可能性消失。

顶夸克
（top quark）

有时也被称为"真"夸克，是第三代夸克之一，其电荷为 +2/3，自旋为 1/2（费米子），质量为 173 GeV/c^2。由费米实验室于 1995 年发现。

对称性破缺
（symmetry-
breaking）

当一个物理系统的最低能量状态比更高能量状态的对称性更低时，就会发生自发对称性破缺。当系统失去能量并稳定在最低能量状态时，对称性会自发地降低，或说"破缺"。比如，一支竖在桌子上的笔是对称的，但是它在背景环境的影响下（如一阵风吹过）就会倒下，转变为一种更加稳定、能量更低但是不再对称的状态——它沿着某一个特定的方向倒在桌子上。

反粒子
（anti-particle）

与"普通"粒子质量相同，但电荷和色荷相反。例如，电子（e^-）的反粒子就是正电子（e^+），红色夸克的反粒子就是反红色反夸克。标准模型中的每种粒子都有相对应的反粒子，带零电荷零色荷的粒子是其自身的反粒子。

飞
（femto）

用于表示千万亿分之一（10^{-15}）的前缀。1 飞米（fm）表示 10^{-15} 米，也就是 1 000 阿米（am），或者说是 1 皮米（pm）的千分之一。质子的半径大约是 0.85 fm。

费米子
（fermion）

以意大利物理学家恩里科·费米的名字命名。费米子的特点是自旋为半整数（1/2，3/2，……），其成员有夸克、轻子，以及各种由夸克组成的复合粒子，如重子等。

分子
（molecule）

化学物质的基本单位，由两个或两个以上的原子组成。氧气 O_2 由两个氧原子组成，水分子 H_2O 由一个氧原子和两个氢原子组成。

复数
（complex number）

复数由实数和 –1 的平方根（写作 i）的乘积组成。复数的平方可以是负数，例如 $(5i)^2$ 是 –25。复数在数学中被广泛应用于仅用实数无法解决的问题。

哥本哈根诠释
（Copenhagen
interpretation）

由尼尔斯·玻尔、维尔纳·海森堡、沃尔夫冈·泡利提出的，对于量子力学中的基本问题——波粒二象性的解释。在实验测量中，微观物体既可以表现出波动性，也可以表现出粒子性，具体表现出哪种性质依赖于实验条件。但是这两种行为是互补的：在这类实验中它是波，在另一类实验中它是粒子，因此追问它到底是什么是没有意义的。

古典现代哲学
（classical modern
philosophy）

随着 17 到 18 世纪正统教会对言论的管控逐渐放松，欧洲出现了一种被称为"古典现代"的哲学流派，承接中世纪哲学。代表性的古典现代哲学家主要有：勒内·笛卡儿（生于 1596 年）、约翰·洛克（生于 1632 年）、巴鲁赫·斯宾诺莎（生于 1632 年）、戈特弗里德·莱布尼茨（生于 1646 年）、乔治·贝克莱（生于 1685 年）、大卫·休谟（生于 1685 年）、伊曼努尔·康德（生于 1724 年）等。

光谱
（spectrum）

任何有一个取值范围的物理性质都可以被称为拥有一个"谱"，其中最为人们所熟知的就是光通过棱镜或水滴后形成彩虹时产生的颜色范围。由此产生的光谱可能是连续的（像彩虹那样），也有可能是离散的，由一组特定的数值组成。氢原子的吸收和发射光谱中就有一系列与原子吸收和发射辐射的频率相对应的"线"，这些谱线的位置（代表频率）与其涉及的电子轨道的能量有关。

光子
（photon）

包括光在内的所有形式的电磁辐射的基本粒子。光子是一种无质量、自旋为 1 的玻色子，负责传递电磁力。

广义相对论
（general relativity）

由爱因斯坦于 1915 年提出。广义相对论把狭义相对论和牛顿的万有引力定律结合在一起，形成了一种有关引力的几何学理论。爱因斯坦用大质量物体在弯曲时空中的运动取代了牛顿理论中提到的"超距作用"。在广义相对论中，物质告诉时空如何弯曲，弯曲的时空则告诉物质如何运动。

哈勃定律
（Hubble's law）

最早由美国天文学家埃德温·哈勃提出，他报告的观测结果显示，遥远的星系正在远离我们，其速度和它们与我们之间的距离成正比。这一关系可以用方程式 $v = H_0 D$ 来表示，其中 v 是星系退行的速度，D 是它与地球之间的距离，H_0 是哈勃常数，其取值为 67.7 千米每秒每百万秒差距（根据 2015 年对普朗克卫星任务数据的分析得出）。

黑洞
（black hole）

这个名字由约翰·惠勒推广（而不是很多人所认为的那样是由他提出的）。黑洞指的是一片含有大量质量和能量的时空区域，其逃逸速度（从引力的束缚中逃脱所需要的速度）大于光速。关于黑洞的研究最早可以追溯到 18 世纪，但直到卡尔·施瓦西于 1916 年第一个解出了爱因斯坦引力场方程之后，黑洞的概念才逐渐被大众所熟知。参见"施瓦西解 / 施瓦西半径"。

红移
（redshift）

我们会在彩虹中看到红橙黄绿蓝靛紫这七种颜色，从红色到紫色的光对应的能量越来越高，这也就意味着红光与其他颜色的光相比频率更低（波长也更长）。当辐射的波长由于多普勒效应或是宇宙时空膨胀的原因变长时，其结果就被称为"红移"。这并不是说辐射变得"更红"了，只是它的波长变长了，例如红光在红移之后可能会变成不可见的红外线。

互补性
（complementarity）

互补性原理由尼尔斯·玻尔提出，是量子力学哥本哈根诠释的重要支柱之一。这一原理指出，微观物体具有波粒二象性，它们在不同的实验中会表现出波动性或是粒子性，但是不可能在同样的实验条件下同时表现出波动性和粒子性。然而，波动性和粒子性不是相互矛盾的，而是互补的。

机械哲学 （mechanical philosophy）	17世纪时自然哲学的一个分支，它建立起了一种机械的自然观。机械哲学家都是坚定的还原论者，他们认为所有的自然物体（包括生物在内）的性质和行为都可以通过机械原理进行解释。机械哲学家开创了现代科学的时代，他们包括：弗兰西斯·培根（生于1561年）、伽利略·伽利雷（生于1564年）、约翰内斯·开普勒（生于1571年）、皮埃尔·伽桑狄（生于1592年）、罗伯特·玻意耳（生于1627年）、克里斯蒂安·惠更斯（生于1629年）和艾萨克·牛顿（生于1642年）。
吉 （giga）	用于表示十亿的前缀。1吉电子伏特指的就是十亿电子伏特，也就是10^9电子伏特，或是1 000兆电子伏特。
加速度 （acceleration）	速度随时间的变化率，通常用符号a表示，如表示牛顿第二定律的公式$F = ma$，其含义是力等于质量与加速度的乘积。
胶子 （gluon）	夸克间强色力的载体。在量子色动力学中，共有8种无质量的色力胶子，它们本身也携带色荷。胶子参与力的传递，但又不是简单地把力从一个粒子那里传递到另一个粒子那里。质子和中子质量中有99%被认为是色场中产生的夸克–反夸克对和胶子的能量构成的。
介子 （meson）	来源于希腊语mésos，意为"中间"。介子是强子的一种，它们受强核力的作用，由夸克和反夸克组成。
近日点 （perihelion）	如果一颗行星绕着太阳做圆周运动，那么显然它与太阳之间的距离不会发生变化。但是太阳系中的行星都是沿着椭圆轨道围绕着太阳运动，太阳位于椭圆的其中一个焦点上，这就意味着，太阳和行星之间的距离的确会发生变化。近日点指的就是行星轨道上最接近太阳的点，而远日点则是行星距离太阳最远的点。地球的近日点距离太阳1.471亿千米，远日点则距离太阳1.521亿千米。

经典力学 （classical mechanics）	尽管对于力学的研究早在牛顿时代之前就出现了，但是牛顿的运动定律和万有引力定律才是经典力学体系的象征。这一力学体系处理的是力对宏观世界中速度远小于光速的大型物体运动的影响。尽管名为"经典"，但是直到今天，经典力学体系在其适用范围内仍然十分准确。
经验主义 （empiricism）	关于人类如何获取知识的哲学观点之一。在经验主义哲学中，知识是与经验和证据紧密相连的，也就是"眼见为实"。如果无法直接地体验一个实体的存在，或者间接地获取其存在的证据，那么我们就没有理由相信它真的存在。这样的实体会被认为是形而上学的。
夸克 （quark）	强子的基本组成部分。强子都是由三个自旋为1/2的夸克或是一个夸克和一个反夸克组成的，前者为重子，后者是介子。夸克可分为三代，每一代都有不同的"味"。第一代夸克包括上夸克和下夸克，电荷分别为+2/3和–1/3，质量分别为1.8~3.0 MeV/c^2和4.5~5.3 MeV/c^2。第二代夸克包括奇夸克和粲夸克，电荷分别为+2/3和–1/3，质量分别为1.28 GeV/c^2和95 MeV/c^2。第三代夸克包括顶夸克和底夸克，电荷分别为+2/3和–1/3，质量分别为173 GeV/c^2和4.18 GeV/c^2。每种"味"的夸克还会携带色荷，分为红、绿、蓝三种。
莱格特不等式 （Leggett inequality）	以英国物理学家安东尼·莱格特的名字命名，由贝尔定理和贝尔不等式推导而来。局域隐变量的引入在逻辑上会导致两个结果：涉及纠缠对的测量不受实验装置设置方式的影响，也不受对其中一个或两个粒子的实际测量结果的影响。莱格特定义了一类"加密"非局域隐变量理论，在这一理论下实验的设置可以影响结果，但是其他的测量结果却不能。这些理论并不能预测出量子理论能够预测到的所有结果，于是莱格特得以得出一个可以被直接检验的不等式。
兰姆移位 （Lamb shift）	指氢原子两个电子能级之间的细微差别，是由威利斯·兰姆和罗伯特·雷瑟福德于1947年发现的。兰姆移位提供了一条重要的线索，带来了重正化的发展，并最终推动了量子电动力学的发展。

冷暗物质 （cold dark matter）	大爆炸宇宙论的Λ–CDM模型中的一个重要组成部分，根据目前的计算结果，其质量约占宇宙总质能的26%。冷暗物质由何构成我们尚未探明，有人认为它主要是由"非重子物质"（即不包含质子和中子的物质）组成，很可能是一种目前的标准模型未包含的粒子。
力 （force）	改变物体运动状态的作用。牛顿三大运动定律中的力是"作用"在物体之上的，也就是说，他认为受到力的作用的物体与产生力的物体之间存在某种物理接触。不过牛顿所说的引力是一种例外，它似乎可以瞬间作用于远处的物体之上（相互有引力作用的物体之间似乎没有什么明显的接触，比如地球和月球）。这个问题在爱因斯坦的广义相对论中得到了解决。
粒子物理标准模型 （standard model, of particle physics）	如今被普遍接受的一套理论模型，描述了物质粒子以及它们之间的力（除引力之外）。标准模型由描述了三代夸克和轻子、光子、W粒子和Z粒子、色力胶子以及希格斯玻色子的量子场论组成。
量子 （quantum）	一个物理量（如能量、角动量等）最小的不可分割的基本单位。在量子理论中，这些物理量被认为是不连续的，只能以离散的状态出现，我们把这些离散的"小块"称为量子。在量子场论中，这一术语的应用可以扩展到粒子上，如光子是电磁场的量子粒子。这个概念还可以扩展到力的载体之外的物质粒子上，如电子是电场的量子等等。这也被称为二次量子化。
量子场 （quantum field）	在经典场论中，"力场"在时空的每一点上都有一个取值，可以是标量（只有大小，没有方向），也可以是矢量（既有大小，也有方向）。将铁屑撒在磁棒上方的一张纸上，你就可以观察到"磁场线"，这是对磁场的一种可视化表现。在量子场论中，力是由场中的"涟漪"传递的，这些涟漪在形成波的同时也形成了场中的量子粒子（因为波也可以被看作粒子）。这个概念可以扩展到力的载体（玻色子）之外的物质粒子（费米子）上，如电子是电场的量子等等。

量子电动力学
（quantum
electrodynamics，
QED）

一种量子场论，描述的是带电粒子之间由光子传递的电磁力。

量子概率
（quantum
probability）

量子波–粒子（如电子）的波函数是非局域性的，必定会弥漫在空间中的某个区域，例如在氢原子中围绕着中心质子的轨道上。波函数在某一特定位置的振幅的平方与在这一点上"找到"电子的概率有关，同样的原理也适用于经过叠加之后形成的波函数。例如，如果我们构建一个由自旋向上的函数和自旋向下的函数混合而成的波函数，那么我们观察到这个波函数自旋向上的概率就由这一方向的分量在叠加时振幅的平方决定。但一旦实验观测得到自旋向上的结果，那么自旋向下的分量就会"消失"。参见"波函数的坍缩"。

量子纠缠
（quantum
entanglement）

这一术语由埃尔温·薛定谔于1935年创造，指的是在特定的环境和物理过程中，两个或多个量子波–粒子的性质和行为受一个波函数控制的现象。利用纠缠粒子（特别是纠缠光子）进行的实验可以分别根据贝尔不等式和莱格特不等式来检验量子理论加上局域和非局域隐变量的扩展版本。

量子色动力学
（quantum
chromodynamics，
QCD）

一种量子场论，描述的是夸克之间由8种带色荷的胶子传递的色力。

量子数
（quantum
number）

描述一个量子系统的物理状态需要掌握它的总能量、线动量、角动量、电荷等性质，而这些性质量子化的结果就是量子数的取值不是连续的，只能取一组整数或是半整数。电子处于磁场中时，其自旋要么与磁场线方向相同，要么与磁场线方向相反，因而产生"向上"和"向下"两种结果，其对应的量子数分别为+1/2和–1/2。其他的量子数还有描述原子中电子能级的主量子数n、电荷、夸克色荷等等。

裸质量
（bare mass）

指在假想条件下，将粒子与其产生的量子场以及与之发生相互作用的量子场分离开之后，该粒子所拥有的质量。我们测量到的粒子质量则是该粒子的裸质量再加上它与周围的量子场相互作用所产生的质量。

摩尔
（mole）

衡量化学物质的量的标准单位，其名称来源于"分子"一词。我们将1摩尔定义为12克碳–12中所含的原子个数（ 6.022×10^{23} ）。1摩尔的物质的质量大约等于物质的相对原子质量或相对分子质量（以克为单位）。参见"阿伏伽德罗常数"。

南部－戈德斯通玻色子
（Nambu–Goldstone boson）

由于自发对称性破缺而产生的粒子，质量和自旋均为0，最早由南部阳一郎于1960年发现，杰弗里·戈德斯通于1961年对这种粒子进行了详细阐述。

诺特定理
（Noether's theorem）

由阿马莉·埃米·诺特于1918年提出。该定理将守恒定律和物理系统中特定的连续对称性以及描述它们的理论联系起来，成为发展新理论的工具。比如，能量守恒反映了主宰能量的定律不会随着时间的连续变化而改变；线动量守恒反映了相关定律不会随着空间位置的连续变化而改变；角动量守恒反映了相关定律不会随着空间相对于中心旋转的角度的连续变化而改变。

欧几里得空间
（Euclidean space）

这是为我们所熟知的"普通"的三维几何空间，以古希腊数学家亚历山大里亚的欧几里得的名字命名。在欧几里得空间中，我们通常使用笛卡儿坐标（ x, y, z ）来描述物体的坐标，三角形的内角和为180°，圆的周长是半径的2π倍，两条平行线永远不会相交。

泡利不相容原理
（Pauli exclusion principle）

由沃尔夫冈·泡利于1925年发现。不相容原理指出，不能有两个或两个以上的费米子处于完全相同的量子态（如拥有相同的量子数）。对于原子中的电子来说，这意味着两个电子只有在自旋相反的情况下才有可能同时占据一条原子轨道。

普朗克常数 （Planck constant）	记为 h，由马克斯·普朗克于1900年发现。普朗克常数是反映量子理论中量子大小的基本物理学常数。例如，光子的能量就是它们的辐射频率乘以普朗克常数，即 $E = h\nu$。普朗克常数的大小为 6.626×10^{-34} 焦耳秒。
普朗克长度 （Planck length）	最小的长度单位，由一组基本物理常数计算得出，即 $\sqrt{hG/2\pi c^3}$，其中 h 是普朗克常数，G 是万有引力常数，c 是光速。普朗克长度的数值为 1.616×10^{-35} 米。普朗克长度和普朗克质量 $\sqrt{hc/2\pi G}$（约 2.177×10^{-8} 千克）以及普朗克时间 $\sqrt{hG/2\pi c^5}$（即光走过1普朗克长度所花费的时间，约 5.391×10^{-44} 秒）共同定义了普朗克尺度。
奇夸克 （strange quark）	第二代夸克之一，其电荷为 $-1/3$，自旋为 $1/2$（费米子），质量为 $95\ MeV/c^2$。"奇异数"这一性质开始被认为是一系列相对低能量（低质量）粒子的特征，这些粒子是由默里·盖尔曼在20世纪四五十年代发现的（西岛和彦与中野董夫也独立发现了这些粒子）。后来，默里·盖尔曼和乔治·茨威格又发现这些粒子中都存在奇夸克。
奇异数 （strangeness）	某些粒子（如电中性的 Λ 粒子、带电的 Σ 粒子和 Ξ 粒子，以及 K 介子等）的特征属性。在默里·盖尔曼和尤瓦尔·内曼提出的"八正法"中，奇异数和电荷、同位旋一同被作为粒子分类的标准。后来物理学家发现，这种属性来源于这些例子中的奇夸克。
强力 （strong force）	强核力，或称色力，是在强子中将夸克和胶子结合起来的力，由量子色动力学描述。将原子核内的质子和中子结合在一起的力被认为是作用于夸克的色力的"泄漏"出来的结果。参见"色力"。
强子 （hadron）	来源于希腊语 hadrós，意为"厚的"或"沉重的"。强子是一类受强核力作用的粒子，它们由各种夸克组合而成。强子包括由三个夸克组成的重子，以及由一个夸克和一个反夸克组成的介子。

轻子
（lepton）

来源于希腊语 leptós，意为"小的"。轻子是一类不受强核力的粒子，它们与夸克结合形成物质。与夸克一样，轻子也分为三代，分别是电子、μ子、τ子及其相应的中微子。电子、μ子、τ子的电荷均为 –1，自旋均为 1/2，质量分别为 $0.51 \text{ MeV}/c^2$、$105.7 \text{ MeV}/c^2$ 和 $1.78 \text{ GeV}/c^2$。它们各自对应的中微子不带电荷，自旋同样是 1/2，有一个极小的质量（这是为了解释中微子振荡的现象——即中微子的味的量子混合态会随时间发生变化）。

弱力
（weak force）

弱力之所以被称为弱力，是因为它在强度上比强力和电磁力要弱得多，作用范围也小很多。弱力可以作用于夸克和轻子，其相互作用可以改变夸克和轻子的味：如把一个上夸克变成一个下夸克，把一个电子变成一个电子中微子。对弱力的认识最初源于对放射性衰变的研究，其载体是 W 粒子和 Z 粒子。史蒂文·温伯格和阿卜杜勒·萨拉姆于1967 至 1968 年间提出了将电磁力和弱力结合在一起的电弱力量子场论。

色荷
（colour charge）

除了味（上、下、奇等）之外，夸克的另一种属性。我们知道，电荷可以分为正负两种，但是色荷不同，物理学家将其分为红、绿、蓝三种。当然，这并不意味着夸克真的是有"颜色"的。夸克之间的色力由胶子传递。

色力
（colour force）

一种将夸克和胶子束缚在强子内部的强大力量。我们所熟知的引力和电磁力都会随着距离的增加而越来越弱，而色力则不同，它就像弹簧一样，当夸克之间距离很近时，弹簧会放松，此时夸克的运动就像不受任何束缚一般；而当夸克之间拉开距离时，弹簧就会收紧，让夸克保持"禁闭"。将原子核内的质子和中子结合在一起的强核力则是色力"泄漏"到核子边界之外的结果。

施瓦西解/施瓦西
半径
（Schwarzschild
solution/radius）

德国物理学家卡尔·施瓦西于 1916 年在德国军队服役期间，第一个给出了爱因斯坦场方程的精确解。施瓦西解建立起了一个基本边界，我们称之为施瓦西半径。如果一个质量为 m 的球形物体被压缩到施瓦西半径（由 Gm/c^2 计算得出，其中 c 为光速，G 为引力常数）以内，那么它将会成为一个黑洞，即其逃逸速度超过光速。

时空和时空度规 （spacetime and spacetime metric）	坐标系中两点之间的距离可以通过两个点的坐标来确定。所以，在一个三维欧氏空间中，如果我们假设两个点的坐标分别为 $l_1 = x_1y_1z_1$ 和 $l_2 = x_2y_2z_2$，那么两点间的距离 $\Delta l = l_1 - l_2$ 可由毕达哥拉斯定理计算得出：$\Delta l^2 = \Delta x^2 + \Delta y^2 + \Delta z^2$。这种"距离函数"通常被称为度规。它有一个重要的性质：无论我们如何定义坐标系（即无论我们如何定义 x, y, z），度规都是一样的（数学家称之为"不变的"）。我们可以在欧氏空间的基础上扩展出第四个维度——时间。如果想要确保这样的时空度规同样保持不变，那么我们就需要一个这样的方程：$\Delta s^2 = \Delta(ct)^2 - \Delta x^2 - \Delta y^2 - \Delta z^2$，其中 s 是广义时空间隔，c 是光速，t 是时间。我们也可以定义 $\Delta s^2 = \Delta x^2 + \Delta y^2 + \Delta z^2 - \Delta(ct)^2$，这样 Δs^2 仍然是不变的，谁在前谁在后只是一个习惯问题。
实质形式 （substantial form）	形式理论起源于古希腊哲学家柏拉图，但清楚地区分了物质（组成物体的没有区分度的"材料"）和形式（将某一物体与其他物体区分开来并赋予其本质特征）的概念的是他的学生亚里士多德。在中世纪哲学中，实质形式的概念被用于解释基督教教义中的诸多内容，如圣餐变体论。
守恒定律 （conservation law）	一种物理定律，指一个孤立系统中某个特定的可观测性质不会随着系统的演化而发生改变。已建立的守恒定律包括质能守恒、线动量守恒、角动量守恒、电荷守恒、色荷守恒、同位旋守恒等。根据诺特定理，每一个守恒定律都源于系统中的某一特定的连续对称性。
太 （tera）	表示万亿的前缀。1 太电子伏特（1 TeV）指的就是十万亿电子伏特，也就是 10^{12} eV，或是 1 000 吉电子伏特。
同位旋 （isospin）	由维尔纳·海森堡于 1932 年提出，用于解释新发现的中子和质子间的对称性。现在，我们把同位旋守恒看作强子的相互作用中更为普遍的味守恒中的一种。一个粒子的同位旋可以通过它所包含的上夸克和下夸克的数量来计算。

微扰论
（perturbation theory）

一种数学方法，用于求出无法找出精确解的方程的近似解。这种方程被改写为微扰展开的形式：一组无穷级数多项式，以"零阶项"（对应于不包含相互作用、可精确求解的情况）为起点，后面还有第一阶、第二阶、第三阶等修正项（或称微扰项）。理论上讲，展开式中越往后的项对零阶的修正作用会越小，并使得计算结果越来越逼近实际结果。最终结果的准确性取决于计算中所包含的微扰项的数量。

味
（flavour）

除色荷外，用于区分不同夸克的另一种性质。夸克分为三代，一共有6味：上夸克、粲夸克、顶夸克（电荷均为+2/3，自旋均为1/2，质量分别为1.8~3.0 MeV/c^2、1.28 GeV/c^2和173 GeV/c^2，以及下夸克、奇夸克和底夸克（电荷均为−1/3，自旋均为1/2，质量分别为4.5~5.3 MeV/c^2、95 MeV/c^2和4.18 GeV/c^2）。轻子也有"味"的属性，电子、μ子、τ子以及它们对应的中微子可以以所谓的"轻子味"互相区分。参见"轻子"。

希格斯玻色子
（Higgs boson）

以英国物理学家彼得·希格斯的名字命名。所有的希格斯场都有被称为希格斯玻色子的特征场粒子。"希格斯玻色子"这一术语通常指代电弱希格斯玻色子，这是由史蒂文·温伯格和阿卜杜勒·萨拉姆于1967年至1968年间解释电弱对称性破缺时首次使用的希格斯场的粒子。2012年7月4日，欧洲核子研究组织宣布在大型强子对撞机中发现了电弱希格斯玻色子，其电荷与自旋均为0，质量约为125 GeV/c^2。

希格斯场
（Higgs field）

以英国物理学家彼得·希格斯的名字命名，是一个通用术语，用来描述所有通过希格斯机制打破对称性而在场论中加入的背景量子场。欧洲核子研究组织发现的希格斯玻色子有力地证明了在量子场论中打破对称性的希格斯场的存在。

希格斯机制
（Higgs mechanism）

以英国物理学家彼得·希格斯的名字命名，其实在1964年有6名物理学家几乎同时发现了这一机制，他们是罗伯特·布鲁、弗朗索瓦·恩格勒、希格斯、杰拉尔德·古拉尔尼克、卡尔·哈根和汤布·基布尔，因此物理学家有时也会用其他发现者的名字指代这一机制。这一机制描述了如何将一个被称为希格斯场的背景量子场添加到场论中来打破对称性。1967年至1968年间，史蒂文·温伯格和阿卜杜勒·萨拉姆分别利用该机制发展了电弱力的场论。

狭义相对论
（special relativity）

由爱因斯坦于1905年提出。狭义相对论认为，所有的运动都是相对的，并不存在某个特殊的参考系，所有物体的运动都要通过它来测量。所有的惯性参考系都是等价的——一个在地球上保持静止的观测者与一个在宇宙飞船中匀速运动的观测者对于同一个物理系统的测量结果是相同的。绝对的空间和时间、绝对静止以及同时性这些经典概念已经过时了。在阐述这一理论时，爱因斯坦假定真空中的光速代表着一个无法超越的极限速度。狭义相对论之所以是"狭义"的，是因为它无法解决有关加速运动和引力的问题，后来爱因斯坦又提出了广义相对论对此进行了补充。

虚空
（void）

在古希腊哲学家的原子论中，物质被认为是由微小的、不可分割的原子构成，这些原子在被称为"虚空"的空间中不断地运动。这里的虚空指的就是完全空空荡荡的、没有任何物质的空间，今天我们更倾向于称之为真空。

杨-米尔斯场论
（Yang-Mills field theory）

量子场论的一种形式，由杨振宁和罗伯特·米尔斯于1954年提出。杨-米尔斯场论是当前粒子物理标准模型中所有组成部分的关键基石。

引力
（gravitational force）

所有质能之间都存在的吸引力。引力的作用极其微弱，在原子、亚原子粒子和基本粒子之间的相互作用中与色力、弱力和电磁力相比几乎可以被忽略。爱因斯坦的广义相对论可以精确地描述引力的作用，而牛顿的万有引力定律只是真实情况的一种近似。

引力子
（graviton）

在假想中的引力量子场论中传递引力的假想粒子。尽管人们已经为寻找引力子做出了许多尝试，但是迄今为止还没有取得成功。这种粒子如果真的存在，那么它应当是一种无质量、无电荷的玻色子，其自旋量子数为2。

隐变量
（hidden variables）

修正和扩展传统量子力学以消除波函数坍缩的最简单做法就是引入隐变量，这种变量控制量子波–粒子的性质和行为，但是从定义上来说，我们无法直接观测这些变量。如果这种扩展需要确保单个量子实体在任意时刻都具有特定的属性（也就是说，这些实体具有"局域实在性"），那么隐变量就是局域性的；如果这种扩展只需要确保量子实体具有整体上的特定属性，那么隐变量就可能会是非局域性的。

宇宙暴胀
（cosmic inflation）

宇宙在大爆炸发生之后的10^{-36}到10^{-32}秒之间发生的指数级的迅速膨胀，由美国物理学家阿兰·古斯于1980年提出。它对于我们今天所见到的宇宙大尺度结构提供了有力的解释。

宇宙背景辐射
（cosmic background radiation）

在大爆炸发生后约38万年，宇宙膨胀并冷却到足够的程度，使得氢核（质子）以及氦核（由两个质子和两个中子组成）能够与电子重新结合，形成电中性的氢原子和氦原子。自此之后，宇宙中剩余的热辐射便能自由向外传播，宇宙变成"透明"的。随着宇宙不断地膨胀，热辐射移至微波及红外波段，并且温度降至2.7开尔文（−270.5摄氏度），仅仅比绝对零度高出一点点。这种微波背景辐射最初只是由几位理论物理学家提出了预测，但后来由阿尔诺·彭齐亚斯和罗伯特·威尔逊于1964年偶然发现。此后，宇宙背景探测器（COBE）、威尔金森微波各向异性探测器（WMAP）以及普朗克卫星等探测器都对这种辐射进行了详尽的研究。

宇宙射线
（cosmic rays）

不断冲击着地球上层大气的外太空带电高能粒子流。"射线"一词的使用可追溯到早期的放射性物质研究，当时的研究者将定向发射的带电粒子流称为"射线"。宇宙射线的来源有很多种，例如太阳以及其他恒星表面的高能反应，以及宇宙中的其他地方发生的未知过程，等等。宇宙射线粒子携带的能量一般大约在10 MeV到10 GeV之间。

宇宙学常数
（cosmological
constant）

阿尔伯特·爱因斯坦最初并不认可宇宙是动态的，他认为宇宙不会膨胀或是收缩，并且还人为改动了方程式以产生宇宙的静态解。爱因斯坦担心引力将最终导致所有的物质向内收缩，从而导致整个宇宙的坍缩，因此他引入了"宇宙学常数"（一种与引力方向相反的斥力）来抵消这种影响。然而在此之后，有越来越多的观测结果表明宇宙正在膨胀，爱因斯坦随后放弃了宇宙学常数，并且认为这是他一生中最大的错误。不过在 1998 年的进一步研究中，研究者们发现宇宙实际上正在加速膨胀。结合探测器对宇宙微波背景辐射的测量结果，我们可以得出一个结论：宇宙中充满了"暗能量"，大约占宇宙总质能的 69.1%。暗能量的表示形式之一，就是重新引入爱因斯坦的宇宙学常数。

元素
（element）

古希腊哲学家认为，一切物质都是由土、气、水、火这四种元素构成的。除此之外，亚里士多德还引入了一种被称为"以太"或是"精质"的第五元素，以描述永恒的天空。如今，这些古典元素已经被一套化学元素体系取代。化学元素的基本性在于，它们无法通过化学手段被转化为另一种元素，这意味着它们只包含一种原子。现在我们为所有的化学元素编制了一个"周期表"，从氢氦锂铍硼一直到铀再到后面的元素，全都井然有序地在表中排列着。

原子
（atom）

来源于希腊语 atomos，意为"无法分割的"或者"不可切割的"。原子最初用于表示构成物质的不可再分的最基本单元，现在则指单个化学元素能够保持其化学性质的最小单位（或是化学反应中无法再被分割的基本微粒）。水是由水分子组成的，而水分子则由两个氢原子和一个氧原子组成。原子又是由质子、中子和电子组成的，质子和中子结合在一起形成一个位于原子中心的核，而电子则环绕原子核运动，该运动类似一种波，其波函数形成的特征模式被称为原子轨道。

原子核
（nucleus）

原子中心密度极大的区域，原子的大部分质量都集中于此。原子核由不同数量的质子和中子组成。氢原子的原子核中只有一个质子。

原子论
（atomism）

一种自然哲学，认为物质是由无法分割的基本单元（即原子）构成的。原子论的传统与古希腊哲学家留基伯、德谟克利特、伊壁鸠鲁以及罗马诗人和哲学家卢克莱修等人的观点有着密切的联系。另外，原子论也是印度某些哲学学派的组成部分。

兆
（mega）

表示百万的前缀。1兆电子伏特指的就是一百万电子伏特，也就是 10^6 eV。

正电子
（positron）

电子的反粒子，记为 e^+，电荷为+1，自旋为1/2（费米子），质量为 0.511 MeV/c^2，由卡尔·安德森于1932年首次发现，也是第一个被发现的反粒子。

质量
（mass）

在经典力学中，一个物体的质量是它在外力作用下抵抗运动状态变化的能力的量度，与其所包含的"物质的量"有关，因此它是物质的"基本"性质。在狭义相对论和量子物理学中，我们对质量本质的理解发生了巨大的变化。质量成为一个物体所含能量的量度（$m = E/c^2$），基本粒子的质量可以追溯到与不同种类的量子相关的能量。

质量重正化
（mass renormalization）

参见"重正化"。

质子
（proton）

1919年，欧内斯特·卢瑟福"发现"了一种带正电的亚原子粒子，并将它命名为"质子"。实际上，卢瑟福发现氢原子核（也就是单个质子）是其他原子核的组成部分。质子是由两个上夸克和一个下夸克组成的重子，其自旋为1/2，质量为 938.3 MeV/c^2。

中微子
（neutrino）

来源于意大利语，意为"小而中性的东西"。中微子不带电，其自旋与带负电的电子、μ子、τ子一样都是1/2（费米子）。科学家认为中微子具有非常小的质量，这是解释中微子振荡现象的必要条件。中微子振荡解决了太阳中微子问题——测量到的穿过地球的中微子数量与太阳中心处的核反应产生的电子中微子数量的估算值不一致的问题。根据2001年的测量结果，来自太阳的中微子中只有35%是电子中微子，剩下的都是μ子中微子和τ子中微子，这表明中微子的味在从太阳传播到地球的过程中会发生振荡。

中子 （neutron）	一种电中性的亚原子粒子，由詹姆斯 查德威克于1932年首次发现。中子是由一个上夸克和两个下夸克组成的重子，其自旋为1/2，质量为939.6 MeV/c^2。
重正化 （renormalization）	如果我们把粒子看作场量子化的结果，那么它们就可能会发生自相互作用，也就是它们可以与自己的场发生相互作用。这就意味着像微扰论这样用于求解场方程的手段往往会失去作用，表示自相互作用的修正项会变为无穷大。重正化就是通过重新定义场粒子本身的参数（如质量和电荷）来消除这些自相互作用项的一种数学手段。参见"自能"。
重子 （baryon）	来源于希腊语barys，意为"重的"。重子是强子的一种，主要参与强相互作用，由三个夸克组成，比较重，因此得名。质子和中子都属于重子。
驻波 （standing wave）	被限制在固定点之间振荡的波会发生干涉，并且有可能形成一系列驻波，弦乐器或管乐器中的音符的产生就是因为形成了驻波，在靠近山丘与急流的空气中也经常产生驻波。驻波产生的条件是振荡介质的长度必须是半波长的整数倍。
缀饰质量 （dressed mass）	这种质量来源于量子波–粒子的自能，是它们与物理上不可分割的系统相互作用的结果。例如，电子通过与自身产生的电磁场相互作用而获得自能。
自能 （self-energy）	在量子场论中，粒子被认为是场的基本涨落或是振动，其结果就是粒子会发生自相互作用，即与自己的场发生相互作用。这种相互作用会给粒子的能量带来被称为自能的增量。在早期描述电子的量子场论中，人们计算得到的自能结果是无穷大，这一问题后来随着重正化的提出而解决。

自旋
（spin）

所有的基本粒子都具有一种被称为自旋的角动量。虽然电子的自旋最初是用"自转"来解释的（起初电子被认为会像陀螺一样绕轴自转），但是自旋实际上是一种相对论现象，在经典物理学中并没有对应的概念。自旋量子数也是粒子的特征性质之一。自旋为半整数的粒子被称为费米子，它们是物质粒子；自旋为整数的粒子被称为玻色子，它们是传递力的粒子。

最小要素
（natural minima/
minima naturalia）

古希腊哲学家亚里士多德假设，一定存在一种"最小的部分"，自然产生的物质都可以被分割成这种最小的部分，同时不会失去其本质特征，但是这种最小的部分并不是原子。在亚里士多德的理论中，它们仍然是一种物质，理论上可以进一步分割，然而这样就会使其失去原本的性质，从而无法代表原物质。

序言

1. Stephen Hawking, *A Brief History of Time: From the Big Bang to Black Holes*, Bantam Press, 1988, p. vi.

第 1 章　安静的城堡

1. Recent X-ray studies have revealed that these papyri were written using metal-based inks, contradicting previous wisdom and offering prospects for optimizing computer-aided tomography of unrolled scrolls. See Emmanuel Brun, Marine Cotte, Jonathan Wright, *et al.*, *Proceedings of the National Academy of Sciences*, **113** (2016), pp. 3751–4.

2. Epicurus wrote: 'To begin with, nothing comes into being out of what is non-existent.' Epicurus, letter to Herodotus, reproduced in Diogenes Laërtius, *Lives of the Eminent Philosophers*, Book X, **38**, trans. Robert Drew Hicks, Loeb Classical Library (1925), http://en.wikisource.org/wiki/Lives_of_the_Eminent_Philosophers.

3. Or as Lucretius put it: 'The second great principle is this: *nature resolves everything into its component atoms and never reduces anything to nothing.*' Lucretius, *On the Nature of the Universe* (n 1), p. 33.

4. As Epicurus explains: 'And if there were no space (which we call also void and place and intangible nature), bodies would have nothing in which to be and through which to move, as they are plainly seen to move. Beyond bodies and space there is nothing which by mental

5. Lucretius wrote: 'Granted that the particles of matter are absolutely solid, we can still explain the composition and behaviour of soft things—air, water, earth, fire—by their intermixture with empty space.' Lucretius, *On the Nature of the Universe* (n 1), p. 44.

6. See Plato, *Timaeus and Critias*, Penguin, London (1971), pp. 73–87. Plato built air, fire, and water from one type of triangle and earth from another. Consequently, Plato argued that it was not possible to transform earth into other elements.

7. Lucretius wrote: 'It can be shown that Neptune's bitter brine results from a mixture of rougher atoms with smooth. There is a way of separating the two ingredients and viewing them in isolation by filtering the sweet fluid through many layers of earth so that it flows out into a pit and loses its tang. It leaves behind the atoms of unpalatable brine because owing to their roughness they are more apt to stick fast in the earth.' Lucretius, *On the Nature of the Universe* (n 1), pp. 73–4.

8. In *The Metaphysics*, Aristotle wrote: 'They [Leucippus and Plato] maintain that motion is always in existence: but why, and in what way, they do not state, nor how is this the case; nor do they assign the cause of this perpetuity of motion.' Aristotle, *The Metaphysics*, Book XII, **1071b**, trans. John H. McMahon, Prometheus Books, New York (1991), p. 256.

9. Lucretius wrote: 'Since the atoms are moving freely through the void they must all be kept in motion either by their own weight or on occasion by the impact of another atom.' Lucretius, *On the Nature of the Universe* (n 1), p. 62.

10. Lucretius, *On the Nature of the Universe* (n 1), p. 66.

11. Lucretius again: 'Indeed, even visible objects, when set at a distance, often disguise their movements. Often on a hillside fleecy sheep, as they crop their lush pasture, creep slowly onward, lured this way or that by grass that sparkles with fresh dew, while full-fed lambs gaily frisk and butt. And yet, when we gaze from a distance, we see only a blur—a white patch stationary on the green hillside.' Lucretius, *On the Nature of the Universe* (n 1), p. 69.

12. Lucretius concluded: 'It follows that nature works through the agency of invisible bodies.' Lucretius, *On the Nature of the Universe* (n 1), p. 37.

13. Lucretius certainly thought so: 'Observe what happens when

sunbeams are admitted into a building and shed light on its shadowy places. You will see a multitude of tiny particles mingling in a multitude of ways in the empty space within the light of the beam, as though contending in everlasting conflict…their dancing [of the particles in the sunbeam] is an actual indication of underlying movements of matter that are hidden from our sight.…You must understand that they all derive this restlessness from the atoms.' Lucretius, *On the Nature of the Universe* (n 1), pp. 63–4.

14. Democritus, in Hermann Diels, *Die Fragmente von Vorsokratiker*, Weidmann, Berlin (1903), **117**, p. 426. The German translation is given as: 'In Wirklichkeit wissen wir nichts; denn die Wahrheit liegt in der Tiefe.' The quoted English translation is taken from Samuel Sambursky, *The Physical World of the* Greeks, 2nd edn, Routledge, London (1960), p. 131.

第 2 章　自在之物

1. The authors of the entry on medieval philosophy in the online *Stanford Encyclopedia of Philosophy* put it rather succinctly: 'Here is a recipe for producing medieval philosophy: Combine classical pagan philosophy, mainly Greek but also in its Roman versions, with the new Christian religion. Season with a variety of flavorings from the Jewish and Islamic intellectual heritages. Stir and simmer for 1300 years or more, until done.' Paul Vincent Spade, Gyula Klima, Jack Zupko, and Thomas Williams, 'Medieval Philosophy', *Stanford Encyclopedia of Philosophy*, Spring 2013, p. 4.

2. 'We should then be never required to try our strength in contests about the soul with philosophers, those patriarchs of heretics, as they may be fairly called.' Tertullian, *De Anima*, Chapter III, translated by Peter Holmes, http://www.earlychristianwritings.com/text/tertullian10.html.

3. Boyle wrote: 'To convert Infidels to the Christian Religion is a work of great Charity and kindnes to men', in J.J. MacIntosh (ed.), *Boyle on Atheism*, University of Toronto Press (2005), p. 301.

4. René Descartes, *Discourse on Method and The Meditations*, trans. F.E. Sutcliffe, Penguin, London (1968), p. 53.

5. Descartes wrote: 'And indeed, from the fact that I perceive different sorts of colours, smells, tastes, sounds, heat, hardness, etc., I rightly conclude that there are in the bodies from which all these diverse perceptions of the senses come, certain varieties corresponding to them, although perhaps these varieties are not in fact like them.' Descartes, ibid., p. 159.

6. Locke wrote: 'For division (which is all that a mill, or pestle, or any other body, does upon another, in reducing it to insensible parts) can never take away either solidity, extension, figure, or mobility from any body.…These I call original or *primary qualities*.…Secondly, such qualities which in truth are nothing in the objects themselves but powers to produce various sensations in us by their primary qualities, i.e. by the bulk, figure, texture, and motion of their insensible parts, as colours, sounds, tastes, &c. These I call *secondary qualities*.' John Locke, *Essay Concerning Human Understanding*, Book II, Chapter VIII, sections 9 and 10 (first published 1689), ebooks@Adelaide, The University of Adelaide, https://ebooks.adelaide.edu.au/l/locke/john/l81u/index.html.

7. Berkeley wrote: 'They who assert that figure, motion, and the rest of the primary or original qualities do exist without the mind…do at the same time acknowledge that colours, sounds, heat cold, and suchlike secondary qualities, do not.…For my own part, I see evidently that it is not in my power to frame an idea of a body extended and moving, but I must withal give it some colour or other sensible quality which is acknowledged to exist only in the mind. In short, extension, figure, and motion, abstracted from all other qualities, are inconceivable. Where therefore the other sensible qualities are, there must these be also, to wit, in the mind and nowhere else.' George Berkeley, *A Treatise Concerning the Principles of Human Knowledge*, The Treatise para. 10 (first published 1710), ebooks@Adelaide, The University of Adelaide, https://ebooks.adelaide.edu.au/b/berkeley/george/b51tr/index.html.

第 3 章　什么是力

1. See, e.g., Catherine Wilson, *Epicureanism at the Origins of Modernity*, Oxford University Press, 2008, especially pp. 51–5.

2　Newton wrote: 'The extension, hardness, impenetrability, mobility, and *vis inertia* of the whole, result from the extension, hardness, impenetrability, mobility, and *vires inertia* of the parts; and thence we conclude the least particles of all bodies to be also all extended, and hard and impenetrable, and moveable, and endowed with their proper *vires inertia*.' Newton, *Mathematical Principles* (n 1), p. 385. In this quotation, *vis inertia* simply means 'inertia', the measure of the resistance of a body to acceleration ('vis' means force or power). Newton then equates the inertia of an object to the sum total—the *vires inertia*—of all its constituent atoms ('vires' is the plural of 'vis').

3. Newton, ibid., p. 73.

4. The first law is given in the *Mathematical Principles* as: '*Every body perseveres in its state of rest, or of uniform motion in a right line [straight line], unless it is compelled to change that state by forces impressed thereon.*' Newton, ibid., p. 83.

5. Newton wrote: '*An impressed force is an action exerted upon a body, in order to change its state, either of rest, or of moving forward uniformly in a right line. This force consists in the action only; and remains no longer in the body, when the action is over. For a body maintains every new state it acquires, by its vis inertiae only. Impressed forces are of different origins as from percussion, from pressure, from centripetal force.*' Newton, ibid., p. 74.

6. Newton, ibid., p. 83.

7. Suppose we apply the force for a short amount of time, Δt.* This effects a change in the linear momentum by an amount $\Delta(mv)$. If we now assume that the inertial mass m is intrinsic to the object and does not change with time or with the application of the force (which seems entirely reasonable and justified), then the change in linear momentum is really the inertial mass multiplied by a change in velocity: $\Delta(mv) = m\Delta v$. Applying the force may change the magnitude of the velocity (up or down) and it may change the direction in which the object is moving. Newton's second law is then expressed mathematically as $F\Delta t = m\Delta v$: impressing the force for a short time changes the

---

* We use the Greek symbol delta (Δ) to denote 'difference'. So, if we apply the force at some starting time t_1 and remove it a short time later, t_2, then Δt is equal to the time difference, t_2-t_1.

velocity (and hence linear momentum) of the object. Now this equation may not look very familiar. But we can take a further step: dividing both sides of this equation by Δt gives $F = m\Delta v/\Delta t$. The ratio $\Delta v/\Delta t$ is the rate of change of velocity (magnitude *and* direction) with time. We have another name for this quantity: it is called *acceleration*, usually given the symbol *a*. Hence Newton's second law can be re-stated as the much more familiar $F = ma$, or Force equals Inertial mass × Acceleration.

8. Newton states the third law thus: '*To every action there is always opposed an equal reaction: or the mutual actions of two bodies upon each other are always equal, and directed to contrary parts.*' Newton, *Mathematical Principles* (n 1), p. 83.

9. Mach wrote: 'With regard to the concept of "mass", it is to be observed that the formulation of Newton, which defines mass to be the quantity of matter of a body as measured by the product of its volume and density, is unfortunate. As we can only define density as the mass of a unit of volume, the circle is manifest.' Ernst Mach, *The Science of Mechanics*, quoted in Max Jammer, *Concepts of Mass in Contemporary Physics and Philosophy*, Princeton University Press, 2000, p. 11.

10. These quotations are derived from H.W. Trumbull, J.F. Scott, A.R. Hall, and L. Tilling (eds), *The Correspondence of Isaac Newton*, Cambridge University Press, Vol. 2, pp. 437–9, and are quoted in Lisa Jardine, *The Curious Life of Robert Hooke: The Man Who Measured London*, Harper Collins, London, 2003, p. 6.

11. Newton wrote: '*That the fixed stars being at rest, the periodic times of the five primary planets, and (whether of the sun about the earth or) of the earth about the sun, are in the sesquiplicate proportion of their mean distances from the sun.*' Newton, *Mathematical Principles* (n 1), p. 388. 'Sesquiplicate' means 'raised to the power $\frac{3}{2}$'.

12. Only six planets were known in Newton's time, but we can now extend Kepler's logic to eight planets as follows:

Planet	Orbital period T (days)	Orbital radius r (10^6 km)	T^2/r^3
Mercury	87.97	57.91	0.1996
Venus	224.70	108.21	0.1996
Earth	356.26	149.51	0.1949
Mars	686.96	227.94	0.1996
Jupiter	4,332.59	778.57	0.1994
Saturn	10,579.22	1,433.45	0.1949
Uranus	30,799.10	2,876.68	0.1996
Neptune	60,193.03	4,503.44	0.1992

For sure, there is some variation in the ratio T^2/r^3, but the deviation from the mean value of 0.1984 is never greater than two per cent.

13. Proposition VII states: 'That there is a power of gravity tending to all bodies, proportional to the several quantities of matter which they contain.' Newton, *Mathematical Principles* (n 1), p. 397.

14. Proposition VIII states: 'In two spheres mutually gravitating each towards the other, if the matter in places on all sides round about and equi-distant from the centres is similar, the weight of either sphere towards the other will be reciprocally as the square of the distance between their centres.' Newton, *Mathematical Principles* (n 1), p. 398.

15. Newton wrote: 'Hitherto we have explained the phænomena of the heavens and of our sea, by the power of Gravity, but have not yet assigned the cause of this power....I have not been able to discover the cause of those properties of gravity from phænomena, and I frame no hypotheses.' Newton, *Mathematical Principles* (n 1), p. 506.

第 4 章　怀疑的化学家

1. See, e.g., Jed Z. Buchwald, *The Rise of the Wave Theory of Light*, University of Chicago Press, 1989, pp. 6–7.

2. Isaac Newton, *Opticks*, 4th edn (first published 1730), Dover Books, New York, 1952. This quote from Querie 29 appears on p. 370.

3. Querie 31 contains the passage: 'Have not the Small Particles of Bodies certain Powers, Virtues or Forces, by which they act at a distance, not

only upon the Rays of Light...but also upon one another for producing a great Part of the Phænomena of Nature? For it's well known that Bodies act upon one another by the attractions of Gravity, Magnetism and Electricity...and make it not improbable but that there may be more attractive Powers than these.' Newton, *Opticks*, ibid., pp. 375–6.

4. Querie 31 continues: 'I had rather infer...that their Particles attract one another by some Force, which in immediate Contact is exceeding strong, at small distances performs the chymical Operations above-mention'd, and reaches not far from the Particles with any sensible Effect.' Newton, *Opticks*, ibid., p. 389.

5. Boyle wrote: 'And, to prevent mistakes, I must advertise you, that I now mean by elements, and those chymists, that speak plainest, do by their principles, certain primitive and simple, or perfectly unmingled bodies, which not being made of any other bodies, or of one another, are the ingredients, of which all those called perfectly mixt bodies are immediately compounded, and into which they are ultimately resolved.' Robert Boyle, *The Sceptical Chymist*, reproduced in Thomas Birch, *The Works of the Honourable Robert Boyle*, Vol. 1, London, 1762, p. 562.

6. Joseph Priestley, *Experiments and Observations on Different Kinds of Air*, Vol. II, Section III, London 1775, http://web.lemoyne.edu/~GIUNTA/priestley.html.

7. Dalton wrote: 'An enquiry into the relative weights of the ultimate particles of bodies is a subject, as far as I know, entirely new: I have already been prosecuting this enquiry with remarkable success. The principle cannot be entered upon in this paper; but I shall just subjoin the results, as they appear to be ascertained by my experiments.' The paper was published two years later, in 1805. John Dalton, quoted in Frank Greenaway, *John Dalton and the Atom*, Heinemann, London, 1966, p. 165.

8. Cannizzaro, *Sketch of a Course of Chemical Philosophy* (n 1), p. 11.

9. Cannizzaro, *Sketch of a Course of Chemical Philosophy* (n 1), p. 11.

10. Cannizzaro, *Sketch of a Course of Chemical Philosophy* (n 1), p. 12.

11. Einstein wrote: 'In this paper it will be shown that, according to the molecular-kinetic theory of heat, bodies of a microscopically visible size suspended in liquids must, as a result of thermal molecular motions, perform motions of such magnitude that they can be easily

observed with a microscope. It is possible that the motions to be discussed here are identical with so-called Brownian molecular motion; however the data available to me on the latter are so imprecise that I could not form a judgement on the question.' Albert Einstein, *Annalen der Physik*, **17** (1905), pp. 549–60. This paper is translated and reproduced in John Stachel (ed.), *Einstein's Miraculous Year: Five Papers that Changed the Face of Physics*, Centenary edn, Princeton University Press, 2005. The quote appears on p. 85.

第 5 章　一个有趣的结论

1. Maxwell wrote that the speed is: '…so nearly that of light, that it seems we have strong reason to conclude that light itself (including radiant heat, and other radiations if any) is an electromagnetic disturbance in the form of waves propagated through the electromagnetic field according to electromagnetic laws.' James Clerk Maxwell, *A Dynamical Theory of the Electromagnetic Field*, Part I, §20 (1864), https://en.wikisource.org/wiki/A_Dynamical_Theory_of_the_Electromagnetic_Field/Part_I.

2. Einstein wrote: 'The introduction of a "light ether" will prove to be superfluous, inasmuch as the view to be developed here will not require a "space at absolute rest" endowed with special properties…'. Albert Einstein, *Annalen der Physik*, **17** (1905), pp. 891–921, trans. and repr. in Stachel, *Einstein's Miraculous Year* (n 1), p. 124.

3. We make our first set of measurements whilst the train is stationary. The light travels straight up and down, travelling a total distance of $2d_0$, where d_0 is the height of the carriage, let's say in a time t_0. We therefore know that $2d_0 = ct_0$, where c is the speed of light, as the light travels up (d_0) and then down (another d_0) in the time t_0 at the speed c. If we know d_0 precisely, we could use this measurement to determine the value of c. Alternatively, if we know c we can determine d_0. We now step off the train and repeat the measurement as the train moves past us with velocity v, where v is a substantial fraction of the speed of light. From our perspective on the platform the light path looks like 'Λ'. Let's assume that total time required for the light to travel

this path is t. If we join the two ends of the Λ together we form an equilateral triangle, Δ. We know that the base of this triangle has a length given by vt, the distance the train has moved forward in the time t. The other two sides of the triangle measure a distance d and we know that $2d = ct$ (remember that the speed of light is assumed to be constant). If we now draw a perpendicular (which will have length equal to d_0) from the apex of the triangle and which bisects the base, we can use Pythagoras' theorem: the square of the hypotenuse is equal to the sum of the squares of the other two sides, or $d^2 = d_0{}^2 + (\frac{1}{2}vt)^2$. But we know that $d = \frac{1}{2}ct$ and from our earlier measurement $d_0 = \frac{1}{2}ct_0$, so we have: $(\frac{1}{2}ct)^2 = (\frac{1}{2}ct_0)^2 + (\frac{1}{2}vt)^2$. We can now cancel all the factors of $\frac{1}{2}$ and multiply out the brackets to give: $c^2t^2 = c^2t_0{}^2 + v^2t^2$. We gather the terms in t^2 on the left-hand side and divide through by c^2 to obtain: $t^2(1 - v^2/c^2) = t_0{}^2$, or, re-arranging and taking the square-root: $t = \gamma t_0$, where $\gamma = 1/\sqrt{(1 - v^2/c^2)}$.

4. On 21 September 1908, Minkowski began his address to the 80th Assembly of German Natural Scientists and Physicians with these words: 'The views of space and time which I wish to lay before you have sprung from the soil of experimental physics, and therein lies their strength. They are radical. Henceforth space by itself, and time by itself, are doomed to fade away into mere shadows, and only a kind of union of the two will preserve an independent reality.' Hermann Minkowski, 'Space and Time' in Hendrik A. Lorentz, Albert Einstein, Hermann Minkowski, and Hermann Weyl, *The Principle of Relativity: A Collection of Original Memoirs on the Special and General Theory of Relativity*, Dover, New York, 1952, p. 75.

5. Albert Einstein, *Annalen der Physik*, **18** (1905), pp. 639–41, in Stachel, *Einstein's Miraculous Year* (n 1), p. 161.

6. The energy carried away by the light bursts in the stationary frame of reference is E, compared with γE in the moving frame of reference. Energy must be conserved, so we conclude that the difference must be derived from the kinetic energies of the object in the two frames of reference. This difference in kinetic energy must be, therefore, $\gamma E - E$, or $E(\gamma - 1)$. As it stands, the term $E(\gamma - 1)$ isn't very informative, and the Lorentz factor γ – which, remember, equals $1/\sqrt{(1 - v^2/c^2)}$— is rather cumbersome. But we can employ a trick often used by mathematicians and physicists. Complex functions like γ can be re-

cast as the sum of an infinite series of simpler terms, called a Taylor series (for eighteenth-century English mathematician Brook Taylor). The good news is that for many complex functions we can simply look up the relevant Taylor series. Even better, we often find that the first two or three terms in the series provide an approximation to the function that is good enough for most practical purposes. The Taylor series in question is: $1/\sqrt{(1 + x)} = 1 - (\frac{1}{2})x + (\frac{3}{8})x^2 - (\frac{5}{16})x^3 + (\frac{35}{128})x^4 - (\frac{63}{256})x^5 +\ldots$. Substituting $x = -v^2/c^2$ means that terms in x^2 are actually terms in v^4/c^4 and so on for higher powers of x. Einstein was happy to leave these out, writing: 'Neglecting magnitudes of the fourth and higher order…'. Neglecting the higher-order terms gives rise to a small error of the order of a few per cent for speeds v up to about fifty per cent of the speed of light, but the error grows dramatically as v is further increased. So, substituting $x = -v^2/c^2$ in the first two terms in the Taylor series means that we can approximate γ as $1 + \frac{1}{2}v^2/c^2$. If we now put this into the expression for the difference in kinetic energies above, we get: $E(\gamma - 1) \sim \frac{1}{2}Ev^2/c^2$, or $\frac{1}{2}(E/c^2)v^2$. Did you see what just happened? We know that the expression for kinetic energy is $\frac{1}{2}mv^2$, and in the equation for the difference we see that the velocity v is unchanged. Instead, the energy of the light bursts comes from the *mass* of the object, which falls by an amount $m = E/c^2$.

7. Einstein, *Annalen der Physik*, **18** (1905), p. 164, in Stachel, *Einstein's Miraculous Year* (n 1).

第 6 章　无法解决的矛盾

1. Einstein wrote: 'It is not good to introduce the concept of the [relativistic] mass M…of a moving body for which no clear definition can be given. It is better to introduce no other mass concept than the "rest mass", m. Instead of introducing M it is better to mention the expression for the momentum and energy of a body in motion.' Albert Einstein, letter to Lincoln Barnett, 19 June 1948. A facsimile of part of this letter is reproduced, together with an English translation, in Lev Okun, *Physics Today*, June 1989, p. 12.

2. Okun wrote: '…the terms "rest mass" and "relativistic mass" are redundant and misleading. There is only one mass in physics, *m*, which does not depend on the reference frame. As soon as you reject

the "relativistic mass" there is no need to call the other mass the "rest mass" and to mark it with the index o.' In his opening paragraph, picked out in a large, bold font, he declares: 'In the modern language of relativity theory there is only one mass, the Newtonian mass *m*, which does not vary with velocity.' Okun, ibid., p. 11.

3. See, e.g., A.P. French, *Special Relativity*, MIT Introductory Physics Series, Van Nostrand Reinhold, London, 1968 (reprinted 1988), p. 23.

4. Albert Einstein, *Annalen der Physik*, **18** (1905), pp. 639–41. Trans. and repr. in John Stachel (ed.), *Einstein's Miraculous Year: Five Papers that Changed the Face of Physics*, centenary edn, Princeton University Press, 2005. The quote appears on p. 164.

5. Paul Feyerabend, 'Problems of Empiricism', in R.G. Colodny, *Beyond the Edge of Certainty*, Englewood-Cliffs, New Jersey (1965), p. 169. This quote is reproduced in Jammer, *Concepts of Mass* (n 1), p. 57.

第 7 章　宇宙的结构

1. Albert Einstein, 'How I Created the Theory of Relativity', lecture delivered at Kyoto University, 14 December 1922, trans. Yoshimasa A. Ono, *Physics Today*, August 1982, p. 47.

2. Albert Einstein, in the 'Morgan manuscript', quoted by Abraham Pais, *Subtle is the Lord: The Science and the Life of Albert Einstein*. Oxford University Press, 1982, p. 178.

3. Wheeler with Ford, *Geons, Black Holes and Quantum Foam* (n 1).

4. Albert Einstein, quoted by Pais, ibid., p. 212.

5. Albert Einstein, letter to Heinrich Zangger, 26 November 1915. This quote is reproduced in Alice Calaprice (ed.), *The Ultimate Quotable Einstein*, Princeton University Press, 2011, p. 361.

6. We can get some sense for what the Schwarzschild solutions tell us by supposing we measure two events at some distance far away from a massive object, where the effects of spacetime curvature can be safely ignored. Spacetime here is flat, and we note the time interval Δt between the two events. The Schwarzschild solutions show that the same measurement performed closer to the object where spacetime is more curved will yield a different result, $\Delta t'$, where $\Delta t' = \Delta t/(1 - R_s/r)$. Here R_s is the *Schwarzschild radius*, given by Gm/c^2, where *m* is the mass

of the object, c is the speed of light, and G is the gravitational constant. Let us further assume that we're well outside the Schwarzschild radius, so r is much larger than R_s. (The Schwarzschild radius of the Earth is about 9 millimetres.) This means that the term in brackets is a little smaller than 1, so $\varDelta t'$ is slightly larger than $\varDelta t$, or time intervals are dilated. This is *gravitational time dilation*—clocks run more slowly where the effects of gravity (spacetime curvature) are stronger. It is an effect entirely separate and distinct from the time dilation of special relativity, which is caused by making measurements in different inertial frames of reference. We can make a similar set of deductions for a measurement of radial distance interval $\varDelta r$, at a fixed time such that $\varDelta t = 0$. We find $\varDelta r' = (1 - R_s/r)\varDelta r$. Now $\varDelta r'$ is slightly *smaller* than $\varDelta r$. Distances contract under the influence of a gravitational field.

7. See *Metromnia*, National Physical Laboratory, **18**, Winter 2005.

第 8 章　在黑暗中心

1. Newton wrote: '…and lest the systems of the fixed stars should, by their gravity, fall on each other mutually, he hath placed those systems at immense distances one from another'. Isaac Newton, *Mathematical Principles of Natural Philosophy*, first American edn trans. Andrew Motte, Daniel Adee, New York, 1845, p. 504.

2. See, e.g., Steven Weinberg, *Cosmology*, Oxford University Press, 2008, p. 44.

3. According to Ukranian-born theoretical physicist George Gamow: 'When I was discussing cosmological problems with Einstein he remarked that the introduction of the cosmological term was the biggest blunder he ever made in his life.' George Gamow, *My World Line: An Informal Autobiography*, Viking Press, New York, 1970, p. 149, quoted in Walter Isaacson, *Einstein* (n 1), pp. 355–6.

4. Hubble's law can be expressed as $v = H_0D$, where v is the velocity of the galaxy, H_0 is Hubble's constant as measured in the present time, and D is the so-called 'proper distance' of the galaxy measured from the Earth, such that the velocity is then given simply as the rate of change of this distance. Although it is often referred to as a 'constant', in truth the Hubble parameter H varies with time depending on

assumptions regarding the rate of expansion of the universe. Despite this, the age of the universe can be roughly estimated as $1/H_0$. A value of H_0 of 67.74 kilometres per second per megaparsec (or 2.195×10^{-18} per second) gives an age for the universe of 45.66×10^{16} seconds, or 14.48 billion years. (The age as determined by the Planck satellite mission is 13.82 billion years, so the universe is a little younger than it's 'Hubble age' would suggest.)

5. Lemaître wrote: 'Everything happens as though the energy in vacuo would be different from zero.' Georges Lemaître, *Proceedings of the National Academy of Sciences*, **20** (1934), pp. 12–17, quoted in Harry Nussbaumer and Lydia Bieri, *Discovering the Expanding Universe*, Cambridge University Press, 2009, p. 171.

6. In 1922, Russian physicist and mathematician Alexander Friedmann offered a number of different solutions of Einstein's original field equations. These can be manipulated to yield a relatively simple expression for the critical density (ρ_c) of mass-energy required for a flat universe: $\rho_c = 3H_0^2/8\pi G$, where H_0 is the Hubble constant and G is the gravitational constant. The value of H_0 deduced from the most recent measurements of the cosmic background radiation is 67.74 kilometres per second per megaparsec, or 2.195×10^{-18} per second. With $G = 6.674 \times 10^{-11}$ Nm^{2}kg^{-2} (or m^{3}kg^{-1}s^{-2}), and $H_0^2 = 4.818 \times 10^{-36}$ s^{-2}, we get $\rho_c = 8.617 \times 10^{-27}$ kgm^{-3}, which translates to 8.617×10^{-30} gcm^{-3}. Compare this with the density of air at sea level at a temperature of 15°C, which is 0.001225 gcm^{-3}.

7. The mass of a proton is 1.67×10^{-24} g, so we need a critical density of the order of 5.16×10^{-6} protons per cubic centimetre. The length of St Paul's Cathedral is 158 metres, with a height of 111 metres and a width between transepts of 75 metres. We can combine these to obtain a rough estimate of the volume, $158 \times 111 \times 75 = 1.315 \times 10^6$ m^3, or 1.315×10^{12} cm^3. If the critical density ρ_c is equivalent to 5.16×10^{-6} protons per cm^3, then to meet this density we would need to fill St Paul's Cathedral with 6.79×10^6 protons, which I've rounded up to an average of 7 million protons. To calculate the number of protons and neutrons in the air inside St Paul's Cathedral, I've assumed the air density at sea level (see n 7) of 0.001225 gcm^{-3}. This gives the total mass of air inside the Cathedral of 1.611×10^9 g. Assuming an average proton/neutron mass of 1.6735×10^{-24} g gives a total number of pro-

tons and neutrons inside the cathedral of 9.63×10^{52}.

8. So, what is the density of dark energy? If we assume ρ_c is 8.62×10^{-30} gcm^{-3}, we know from the latest Planck satellite results that dark energy must account for about sixty-nine per cent of this, or 5.94×10^{-30} gcm^{-3}. This is really a mass density, so we convert it to an energy density using $E = mc^2$, giving 5.34×10^{-16} Jcm^{-3}. If we call this vacuum energy density ρ_v, we can use the relation $\Lambda = (8\pi G/c^4)\rho_v$ to calculate a value for the cosmological constant of 1.109×10^{-52} per square metre. We can put this dark or vacuum energy density into perspective. The chemical energy released on combustion of a litre (1,000 cubic centimetres) of petrol (gasoline for American readers) is 32.4 million joules, implying an energy density of 32,400 Jcm^{-3}. So, 'empty' space-time has an energy density about 1.6 hundredths of a billionth of a billionth (1.6×10^{-20}) of the chemical energy density of petrol. It might not be completely empty, but it's still the 'vacuum', after all.

第 9 章　不顾一切的尝试

1. Max Planck, letter to Wilhelm Ostwald, 1 July 1893, quoted in J.L. Heilbron, *The Dilemmas of an Upright Man: Max Planck and the Fortunes of German Science*, Harvard University Press, 1996, p. 15.

2. Max Planck, *Physikalische Abhandlungen und Vorträge*, Vol. 1, Vieweg, Braunschweig, 1958, p. 163, quoted in Heilbron, ibid., p. 14.

3. Einstein wrote: 'If monochromatic radiation (of sufficiently low density) behaves…as though the radiation were a discontinuous medium consisting of energy quanta of magnitude [$h\nu$], then it seems reasonable to investigate whether the laws governing the emission and transformation of light are also constructed such as if *light consisted of such energy quanta.*' Albert Einstein, *Annalen der Physik*, **17** (1905), pp. 143–4, English translation quoted in John Stachel (ed.), *Einstein's Miraculous Year: Five Papers that Changed the Face of Physics*, Princeton University Press, 2005, p. 191. The italics are mine.

4. The Rydberg formula can be written $1/\lambda = R_H(1/m^2 - 1/n^2)$, where λ is the wavelength of the emitted radiation, measured in a vacuum, and R_H is the Rydberg constant for hydrogen.

5 Bohr imposed the condition that the angular momentum of the elec-tron in an orbit around the nucleus be constrained to $nh/2\pi$, where n is an integer number (a quantum number) and h is Planck's constant.

6. We saw in Chapter 5 that in Einstein's derivation of $E = mc^2$ he deduced that the energy of a system measured in its rest frame (call this E_0) increases to the relativistic energy $E = \gamma E_0$ when measured in a frame of reference moving with velocity v. We can re-arrange this expres-sion to give $E/\gamma = E_0$, or $E\sqrt{(1 - v^2/c^2)} = E_0$. Squaring both sides of this equation then gives: $E^2(1 - v^2/c^2) = E_0^2$. If we now multiply through the term in brackets and re-arrange, we get: $E^2 = (E/c)^2 v^2 + E_0^2$. Of course, $(E/c)^2 = m^2c^2$, so $E^2 = (mv)^2c^2 + E_0^2$. For speeds v much less than c the product mv is the momentum of the object, given the symbol p. We generalize p to represent the relativistic momentum. Finally, we have $E^2 = p^2c^2 + E_0^2$. We can now substitute for $E_0 = m_0c^2$ to give $E^2 = p^2c^2 + m_0^2c^4$. This is the full expression for the relativistic energy of radiation and matter. If this expression is unfamiliar and rather daunting, think of it this way. If the relativistic energy E is the hypotenuse of a right-angled triangle, then the kinetic energy pc and the rest energy m_0c^2 form the other two sides. The expression is then just a statement of Pythagoras' theorem. For photons with $m_0 = 0$, this general equation reduces to $E = pc$.

7. You might wonder why the kinetic energy is equal to pc and not $\frac{1}{2}pc$, which would appear to be more consistent with the classical expression for kinetic energy, $\frac{1}{2}mv^2$ (which we can re-write as $\frac{1}{2}pv$, where $p = mv$). Are we missing a factor of $\frac{1}{2}$? Actually, no. If we're prepared to make a few assumptions, we can derive a simpler expression for the relativistic energy for situations where the speed v is much less than c. Recall from Chapter 5 (n 7) that for speeds v much less than c we can approximate γ as $1 + \frac{1}{2}v^2/c^2$. Using this simplified version in $E = \gamma E_0$ gives $E = E_0 + \frac{1}{2}E_0 v^2/c^2$. Again, we can substitute $E_0 = m_0c^2$ to give $E = m_0c^2 + \frac{1}{2}m_0v^2$, which is the rest energy plus the classical kin-etic energy with speed v. Setting the linear momentum $p = mv$ gives us $E = m_0c^2 + \frac{1}{2}pv$.

8. De Broglie wrote: 'After long reflection in solitude and meditation, I suddenly had the idea, during the year 1923, that the discovery made by Einstein in 1905 should be generalized by extending it to all material particles and notably to electrons.' Louis de Broglie, from

the 1963 re-edited version of his Ph.D. thesis, quoted in Abraham Pais, *Subtle is the Lord: The Science and the Life of Albert Einstein*, Oxford University Press, 1982, p. 436.

9. In 2012, the Australian tennis player Sam Groth served an ace with a recorded speed of 263.4 kilometres per hour. We can covert this to 73 metres per second. The mass of a tennis ball is typically in the range 57–59 grams, so let's run with 58 grams, or 0.058 kilograms. This gives a linear momentum $p = mv$ for the ball in flight of 0.058 × 73 = 4.2 kgms^{-1}. We can now use $\lambda = h/p$ to calculate the wavelength of the tennis ball. We get: λ = 6.63 × 10^{-34}/4.2 metres, or 1.6 × 10^{-34} metres. Compare this with wavelengths typical of X-rays, which range between 0.01 and 10 × 10^{-9} metres. The wavelength of the tennis ball is much, much shorter than the wavelengths of X-rays.

第 10 章　波动方程

1. In modern atomic physics, the azimuthal quantum number l takes values l = 0, 1, 2, and so on up to the value of $n - 1$. So, if $n = 1$ then l can take only one value, l = 0. This corresponds to an electron orbital labelled 1s (the label 's' is a hangover from the early days of atomic spectroscopy when the absorption or emission lines were labelled 's' for 'sharp', 'p' for 'principal', 'd' for 'diffuse', and so on). For $n = 2$, l can take the values 0 (corresponding to the 2s orbital) and 1 (2p). The magnetic quantum number m takes integer values in the series $-l, \ldots 0, \ldots, +l$. So, if l = 0, m = 0 and there is only one s orbital, irrespective of the value of n. But when l = 1 there are three possible orbitals corresponding to $m = -1$, $m = 0$, and $m = +1$. There are therefore three p orbitals. In the case of the 2p orbitals these are sometimes shown mapped to Cartesian co-ordinates as 2p$_x$, 2p$_y$ and 2p$_z$.

2. Bloch, *Physics Today* (n 1), p. 23.

3. A sine wave moving to the right in the positive x-direction has a general form sin($kx - \omega t$), where k is the 'wave vector' given by $2\pi/\lambda$ and ω is the 'angular frequency' given by $2\pi\nu$, where λ and ν are the wavelength and frequency of the wave. It might not be immediately obvious that this represents a wave moving to the right, in the positive x-direction, so let's take a closer look at it. Let's call the location of the

first peak of this wave as measured from the origin x_{peak}. At this point $\sin(kx_{peak} - \omega t) = 1$, or alternatively the angle given by $kx_{peak} - \omega t$ is equal to 90° (or ($\frac{1}{2}$)π radians). We know that $k = 2\pi/\lambda$ and $\omega = 2\pi\nu$, so we can rearrange this expression to give $x_{peak} = \nu\lambda t + \lambda/4$. Of course, ν times λ is just the wave velocity, v. At a time $t = 0$, the first peak of the wave appears at a distance $x_{peak} = \lambda/4$: the wave rises to its peak in the first quarter of its cycle, before falling again, as in ∿. As time increases from zero, we see that x_{peak} *increases* by a distance given by vt. In other words, the wave moves to the right.

4. Erwin Schrödinger, *Annalen der Physik*, **79** (1926), p. 361. Quoted in Walter Moore, *Schrödinger: Life and Thought*, Cambridge University Press, 1989, p. 202.

5. We can rewrite $\frac{1}{2}mv^2$ in terms of the classical linear momentum, $p = mv$, as $\frac{1}{2}p^2/m$. Schrödinger's wave equation could be interpreted to mean that p^2 in the kinetic energy term had been replaced by a differential operator.

6. Let's just prove that to ourselves. We'll use the function x^2. The two mathematical operations we'll perform are 'multiply by 2' and 'take the square root'. If we multiply by 2 first, then the result is simply $\sqrt{2x^2}$ or $1.414x$. If we take the square root first and then multiply by 2, we get $2x$.

7. Heisenberg wrote: 'I remember discussions with Bohr which went through many hours till very late at night and ended almost in despair; and when at the end of the discussion I went alone for a walk in the neighbouring park I repeated to myself again and again the question: Can nature possibly be as absurd as it seemed…?' Werner Heisenberg, *Physics and Philosophy: The Revolution in Modern Science*, Penguin, London, 1989 (first published 1958), p. 30.

8. The frequency of the wave is given by its speed divided by its wavelength, $\nu = v/\lambda$, where v is the velocity. Alternatively, $\lambda = v/\nu$, which we can substitute into the de Broglie relationship $\lambda = h/p$ to give $v/\nu = h/p$. Rearranging, we get $\nu = pv/h$.

9. The 1s orbital has $n = 1$ and $l = 0$ and possesses a spherical shape. This can accommodate up to two electrons (accounting for hydrogen and helium). For $n = 2$ we have a spherical 2s ($l = 0$) and three dumbbell-shaped 2p ($l = 1$) orbitals, accommodating up to a total of eight electrons (lithium to neon). For $n = 3$ we have one 3s ($l = 0$), three 3p

(l = 1), and five 3d (l = 2) orbitals. These can accommodate up to eighteen electrons but it turns out that the 4s orbital actually lies somewhat lower in energy than 3d and is filled first. The pattern is therefore 3s and 3p (eight electrons—sodium to argon), then 4s, 3d, and 4p (eighteen electrons—potassium to krypton).

第 11 章 唯一的谜团

1. Paul Dirac, *Proceedings of the Royal Society*, **A133**, 1931, pp. 60–72, quoted in Helge S. Kragh, *Dirac: A Scientific Biography*, Cambridge University Press, 1990, p. 103.

2. The catalogue can be found at http://pdg.lbl.gov/. Select 'Summary Tables' from the menu and then 'Leptons'. The electron tops this list.

3. Einstein wrote: 'Quantum mechanics is very impressive. But an inner voice tells me that it is not yet the real thing. The theory produces a good deal but hardly brings us closer to the secret of the Old One. I am at all events convinced that *He* does not play dice.' Albert Einstein, letter to Max Born, 4 December 1926, quoted in Abraham Pais, *Subtle is the Lord: The Science and the Life of Albert Einstein*, Oxford University Press, 1982, p. 443.

4. Albert Einstein, Boris Podolsky, and Nathan Rosen, *Physical Review*, **47**, 1935, pp. 777–80. This paper is reproduced in John Archibald Wheeler and Wojciech Hubert Zurek, (eds), *Quantum Theory and Measurement*, Princeton University Press, 1983, p. 141.

5. Bell wrote: 'If the [hidden variable] extension is local it will not agree with quantum mechanics, and if it agrees with quantum mechanics it will not be local. This is what the theorem says.' John Bell, *Epistemological Letters*, November 1975, pp. 2–6. This paper is reproduced in J.S. Bell, *Speakable and Unspeakable in Quantum Mechanics*, Cambridge University Press, 1987, pp. 63–6. The quote appears on p. 65.

6. E.g., for one specific experimental arrangement, the generalized form of Bell's inequality demands a value that cannot be greater than 2. Quantum theory predicts a value of $2\sqrt{2}$, or 2.828. The physicists obtained the result 2.697 ± 0.015. In other words, the experimental result exceeded the maximum limit predicted by Bell's

inequality by almost fifty times the experimental error, a powerful, statistically significant violation.

7. A.J. Leggett, *Foundations of Physics*, **33**, 2003, pp. 1474–5.

8. For a specific experimental arrangement, the whole class of crypto non-local hidden variable theories predicts a maximum value for the Leggett inequality of 3.779. Quantum theory violates this inequality, predicting a value of 3.879, a difference of less than three per cent. The experimental result was 3.852 ± 0.023, a violation of the Leggett inequality by more than three times the experimental error.

9. In these experiments for a specific arrangement the maximum value allowed by the Leggett inequality is 1.78868, compared with the quantum theory prediction of 1.93185. The experimental result was 1.9323 ± 0.0239, a violation of the inequality by more than six times the experimental error.

第 12 章　裸质量和缀饰质量

1. Although structurally very different, we can get some idea of how the perturbation series is supposed to work by looking at the power series expansion for a simple trigonometric function such as $\sin x$. The first few terms in the expansion are: $\sin x = x - x^3/3! + x^5/5! - x^7/7! + \ldots$. In this equation, 3! means 3-factorial, or $3 \times 2 \times 1$ (= 6); $5! = 5 \times 4 \times 3 \times 2 \times 1$ (= 120), and so on. For $x = 45°$ (0.785398 radians), the first term (x) gives 0.785398, from which we subtract $x^3/3!$ (0.080745), then add $x^5/5!$ (0.002490), then subtract $x^7/7!$ (0.000037). Each successive term gives a smaller correction, and after just four terms we have the result 0.707106, which should be compared with the correct value, $\sin(45°) = 0.707107$.

2. Murray Gell-Mann, *Nuovo Cimento*, Supplement No. 2, Vol. 4, Series X, 1958, pp. 848–66. In a footnote on p. 859, he wrote: '…any process not forbidden by a conservation law actually does take place with appreciable probability. We have made liberal and tacit use of this assumption, which is related to the state of affairs that is said to prevail in a perfect totalitarian state. Anything that is not compulsory is forbidden.' He was paraphrasing Terence Hanbury (T.H.) White, the author of *The Once and Future King*.

第 13 章　大自然的对称性

1. It is relatively straightforward to picture the symmetry transformations of U(1) in the so-called complex plane, the two-dimensional plane formed by one real axis and one 'imaginary axis'. The imaginary axis is constructed from real numbers multiplied by i, the square root of minus one. We can pinpoint any complex number z in this plane using the formula, $z = re^{i\theta}$, where r is the length of the line joining the origin with the point z in the plane and θ is the angle between this line and the real axis. This expression for z can be re-written using Euler's formula as $z = r(\cos\theta + i\sin\theta)$, which makes the connection between U(1) and continuous transformations in a circle and with the phase angle of a sine wave.

2. We can get a very crude sense for why this must be from Heisenberg's energy–time uncertainty relation and special relativity. According to the uncertainty principle the product of the uncertainties in energy and the rate of change of energy with time, $\Delta E \Delta t$, cannot be less than $h/4\pi$. The range of a force-carrying particle is then roughly determined by the distance it can travel in the time Δt. We know that nothing can travel faster than the speed of light so the *maximum* range of a force-carrying particle is given by $c\Delta t$, or $hc/4\pi\Delta E$. If we approximate ΔE as mc^2, where m is the mass of the force carrier, then the range (let's call it R) is given by $h/4\pi mc$. We see that the range of the force is inversely proportional to the mass of the force carrier. If we assume photons are massless ($m = 0$), then the range of the electromagnetic force is infinite.

3. The radius of a proton is something of the order of 0.85×10^{-15} m. If we assume that the force binding protons and neutrons together inside the nucleus must operate over this kind of range, we can crudely estimate the mass of the force-carrying particles that would be required from $h/4\pi Rc$. Plugging in the values of the physical constants gives us a mass of 0.2×10^{-27} kg, or ~100 MeV/c^2, about eleven per cent of the mass of a proton. This is the figure obtained by Yukawa in 1935 for particles that he believed should carry the strong force between protons and neutrons. Although the strong force is now understood to operate very differently (see

are the *pions*, which come in positive (π^+), negative (π^-) and neutral (π^0) varieties with masses of about 140 MeV/c^2 (π^+ and π^-) and 135 MeV/c^2 (π^0).

4. Riordan, *The Hunting of the Quark* (n 1), p. 198.

5. Yang wrote: 'The idea was *beautiful* and should be published. But what is the mass of the [force-carrying] gauge particle? We did not have firm conclusions, only frustrating experiences to show that [this] case is much more involved than electromagnetism. We tended to believe, on physical grounds, that the charged gauge particles cannot be massless.' Chen Ning Yang, *Selected Papers with Commentary*, W.H. Freeman, New York, 1983, quoted by Christine Sutton in Graham Farmelo, (ed.), *It Must be Beautiful: Great Equations of Modern Science*, Granta Books, London, 2002, p. 243.

6. I've scratched around in an attempt to find a simple and straightforward explanation for what is a very important feature of quantum field theories, but have come to the conclusion that this is really difficult to do without resorting to a short course on the subject. The best I can do is give you a sense for where the 'mass term' comes from. Remember that Schrödinger derived his non-relativistic wave equation from the equation for classical wave motion by substituting for the wavelength using the de Broglie relation, $\lambda = h/p$. His manipulations had the effect of changing the nature of the kinetic energy term in the equation for the total energy. In Newtonian mechanics this is the familiar $\frac{1}{2}mv^2$, where m is the mass and v the velocity. We can re-write this in terms of the linear momentum p (= mv) as $\frac{1}{2}p^2/m$. In the Schrödinger wave equation, the expression for kinetic energy is structurally similar but the classical p^2 is now replaced by a mathematical operator (let's call it $\mathbf{p}^2$, which means the operator is applied twice to the wavefunction, ψ). But, as we saw in Chapter 10, Schrödinger's equation does not conform to the demands of special relativity. In fact, Schrödinger did work out a fully relativistic wave equation but found that it did not make predictions that agreed with experiment. This version of the wave equation was rediscovered by Swedish theorist Oskar Klein and German theorist Walter Gordon in 1926 and is known as the Klein–Gordon equation. Its derivation is based on the expression for the relativistic energy, $E^2 = p^2c^2 + m_0^2c^4$, which is 'quantized' by replacing the classical p^2 with the quantum-

mechanical operator equivalent, $\boldsymbol{p}^2$, just as Schrödinger had done. There are two things to note about this. First, we're dealing not with energy but with energy-squared. Second, we have now introduced a term which depends on the square of the mass. We introduce a quantum field, ϕ, on which the momentum operator is applied, and in consequence a term in the dynamical equations appears which is related to $m^2\phi^2$. Although the Klein–Gordon equation does not account for spin (so it can't be used to describe electrons, as Schrödinger discovered), it is perfectly valid when applied to particles with zero spin (as it happens, particles such as the pions). From it we learn that mass terms related to $m^2\phi^2$ can be expected to appear in any valid formulation of quantum field theory that meets the demands of special relativity.

第 14 章　上帝粒子

1. Look back at Chapter 12, n 3. We can crudely estimate the range of a force carried by a particle with a mass this size from $h/4\pi mc$. Let's set $m = 350 \times 10^{-27}$ kg (a couple of hundred times the proton mass) and plug in the values of the physical constants. We get a range of about 0.5×10^{-18} m, well *inside* the confines of the proton or neutron (which, remember, have a radius of about 0.85×10^{-15} m). A recent paper by the ZEUS Collaboration at the Hadron-Elektron Ring Anlage (HERA) in Hamburg, Germany recently set an upper limit on the size of a quark of 0.43×10^{-18} m. This article is available online at the Cornell University Library electronic archive site (http://arxiv.org), with the reference arXiv: 1604.01280v1, 5 April 2016. Actually, it turns out that the weak force carriers are not quite this heavy (they are a little less than 100 times the mass of a proton).

2. Schwinger later explained: 'It was numerology…But—that's the whole idea. I mentioned this to [J. Robert] Oppenheimer, and he took it very coldly, because, after all, it was an outrageous speculation.' Comment by Julian Schwinger at an interview on 4 March 1983, quoted in Robert P. Crease and Charles C. Mann, *The Second Creation: Makers of the Revolution in Twentieth-century Physics*, Rutgers University Press, 1986, p. 216.

3. Some years later, Nambu wrote: 'What would happen if a kind of superconducting material occupied all of the universe, and we were living in it? Since we cannot observe the true vacuum, the [lowest-energy] ground state of this medium would become the vacuum, in fact. Then even particles which were massless…in the true vacuum would acquire mass in the real world.' Yoichiro Nambu, *Quarks*, World Scientific Publishing, Singapore, 1981, p. 180.

4. Higgs wrote: 'I was indignant. I believed that what I had shown could have important consequences in particle physics. Later, my colleague Squires, who spent the month of August 1964 at CERN, told me that the theorists there did not see the point of what I had done. In retro-spect, this is not surprising: in 1964…quantum field theory was out of fashion…'. Peter Higgs, in Lillian Hoddeson, Laurie Brown, Michael Riordan, and Max Dresden, *The Rise of the Standard Model: Particle Physics in the 1960s and 1970s*, Cambridge University Press, 1997, p. 508.

5. In his Nobel lecture, Weinberg said: 'At some point in the fall of 1967, I think while driving to my office at MIT, it occurred to me that I had been applying the right ideas to the wrong problem.' Steven Weinberg, *Nobel Lectures, Physics 1971–1980*, ed. Stig Lundqvist, World Scientific, Singapore (1992), p. 548.

6. In an interview with Robert Crease and Charles Mann on 7 May 1985, Weinberg declared: 'My God, this is the answer to the weak interac-tion!' Steven Weinberg, quoted in Crease and Mann, *The Second Creation* (n 3), p. 245.

7. In his Foreword to my book *Higgs*, Weinberg wrote: 'Rather, I did not include quarks in the theory simply because in 1967 I just did not believe in quarks. No-one had ever observed a quark, and it was hard to believe that this was because quarks are much heavier than observed particles like protons and neutrons, when these observed particles were supposed to be made of quarks.' See Jim Baggott, *Higgs: The Invention and Discovery of the 'God' Particle*, Oxford University Press, 2012, p. xx.

8. Lederman, with Teresi, *The God Particle* (n 1), p. 22.

第 15 章　标准模型

1. Enrico Fermi, quoted as 'physics folklore' by Helge Kragh, *Quantum Generations: A History of Physics in the Twentieth Century*, Princeton University Press, 1999, p. 321.
2. Murray Gell-Mann and Edward Rosenbaum, *Scientific American*, July 1957, pp. 72–88.
3. Murray Gell-Mann, interview with Robert Crease and Charles Mann, 3 March 1983, quoted in Robert P. Crease and Charles C. Mann, *The Second Creation: Makers of the Revolution in Twentieth-century Physics*, Rutgers University Press, 1986, p. 281.
4. Gell-Mann said: 'That's it! Three quarks make a neutron and a proton!', interview with Robert Crease and Charles Mann, 3 March 1983, quoted in Crease and Mann, ibid., p. 282.
5. 'We gradually saw that that [colour] variable was going to do everything for us!', Gell-Mann explained. 'It fixed the statistics, and it could do that without involving us in crazy new particles. Then we realized that it could also fix the dynamics, because we could build an SU(3) gauge theory, a Yang-Mills theory, on it.' W.A. Bardeen, H. Fritzsch, and M. Gell-Mann, *Proceedings of the Topical Meeting on Conformal Invariance in Hadron Physics*, Frascati, May 1972, quoted in Crease and Mann, *The Second Creation* (n 4), p. 328.
6. Joe Incandela, CERN Press Release, 14 March 2013.
7. 'The data are consistent with the Standard Model predictions for all parameterisations considered.' ATLASCONF-2015-044/CMS-PAS-HIG-15-002, 15 September 2015.

第 16 章　没有物质的质量

1. Lucretius, *On the Nature of the Universe*, trans. R.E. Latham, Penguin Books, London, first published 1951, p. 189.
2. Lucretius wrote: 'The more the earth is drained of heat, the colder grows the water, the colder grows the water embedded in it.' Lucretius, ibid., p. 243.

3. Each side measures 2.7 centimetres, so the volume of the cube of ice is $2.7^3 = 19.7$ cubic centimetres. If we look up the density of pure ice at 0°C we find this is 0.9167 grams per cubic centimetre. So, the mass (which I'll not distinguish from weight) of the cube of ice is given by the density multiplied by the volume, or $0.9167 \times 19.7 = 18.06$ grams.

4. S. Durr, Z. Fodor, J. Frison, *et al.*, *Science*, **322**, pp. 1224–1227, 21 November 2008, arXiv:0906.3599v1 [hep-lat], 19 June 2009.

5. Sz. Borsanyi, S. Durr, Z. Fodor, *et al.*, *Science*, **347**, pp. 1452–1455, 27 March 2015, also available as arXiv:1406.4088v2 [hep-lat], 7 April 2015. See also the commentary by Frank Wilczek, *Nature*, **520**, pp. 303–4, 16 April 2015.

6. Wilczek, 'Four Big Questions' (n 1).

7. See Frank Wilczek, *MIT Physics Annual 2003*, MIT, pp. 24–35.

8. Albert Einstein, *Annalen der Physik*, **18** (1905), pp. 639–41, trans. and repr. in John Stachel (ed.), *Einstein's Miraculous Year: Five Papers that Changed the Face of Physics*, centenary edn, Princeton University Press, 2005. The quote appears on p. 164.

9. Frank Wilczek, *The Lightness of Being*, Penguin, London, 2008, p. 132.

后记

1. Max Jammer, *Concepts of Mass in Contemporary Physics and Philosophy*, Princeton University Press, 2000, p. 167.

2. Stephen P. Martin, 'A Supersymmetry Primer', version 6, arXiv: hep-ph/9709356, September 2011, p. 5.

3. The Planck length is given by $\sqrt{(hG/2\pi c^3)}$, where h is Planck's constant, G is Newton's gravitational constant, and c is the speed of light.

4. Lee Smolin, *Three Roads to Quantum Gravity: A New Understanding of Space, Time and the Universe*, Phoenix, London, 2001, p. 211.

5. Carlo Rovelli, 'Loop Quantum Gravity: The First Twenty-five Years', arXiv: 1012.4707v5 [gr-qc], 28 January 2012, p. 20.

6. Carlo Rovelli, ibid., p. 7.

7. In *Reality and the Physicist*, the philosopher Bernard d'Espagnat wrote: '…we must conclude that physical realism is an "ideal" from

which we remain distant. Indeed, a comparison with conditions that ruled in the past suggests that we are a great deal more distant from it than our predecessors thought they were a century ago', *Reality and the Physicist: Knowledge, Duration and the Quantum World*, Cambridge University Press, 1989, p. 115.

8. In 1900, the great British physicist Lord Kelvin (William Thomson) is supposed to have famously declared to the British Association for the Advancement of Science that: 'There is nothing new to be discovered in physics now. All that remains is more and more precise measurement.' Whilst it appears that we have no evidence that Kelvin ever said this, in *Light Waves and their Uses*, published in 1903 by The University of Chicago Press, American physicist Albert Michelson wrote:

> Many other instances might be cited, but these will suffice to justify the statement that 'our future discoveries must be looked for in the sixth place of decimals.' It follows that every means which facilitates accuracy in measurement is a possible factor in a future discovery, and this will, I trust, be a sufficient excuse for bringing to your notice the various methods and results which form the subject-matter of these lectures.

This quote appears on pp. 24–5. It is thought that Michelson may have been quoting Kelvin.

　　无须赘述，我们人类对于物质本质理解的发展有着悠久而辉煌的历史，关于这一主题的著述足以塞满整个图书馆。以下列举的是我所发现最有帮助的一部分书，它们不仅有助于本书的写作，并且阐明了历史的进程以及许多基本科学原理，因此我诚挚地将它们推荐给希望寻求进一步启迪的读者。条目开头带有星号的书更适合有科学背景的读者阅读。

文集

FRENCH, A.P. and KENNEDY, P.J. (eds), *Niels Bohr: A Centenary Volume*, Harvard University Press, Cambridge, MA, 1985.

SCHILPP, PAUL ARTHUR (ed.), *Albert Einstein. Philosopher-scientist*, The Library of Living Philosophers, Vol. 1, Harper & Row, New York, 1959 (first published 1949).

*WHEELER, JOHN ARCHIBALD and ZUREK, WOJCIECH HUBERT (eds), *Quantum Theory and Measurement*, Princeton University Press, 1983.

传记

BERNSTEIN, JEREMY, *Quantum Profiles*, Princeton University Press, 1991.

CASSIDY, DAVID C., *Uncertainty: The Life and Science of Werner Heisenberg*, W.H. Freeman, New York, 1992.

DYSON, FREEMAN, *Disturbing the Universe*, Basic Books, New York, 1979.

*ENZ, CHARLES P., *No Time to be Brief: A Scientific Biography of Wolfgang Pauli*, Oxford University Press, 2002.

FARMELO, GRAHAM, *The Strangest Man: The Hidden Life of Paul Dirac, Quantum Genius*, Faber and Faber, London, 2009.

FEYNMAN, RICHARD P., *'Surely You're Joking, Mr. Feynman!'*, Unwin, London, 1985.

GLEICK, JAMES, *Genius: Richard Feynman and Modern Physics*, Little, Brown & Co., London, 1992.

GLEICK, JAMES, *Isaac Newton*, Harper Perennial, London, 2004.

HEILBRON, J.L., *The Dilemmas of an Upright Man: Max Planck and the Fortunes of German Science*, Harvard University Press, Cambridge, MA, 1996.

ISAACSON, WALTER, *Einstein: His Life and Universe*, Simon & Shuster, New York, 2007.

JOHNSON, GEORGE, *Strange Beauty: Murray Gell-Mann and the Revolution in Twentieth-century Physics*, Vintage, London, 2001.

*KRAGH, HELGE, *Dirac: A Scientific Biography*, Cambridge University Press, 1990.

MEHRA, JAGDISH, *The Beat of a Different Drum: The Life and Science of Richard Feynman*, Oxford University Press, 1994.

MOORE, WALTER, *Schrödinger: Life and Thought*, Cambridge University Press, 1989.

*PAIS, ABRAHAM, *Subtle is the Lord: The Science and the Life of Albert Einstein*, Oxford University Press, 1982.

*PAIS, ABRAHAM, *Niels Bohr's Times, in Physics, Philosophy and Polity*, Clarendon Press, Oxford, 1991.

PEAT, F. DAVID, *Infinite Potential: The Life and Times of David Bohm*, Addison-Wesley, Reading, MA, 1997.

WHEELER, JOHN ARCHIBALD, with FORD, KENNETH, *Geons, Black Holes and Quantum Foam: A Life in Physics*, W.W. Norton & Company, Inc., New York, 1998.

宇宙学

GOLDSMITH, DONALD, *The Runaway Universe: The Race to Find the Future of the Cosmos*, Perseus Publishing, New York, 2000.

GUTH, ALAN H., *The Inflationary Universe: The Quest for a New Theory of Cosmic Origins*, Vintage, London, 1998.

HAWKING, STEPHEN, *A Brief History of Time: From the Big Bang to Black Holes*, Bantam Press, London, 1988.

KIRSHNER, ROBERT P., *The Extravagant Universe: Exploding Stars, Dark Energy and the Accelerating Cosmos*, Princeton University Press, 2002.

KRAGH, HELGE, *Masters of the Universe: Conversations with Cosmologists of the Past*, Oxford University Press, 2015.

KRAUSS, LAWRENCE M., *A Universe from Nothing: Why There is Something Rather than Nothing*, Simon & Schuster, London, 2012.

*NUSSABAUMER, HARRY and BIERI, LYDIA, *Discovering the Expanding Universe*, Cambridge University Press, 2009.

OSTRIKER, JEREMIAH P. and MITTON, SIMON, *Heart of Darkness: Unravelling the Mysteries of the Invisible Universe*, Princeton University Press, 2013.

OVERBYE, DENNIS, *Lonely Hearts of the Cosmos: The Quest for the Secret of the Universe*, Picador, London, 1993.

PANEK, RICHARD, *The 4% Universe: Dark Matter, Dark Energy and the Race to Discover the Rest of Reality*, Oneworld, Oxford, 2011.

REES, MARTIN, *Just Six Numbers: The Deep Forces that Shape the Universe*, Phoenix, London, 2000.

SINGH, SIMON, *Big Bang: The Most Important Scientific Discovery of All Time and Why You Need to Know About It*, Harper Perennial, London, 2005.

WEINBERG, STEVEN, *The First Three Minutes: A Modern View of the Origin of the Universe*, Basic Books, New York, 1977.

*WEINBERG, STEVEN, *Cosmology*, Oxford University Press, 2008.

普通物理

CREASE, ROBERT P., *A Brief Guide to the Great Equations: The Hunt for Cosmic Beauty in Numbers*, Robinson, London, 2009.

FARMELO, GRAHAM (ed.), *It Must Be Beautiful: Great Equations of Modern Science*, Granta Books, London, 2002.

FEYNMAN, RICHARD, *The Character of Physical Law*, MIT Press, Cambridge, MA, 1967.

*FEYNMAN, RICHARD P., LEIGHTON, ROBERT B., and SANDS, MATTHEW, *The Feynman Lectures on Physics*, Vol. III, Addison-Wesley, Reading, MA, 1965.

GREENBLATT, STEPHEN, *The Swerve: How the Renaissance Began*, Vintage, London, 2012.

*KENNEDY, ROBERT E., *A Student's Guide to Einstein's Major Papers*, Oxford University Press, 2012.

KRAGH, HELGE, *Quantum Generations: A History of Physics in the Twentieth Century*, Princeton University Press, 1999.

ROVELLI, CARLO, *Seven Brief Lessons on Physics*, Allen Lane, London, 2015.

*STACHEL, JOHN (ed.), *Einstein's Miraculous Year: Five Papers that Changed the Face of Physics*, Princeton University Press, 2005.

历史与哲学

ARISTOTLE, *The Metaphysics*, trans. John H. McMahon, Prometheus Books, New York, 1991.

*BUCHWALD, JED Z., *The Rise of the Wave Theory of Light*, University of Chicago Press, 1989.

CARTWRIGHT, NANCY, *How the Laws of Physics Lie*, Oxford University Press, 1983.

CHALMERS, A.F., *What is This Thing Called Science?*, 3rd edn, Hackett, IN, 1999.

*CHALMERS, ALAN, *The Scientist's Atom and the Philosopher's Stone: How Science Suceeded and Philosophy Failed to Gain Knowledge of Atoms*, Springer, London, 2011.

CLARK, MICHAEL, *Paradoxes from A to Z*. Routledge, London, 2002.

CUSHING, JAMES T., *Philosophical Concepts in Physics*, Cambridge University Press, 1998.

D'ESPAGNAT, BERNARD, *Reality and the Physicist*, Cambridge University Press, 1989.

DESCARTES, RENE, *Discourse on Method and the Meditations*, trans. F.E. Sutcliffe, Penguin, London, 1968.

FARA, PATRICIA, *Science: A Four Thousand Year History*, Oxford University Press, 2009.

FEYERABEND, PAUL, *Farewell to Reason*, Verso, London, 1987.

FEYERABEND, PAUL, *Against Method*, 3rd edn, Verso, London, 1993.

GARDNER, SEBASTIAN, *Kant and the Critique of Pure Reason*, Routledge, Abingdon, 1999.

GILLIES, DONALD, *Philosophy of Science in the Twentieth Century*, Blackwell, Oxford, 1993.

GREENAWAY, FRANK, *John Dalton and the Atom*, Heinemann, London, 1966.

HACKING, IAN, *Representing and Intervening*, Cambridge University Press, 1983.

*HERMANN, ARMIN, *The Genesis of Quantum Theory (1899–1913)*, trans. Claude W. Nash, MIT Press, Cambridge, MA, 1971.

HUME, DAVID, *A Treatise of Human Nature*, Penguin, London, 1969.

*JAMMER, MAX, *The Philosophy of Quantum Mechanics: The Interpretations of Quantum Mechanics in Historical Perspective*, John Wiley & Sons, Inc., New York, 1974.

*JAMMER, MAX, *Concepts of Mass in Contemporary Physics and Philosophy*, Princeton University Press, 2000.

JARDINE, LISA, *The Curious Life of Robert Hooke: The Man Who Measured London*, Harper Collins, London, 2003.

KANT, IMMANUEL, *Critique of Pure Reason*, trans. J.M.D. Meiklejohn, J.M. Dent & Sons, London, 1988.

KUHN, THOMAS S., *The Structure of Scientific Revolutions*, 2nd edn, University of Chicago Press, 1970.

LAËRTIUS, DIOGENES, *Lives of the Eminent Philosophers*, trans. Robert Drew Hicks, Loeb Classical Library (1925), http://en.wikisource.org/wiki/Lives_of_the_Eminent_Philosophers.

LEIBNIZ, GOTTFRIED WILHELM, *Philosophical Writings*, trans. Mary Morris and G.H.R. Parkinson, J.M. Dent & Sons, London, 1973.

LUCRETIUS, *On the Nature of the Universe*, trans. R.E. Latham, Penguin Books, London (first published 1951).

NOLA, ROBERT and SANKEY, HOWARD, *Theories of Scientific Method*, Acumen, Durham, 2007.

PLATO, *Timaeus and Critias*, Penguin, London. 1971.

POPPER, KARL R., *The Logic of Scientific Discovery*, Hutchinson, London, 1959.

PSILLOS, STATHIS, *Scientific Realism: How Science Tracks Truth*, Routledge, London, 1999.

PSILLOS, STATHIS and CURD, MARTIN (eds), *The Routledge Companion to Philosophy of Science*, Routledge, London, 2010.

SAMBURSKY, SAMUEL, *The Physical World of the Greeks*, 2nd edn, Routledge, London, 1960.

SCHACHT, RICHARD, *Classical Modern Philosophers: Descartes to Kant*, Routledge and Kegan Paul, London, 1984.

*TOMONAGA, SIN-ITIRO, *The Story of Spin*, University of Chicago Press, 1997.

VAN FRAASEN, BAS C., The Scientific Image, Oxford University Press, 1980.

WILSON, CATHERINE, *Epicureanism at the Origins of Modernity*, Oxford University Press, 2008.

量子理论

ACZEL, AMIR D., *Entanglement: The Greatest Mystery in Physics*, John Wiley & Sons Ltd, Chichester, 2003.

BAGGOTT, JIM, *Beyond Measure: Modern Physics, Philosophy and the Meaning of Quantum Theory*, Oxford University Press, 2004.

BAGGOTT, JIM, *The Quantum Story: A History in 40 Moments*, Oxford University Press, 2011.

*BELL, J.S., *Speakable and Unspeakable in Quantum Mechanics*, Cambridge University Press, 1987.

BELLER, MARA, *Quantum Dialogue*. University of Chicago Press, 1999.

BOHN, DAVID, *Causality and Chance in Modern Physics*, Routledge & Kegan Paul, London, 1984.

DAVIES, P.C.W. and BROWN, J.R. (eds), *The Ghost in the Atom*, Cambridge University Press, 1986.

*D'ESPAGNAT, BERNARD, *Conceptual Foundations of Quantum Mechanics*, 2nd edn, Addison-Wesley, Reading, MA, 1976.

FEYNMAN, RICHARD P., *QED: The Strange Theory of Light and Matter*, Penguin, London, 1985.

FINE, ARTHUR, *The Shaky Game: Einstein, Realism and the Quantum Theory*, 2nd edn, University of Chicago Press, 1986.

*FRENCH, A.P. and TAYLOR, E.F., *An Introduction to Quantum Physics*, Van Nostrand Reinhold, Wokingham, 1978.

GAMOW, GEORGE, *Thirty Years that Shook Physics*, Dover Publications, New York, 1966.

GRIBBIN, JOHN, *Schrödinger's Kittens*, Phoenix, London, 1996.

HEISENBERG, WERNER, *The Physical Principles of the Quantum Theory*, trans. Carl Eckart and F.C. Hoyt, Dover, New York, 1949.

HEISENBERG, WERNER, *Physics and Philosophy: The Revolution in Modern Science*, Penguin, London, 1989 (first published 1958).

*KUHN, THOMAS, S., *Black-Body Theory and the Quantum Discontinuity 1894–1912*, Oxford University Press, 1978.

KUMAR, MANJIT, *Quantum: Einstein, Bohr and the Great Debate About the Nature of Reality*, Icon Books, London, 2008.

LINDLEY, DAVID, *Where Does the Weirdness Go? Why Quantum Mechanics is Strange, but Not as Strange as You Think*, BasicBooks, New York, 1996.

MEHRA, JAGDISH, *Einstein, Physics and Reality*, World Scientific, London, 1999.

ORZEL, CHAD, *How to Teach Quantum Physics to Your Dog*, Oneworld, London, 2010.

POPPER, KARL R., *Quantum Theory and the Schism in Physics*, Unwin Hyman, London, 1982.

RAE, ALASTAIR, *Quantum Physics: Illusion or Reality?*, Cambridge University Press, 1986.

*RAE, ALASTAIR I.M., *Quantum Mechanics*, 2nd edn, Adam Hilger, Bristol, 1986.

*SCHWEBER, SILVAN S., *QED and the Men Who Made It: Dyson, Feynman, Schwinger, Tomonaga*, Princeton University Press, 1994.

*WAERDEN, B.L. VAN DER, *Sources of Quantum Mechanics*, Dover, New York, 1968.

*ZEE, A., *Quantum Field Theory in a Nutshell*, Princeton University Press, 2003.

粒子物理

BAGGOTT, JIM, *Higgs: The Invention and Discovery of the 'God Particle'*, Oxford University Press, 2012.

CARROLL, SEAN, *The Particle at the End of the Universe: The Hunt for the Higgs and the Discovery of a New World*, Oneworld, London, 2012.

CLOSE, FRANK, *Antimatter*, Oxford University Press, 2009.

CLOSE, FRANK, *The Infinity Puzzle: How the Quest to Understand Quantum Field Theory Led to Extraordinary Science, High Politics, and the World's Most Expensive Experiment*, Oxford University Press, 2011.

*CREASE, ROBERT P. and MANN, CHARLES C., *The Second Creation: Makers of the Revolution in Twentieth-century Physics*, Rutgers University Press, 1986.

GELL-MANN, MURRAY, *The Quark and the Jaguar*, Little, Brown & Co., London, 1994.

HALPERN, PAUL, *Collider: The Search for the World's Smallest Particles*, John Wiley & Sons, Inc., Somerset, NJ, 2009.

*HODDESON, LILLIAN, BROWN, LAURIE, RIORDAN, MICHAEL, and DRESDEN, MAX, *The Rise of the Standard Model: Particle Physics in the 1960s and 1970s*, Cambridge University Press, 1997.

LEDERMAN, LEON (with Dick Teresi), *The God Particle: If the Universe is the Answer, What is the Question?*, Bantam Press, London, 1993.

NAMBU, YOICHIRO, *Quarks*, World Scientific Publishing, Singapore, 1981.

PAIS, ABRAHAM, *Inward Bound: Of Matter and Forces in the Physical World*, Oxford University Press, 1986.

RIORDAN, MICHAEL, *The Hunting of the Quark: A True Story of Modern Physics*, Simon & Shuster, New York, 1987.

SAMPLE, IAN, *Massive: The Hunt for the God Particle*, Virgin Books, London, 2010.

T' HOOFT, GERARD, *In Search of the Ultimate Building Blocks*, Cambridge University Press, 1997.

VELTMAN, MARTINUS, *Facts and Mysteries in Elementary Particle Physics*, World Scientific, London, 2003.

WEINBERG, STEVEN, *Dreams of a Final Theory: The Search for the Fundamental Laws of Nature*, Vintage, London, 1993.

致
谢

我们非常感谢以下版权材料对于本书的支持。

Extract from Paul Dirac, 'The Proton', *Nature*, 126, 1930, pp. 605–6, with permission.

Extract from Lucretius, *On the Nature of the Universe*, trans. R.E. Latham, Penguin Books, London, first published 1951, pp. 61–2. © R.E. Latham, 1951. Reproduced by permission of Penguin Books Ltd.

Extract from Sebastian Gardner, *Kant and the Critique of Pure Reason*, Routledge, Abingdon, 1999, p. 205, with permission.

Extract from Albert Einstein, *Annalen der Physik*, **18** (1905), pp. 639–41. Republished with permission of Princeton University Press, from John Stachel (ed.), *Einstein's Miraculous Year: Five Papers that Changed the Face of Physics*, centenary edn, Princeton University Press, 2005; permission conveyed through Copyright Clearance Center, Inc.

Extract republished with permission of Princeton University Press, from Max Jammer, *Concepts of Mass in Contemporary Physics and Philosophy*, Princeton University Press, 2000, p. 61; permission conveyed through Copyright Clearance Center, Inc.